U0935188

科学之美 人文之思

从猿性到人性

生命史上最完美的剧本

殷 融 著

上海科技教育出版社

目录

导言

人性进化：生命史上最完美的剧本

什么是人性？自古希腊以来，哲学家一直对此问题争论不休，对这一问题的探讨跨越了时间、空间，同时也跨越了不同领域。它出现在柏拉图的《理想国》，出现在诸葛亮的《出师表》，出现在拉斐尔的《西斯廷圣母》，出现在德彪西的《月光曲》，出现在亚当·斯密的《道德情操论》，出现在弗洛伊德的《梦的解析》，也出现在托尔斯泰的《战争与和平》。本书并不准备对何谓"人性"进行严苛的定义，在我看来，《黑暗骑士》最后一幕就可以作为对"人性"最生动的注解。

韦恩：你能以英雄之名死去，流芳百世，也可以存活于世，看着自己落入恶人之伍。我和丹特不同，我不是英雄。这些人可以是我杀的，我能做这种（坏）人。

戈登：不，不，你不可以这样，你不是这种（坏）人。

韦恩：我可以成为任何人——只要哥谭需要，我就可以。

戈登：他们（警察）会追捕你。

韦恩：你们（警察）要追捕我，要谴责我，这是必须要发生的事。因为有些时候，真相并不是最好的选择，有些时候人们理应得到比真相更多的东西，人们的信念应得到回报。

詹姆士(戈登之子):爸爸,为什么他要跑?

戈登:因为我们不得不追捕他。

詹姆士:他没有做错什么。

戈登:因为他是哥谭市配得上的英雄,但不是我们此时所需要的。所以我们追捕他……他可以承受这些,因为他不是我们所谓的英雄,他是无声的守望者,是时刻警惕的保护人,一个黑暗中的骑士。

以上出自电影《黑暗骑士》最后时刻蝙蝠侠韦恩、警长戈登和戈登儿子詹姆士的一段对话。在电影的结局,哥谭市人民心目中的光明骑士(检察官丹特)堕落成邪恶的双面人,蝙蝠侠韦恩为了挽回人民对正义的信心,保护人民对公正的期望,选择将双面人的罪过全部揽到自己身上。戈登警长知道真相,却无法向公众公开,被迫下令通缉蝙蝠侠。在影片最后一幕,韦恩潜入无尽黑暗。

我们可以看到,韦恩能够料想一旦哥谭市民知道"双面人"丹特的真面目后会有什么反应,他知道公众信念崩塌的后果,并愿意为了哥谭市民——一群与自己并没有任何血缘关系的人——做出牺牲,而这背后的动机来自韦恩对哥谭市的爱与责任。戈登警长则了解背负骂名会为蝙蝠侠带来多大痛苦,但为了哥谭的未来,他也可以承受良心的拷问,选择隐匿真相。电影外的我们看到这个结局时无疑会对蝙蝠侠产生由衷的钦佩,但目睹英雄蒙冤,我们也会感到难过伤心。所有这一切情感与想法都是人类所特有的,是我们有别于其他动物的地方,是我们"人性"的体现。

在探索人性奥秘的科学领域,"逆向工程"是一种重要的思维手段。在正向工程中,人们设计一台机器完成一些工作;而在逆向工程中,人们想弄明白机器是如何被设计出来的。我的女儿还不到3岁,但她已经是一个熟练使用螺丝刀的高手了,当她见到一个有趣的新玩意时,时常会拿螺丝刀把它拆开,看看里面都有些什么奇妙的东西(不过大多数情况下重新组装起来的工作都要交给我)。通过拆分,高明的工程师可以了解所有部件是如何组合在一起才可使一台仪器正常运转的。与之类似,科学家也可以通过拆解人类某种心理机制的微观生理基础、行为结果、跨文化一致性以及在环境刺激下展现出的特征,推测这种心理机制的由来与功能。

对生命的逆向工程思考源自查尔斯·达尔文。毫无疑问,达尔文开创的进化论是科学史上最伟大的设想之一,是人类历史上具有里程碑意义的智力成就。从达尔文那里我们开始明白,生物体是一台复杂精妙的机器,这些机器完美的零部件(器官)不是源自上帝的设计,而是经过极其漫长的时间进化而来的,它们的功能在于使有机体得以生存和繁衍。

大多数人可能并不知道,达尔文不仅坚持认为自己的理论可以解释动物身体的复杂性,而且可以解释动物心智的复杂性。在《物种起源》的末尾,达尔文曾写道:"我看到在不久的将来……心理学会在新的基础上得以发展,每一种必要的心理能力都是逐渐产生的。"达尔文明确无误地告诉我们,除了身体生理特征具有适应性外,人类精神属性也是千万年来自然选择塑造的结果。进化过程不仅创造了植物、动物和微生物,同时也创造了"人性"。

遗憾的是,在达尔文写下上述论断一个多世纪后,对人性的研究仍然几乎不考虑进化论。《物种起源》出版后短短十几年,科学界已经就自然选择与有机体生理特征的关系达成了共识,但涉及人的心智时,许多研究者则会划清界限。他们认为文化环境和后天经验塑造了人性,而不是生物进化,人性与进化毫不相干。在20世纪的大部分时间里,文化人类学和行为主义牢牢把控着对人类心智的解释权(尽管文化人类学家与行为主义者没有多少共同之处,但这两个群体对后天环境经验的看法却非常一致),使用文化因素术语探讨人类心理特征成了一种不可触犯的研究规则。"美国人类学之父"弗朗茨·博厄斯在《社会科学百科全书》中曾写道:"相对于文化环境的强大影响,基因遗传因素在决定个体性格中的作用几乎可以忽略不计。"

人性的"白板说"不但成为知识界的正统,而且还占据了道义上的权威地位。文化人类学对人性的观点是,每个人生来都是一块"白板",社会独特的文化规范会在这张白板上留下印记,因此,个体的心理特征会带有强烈的社会属性。而达尔文主义则认为人性具有普适性,个体之间的差异只存在于非常表象的层次,人性的核心特征都是一致的。如果进化解释是正确的,那么来自不同文化的人,在两性关系、人际互动、道德认同以及情感状态等重要心理领域应该表现出更多的相似性而不是差异性。

当生物学家开始对此发出挑战时,他们遭到的凶悍反击让人目瞪口呆。1975年时,哈佛大学的进化生物学家爱德华·威尔逊出版了《社会生物学》一书,威尔逊在书中提出,"人类的行为在各个水平上都可以通过达尔文主义的原理进行解释,社会科学最终会被社会生物学所取代",这导致他遭受了学术界无情的挞伐,有人甚至评论威尔逊的观点堪比"纳粹德国建立的毒气室"。在1978年的一次演讲中,一名女士冲上台把一杯水倒在了威尔逊的头上,接着一群学生手提大喇叭高唱"威尔逊,你全身都湿透了",试图将他轰下台。

更荒诞的是,整个学术圈都加入了这场闹剧,许多排斥(人性)进化解释的学者竟然选择以投票表决的方式对科学问题的答案进行裁决。1986年,20位社会科学家起草了《塞维利亚反对暴力声明》,该声明宣称:认为"我们从我们的动物祖先那里继承了制造战争的倾向"在科学上是不正确的;认为"战争或任何其他暴力行为从基因上深植于人性中"在科学上是不正确的;认为"在人类的进化过程中自然更倾向于选择侵犯行为"在科学上是不正确的。本该是科学争论的话题,竟然成了道德或政治立场之争。

幸运的是,最近几十年这一风潮开始发生变化。在20世纪30年代,文化人类学的奠基人之一玛格丽特·米德曾在南太平洋的萨摩亚群岛进行实地考察,米德根据自己的观察与访谈断言,萨摩亚原住民并不会体验到性嫉妒,岛上的年轻女性在婚前可以随心所欲地享受性关系,她们不具有任何贞洁观,这些特征完全有别于传统西方社会。在长达半个世纪的时间里，科学界都将米德的观察奉为经典，在米德和同时代许多文化学者的引导下，环境决定论“战胜”遗传决定论成为对人类心理特征解释的主流观点。

米德的研究意义重大，很少有人会质疑她的结论。然而，1983年新西兰人类学家德里克·弗里曼出版了《玛格丽特·米德和萨摩亚:一个人类学神话的形成和破灭》一书，在书中他对米德的研究进行了翔实分析。弗里曼与萨摩亚人在一起度过了四年时光，他已经完全掌握了萨摩语，因此对萨摩人的生活细节更加了解。弗里曼指出，萨摩亚社会的真实情况与米德描绘的情形大相径庭。在萨摩亚，人们同样要求年轻女性在婚前守贞，父亲甚至有权杀掉在婚前“玷污”自己女儿的青年男子，这看起来无论如何也不像一个和谐、自由、开放的社会。弗里曼还发现，当年米德的采访对象以玩笑口吻编造了许多谎言，这本是萨摩亚人独特的幽默方式，但米德竟完全没有看出这一点。弗里曼毫不客气地指出“一个预先设定的期望和一场不幸的骗局”构成了米德研究的底色。

由于米德具有超然卓群的文化偶像地位，弗里曼的做法导致对人性的科学解释之争重新回归大众视野。实际上，从20世纪60年代开始，许多学者已经开始尝试用进化理论来解释人类心理特征，这些研究为达尔文主义在人性领域的振兴拉开了序幕。例如，保罗·艾克曼和华莱士·弗里森对巴布亚新几内亚原始部落的研究证明了原住民具有与西方人一样的基本情绪与表情;威廉·汉密尔顿与罗伯特·特里弗斯通过亲缘选择理论和互惠利他理论分别解释了个体对亲属与非亲属利他行为的进化机制;理查德·道金斯的《自私的基因》为达尔文的进化体系引入了诸如载体(即有机体)和复制因子(即基因)等全新概念;理查德·亚历山大阐释了人类大脑进化与群体规模演变的关系;唐纳德·西蒙斯分析了性选择对两性心理特征的影响;马丁·戴利和马戈·威尔逊利用达尔文思想探讨了为什么继子女更容易遭受虐待;戴维·巴斯描述了择偶策略的性别差异及其进化成因;史蒂芬·平克指出人类的语言能力具有达尔文适应机制的所有特征……在这些学者的推动下，到20世纪80年代末时，达尔文的预言终于成为现实，被勒达·科斯米德斯和约翰·图比冠名为“进化心理学”的新研究领域诞生了！

进化心理学探讨人类心理机制的进化适应性，试图从进化层面对人类种种心理特征的本质和起源进行解释。达尔文虽然在150年前就开创了进化论，但他也承认，自己对于许多人类心智能力如何演化的认识是不完善的。英国生物学家凯文·拉兰德将这些问题称为“达尔文的未竟乐章”。如今，未竟乐章的谱写任务有很大一部分交给了进化心理学。

探索人类的心理奥秘并不是多么新鲜的事情。姑且不论古希腊以来的哲学思想，仅仅在最近100多年，威廉·冯特、威廉·詹姆斯、爱德华·李·桑代克、西格蒙德·弗洛伊德、让·皮亚杰、约翰·华生、伯尔赫斯·斯金纳、阿尔贝特·班杜拉与亚伯拉罕·马斯洛等著名心理学家都曾就这一主题创立了自己的理论体系，但这些研究主要关注点不同，运用的研究手段也形式各异。而进化心理学则可以将来自生理心理学、社会心理学、认知神经科学、脑科学、医学甚至考古学和人类学等各个领域有关心理活动的研究成果汇聚在一起。达尔文创建的进化论为生物学奠定了统一的框架，同样地，进化心理学也将我们对人类心理的科学探索整合到了一个统一的理论框架下。

许多社会学者担心，进化解释似乎是在暗示人的行为是由本能所控制的。这完全是多虑了，传统社会科学信奉的是环境决定论，我实在想象不到，假定一个人被社会习俗、环境、经验或者风尚所奴役和操纵，就比被本能所控制显得更高级、更具有正当性、更值得肯定（况且进化心理学也并不崇尚遗传决定论）。另外，当谈到本能时，人们经常容易联想到那些低级、原始、盲目、自动化的行为反应，但实际上，本能没什么不好，我们人类能以富有弹性的方式去面对世界，不是因为我们摆脱了本能，恰恰是因为我们拥有比其他动物更丰富的本能。

人性是一种巧夺天工的系统，没有任何工程师可以设计出如此复杂、精细与和谐的杰作，只有漫长的生命进化史才具有塑造这一杰作的能力。20世纪著名的生物学家狄奥多西·杜布赞斯基曾说过："离开了进化，生物学的一切都将毫无意义。"如今我们完全有理由认为，离开了进化，对人性的任何探索也将毫无意义。进化思维是理解人性的最佳途径之一。只有将我们的心理特征看成是像心、肺、眼等器官一样，为了适应生存和繁衍需求而出现的进化产物，我们对人性乃至对生命的认识才能更为透彻。

本书的主要目标是呈现进化心理学对我们特有的"人性"的理解。书中会解答为什么男女会按照不同的标准选择配偶，并与心仪的对象坠入爱河；为什么我们形成了稳固的家庭，却又时常会"红杏出墙"；为什么人类之间会互相杀戮，会因为威严、信仰、荣誉等虚无缥缈的事情发动涉及上千万人的战争；为什么我们对同类如此残忍的同时，又会亲密无间地互助与合作；为什么我们会设定道德规则来约束自己的行为，会赞颂慷慨、忠诚、勇敢，鄙视自私、胆怯、欺骗；为什么我们会产生情感共鸣，会因为他人的不幸而流下眼泪；为什么我们发出一些奇怪的声音，就能彼此交换思想和信息，以及为什么从嘴中发出的声音可以轻易改变一个人的想法和行为。

本书还会探讨，为什么我们能发明手机、地铁、金字塔、卫星，而黑猩猩却连搭建积木都做不到；为什么人类能用万有引力定律、质能方程、元素周期表、广义相对论去描述世界，而其他动物却只会将大部分精力用来关注食物、同类和天敌；为什么人类能成为这个星球上独一无二的智慧生物，能够不断繁衍壮大，遍布地球每一个角落——甚至登上月球，而其他灵长类近亲的生存处境却日渐艰辛。

对上述问题的回答会涉及人类有别于其他动物的根本特质，而这也正是"人性"最深处的奥秘。人类在动物世界中所有不同凡响之处都可以追溯至这些心理特质。如果我们将演化史拍成一部"冲奥"大片，那么人类一项项独特心理特质的获得正组成了电影中大大小小的高潮。在电影中，主角们既有随风飘荡的无奈，也有逆流而上的勇气，在经历了一次次凶险的考验后，终于绽放出人性的光芒。或许我们很难定义这部电影的类型，但可以确定的是，整个剧本浑然天成，无懈可击。

实际上，仅仅在半个世纪之前，我们对于这本人性进化的"完美剧本"还几乎一无所知，不过，如今凭借心理学、生理学、认知神经科学、考古学、古人类学以及遗传学等学科的综合成就，科学家已经可以逐渐拨开迷雾一睹青山，为我们展现人性的进阶之路。尽管在某些问题上，我们目前可能尚无"自知"之明，但进化科学已开创了可观的局面，随着知识的不断累加，越来越多的谜团将得以破解。

在传世名著《哈姆雷特》中，莎士比亚用热情洋溢的词语赞颂了人类之美，他写道："人类是件多么了不得的杰作！多么高贵的理性！多么伟大的能力！多么优美的仪表！多么文雅的举动！在行为上多么像一个天使，在智慧上多么像一个天神！宇宙的精华！万物的灵长！"当莎士比亚在5个世纪前写下这些诗句时，他并没有掌握任何生物进化方面的知识，不过这段赞美毫无夸张之处。在拥有上千亿颗恒星的浩瀚银河中，我们很可能是唯一具有如此复杂心理特征的生物。人类文明的长度相对于宇宙年龄只是一瞬间，但我们却想要了解宇宙的前世今生，想要探索几亿光年外的空间，这些都依赖于我们人性中独有的好奇心、想象力、成就感与智慧。

生命演化的整个过程是由偶然性所搭建的，从单细胞生物到具有复杂思想的现代人类，这段漫长的航路充满了无数的巧合与幸运。如今，我们可以用自己的头脑去探索和描绘这段旅程，去揭开笼罩在这段旅程上的层层神秘面纱，这是与我们自身进化一样珍贵且璀璨的成就。

本书共有五章，前四章分别阐述了人性中最重要的几个侧面，从进化角度探讨了这些心理机制的来源、功能、运作方式和意义，它们分别涉及择偶与繁衍、伤害与合作、道德与艺术以及语言与思想。在第五章，我简要勾勒了人类进化史,对人类进化做了全局性描绘,其中重点刻画了人类关键心理特征产生的时间及过程。

阅读本书内容并不需要具备专业基础,我在写作中已尽量避免了抽象的科学术语,以保证读者可以毫无隔阂地享受汲取知识的乐趣。一个好的科普作家必须要在科学的严谨性与传播的普适性之间做出平衡,当科学知识面向大众时,有时我们必须冒险超越事实去讲述故事。我始终相信,故事是人类接收信息的最主要方式。当然,至于这一目标是否真的达成,只能留待读者评说。

特别需要强调的是,本书呈现的几乎所有观点均非来自我的原创,我的工作主要在于从多学科中选择那些有助于理解人性的深刻洞见,通过我的文字加工,适当增添形象的例证,力图为读者拼凑出关于人性进化的清晰图景。或许在不久的将来,本书的许多观点都会被证明是错误的,但那恰恰可以说明进化学说在人性研究领域强大的生命力。科学进步一直是通过推翻错误结论而实现的,畏惧犯错从来不是阻止人类探索真相的理由。要知道,我们今天认为理所当然的结论,在某种程度上都只是由目前所掌握的证据决定的。未来我们可能通过更直接更准确的证据得出全然不同的结论,但这并不意味着眼下的观点毫无意义。想想伟大的科幻作家艾萨克·阿西莫夫老先生的箴言:“当人们认为地球是扁平的,他们错了;当人们认为地球是球形的,他们也错了。但如果你以为这两种观点的错误程度一样,那么,你的错误程度比二者加起来还要严重!”

第一章

两性关系：

人性的永恒主题

繁殖欲望:从自然选择到性选择

你眼中所见的图景,全是我们的繁殖行为。

——约翰·多恩《迷狂》

"贝格尔"号环球航行

1831年12月,一艘名叫"贝格尔"号(或"小猎犬"号)的双桅帆船停靠在英格兰西南部的普利茅斯港。此时船员们正来来往往,忙着把船舱装满,因为这艘船即将出海5年完成一次环球航行。"贝格尔"号的这次航行是负有科学任务的,船长罗伯特·菲茨罗伊要为英国海军制作精细的航海地图。这艘帆船的体积并不太大,长度只有不到28米,上面载有近70名军官和水兵,随行人员中有一位22岁的年轻博物学家,他就是查尔斯·达尔文。

菲茨罗伊几个月前曾与达尔文有过一次会面,这位意气风发的年轻船长需要一位博学、热情且富有的绅士作为旅伴(因为他要为自己乘船航行的所有费用埋单),达尔文至少可以满足后两个条件,但在菲茨罗伊眼中达尔文可能并不是一个理想人选。原来菲茨罗伊是一个狂热的颅相学爱好者,他认为达尔文长着一个"软弱胆怯的鼻子"。不过,幸亏达尔文家族有优良的脱发血统,即使刚刚成年不久，他的发际线已经遮挡不住脱颖而出的大脑门了，这个象征着智慧的宽额头为达尔文添色不少，使他最终勉强得到了菲茨罗伊船长的首肯。

此时的达尔文身无一技之长，甚至连打包搬运行李都做不好，这在身手老道的船员中显得格格不入，船员们都对他笨拙的动作嗤之以鼻。他们不会想到，“贝格尔”号这艘普普通通的帆船，日后竟会因为达尔文而名垂千古。他们更不会想到，达尔文在“贝格尔”号上萌发的一个观念，最后竟发展为生物学史上最光彩夺目的理论，这个理论改变了生物学，同时也改变了人类对自身以及整个自然界的看法。我们所要讲述的人性进化故事，正是由此拉开了序幕！

达尔文虽然现在只是个浑浑噩噩的小博物学家，但他的身世却非常显赫。爷爷伊拉兹马斯·达尔文与父亲罗伯特·达尔文都是英国皇家学会的医学家，像许多望子成龙的老父亲一样，罗伯特·达尔文特别希望儿子继承祖业，在医学领域为家族事业开疆拓土。可惜小达尔文对医学全然不感兴趣，无奈之下，老达尔文只能将他送到剑桥神学院，指望这个整日无所事事的孩子以后能担任牧师之类的神职，不至于一直啃老，使家族蒙羞。到剑桥之后，主修神学的达尔文没有接受上帝的感召，反而从自然历史那里找到了生命的意义。在此期间，达尔文结识了剑桥大学博物学掌门人约翰·亨斯洛以及著名地质学家亚当·塞奇威克，并接受了植物学和地质学研究的科学训练。

在达尔文生活的时代，人类对自然界的认识正经历重要的变革。随着大航海事业的兴起，来自欧洲的探险者在世界各地发现越来越多此前他们从没见过的物种，尤其是恐龙化石的出现，使人们惊叹于地球上竟然还曾存在过如此庞然大物。从化石可以看出，生命形式并不是静止不变的，在历史的进程中，旧的物种消失了，新的物种又出现了，每一个物种可能都是变异变化的结果。然而，生物变化的规律是什么？是什么因素导致了变化？变化又是通过什么方式实现的？当时很多动植物学家围绕这些问题开展了激烈的讨论。作为一个自然史爱好者，达尔文对这些问题当然也非常着迷。

彼时的达尔文刚刚阅读完亚历山大·冯·洪堡的《巴西热带雨林探险记》，一心想去南美考察。恰在此时，约翰·亨斯洛教授为他引荐了随"贝格尔"号环球航行的机会，达尔文和父亲商量之后获准同行。好笑的是，老达尔文竟然认为增广阅历对小达尔文以后成为牧师是有好处的，他却不知道，自己的儿子早已对宗教思想敬而远之，而这场旅行，则会让达尔文与上帝彻底分道扬镳。

就这样，1831年年底，"贝格尔"号正式启航了，在漫长的五年环球航行中，达尔文考察过火山，经历过海啸，还在世界各地采集了大量动植物标本与化石。当他们到达南美洲西海岸的加拉帕戈斯群岛时，达尔文对这里丰富的鸟类产生了极大兴趣。从生理构造来看，加拉帕戈斯群岛不同岛屿的鸟应该属于同一品种（加拉帕戈斯雀），但它们在外形上又差异十分巨大。对这种现象的思考让达尔文逐渐萌生了生物演化观的雏形，回国后，达尔文在阅读托马斯·马尔萨斯《人口论》的过程中大受启发，最终形成了自己的进化论理论。

进化论思想理解起来并不复杂：在自然界，生物繁衍的能力是它们的第一"特长"，所有动物的实际后代数量总是大于理论上的最大后代数量，不信你想想身边有谁家里有十几个孩子。如果环境允许，有机体会尽可能繁衍，两只蟑螂在理想情况下一年能生育14万只后代，两年后它们的子孙就可以覆盖地球表面；但食物和其他环境条件会对有机体施加限制，导致只有一部分有机体能获得生存及繁殖机会。这就是生物界的"生存竞争"。

生存竞争不仅存在于不同物种之间，也存在于同一物种内部。同一物种的不同个体之间存在着诸如力量、速度、体型、智力，以及视、听、嗅觉敏感性等方面的差异，这就使得有些个体更能适应环境而存活下来，例如身手更灵活的猕猴、奔跑更迅捷的羚羊；另一些个体则由于不能适应环境而很早灭亡。所谓"适者生存"正是如此。

不过，物种的生理结构并不是一成不变的，变异总会发生，某些变异有利于适应环境,某些变异则不利于适应环境,大自然会选择那些适应环境的有机体,让它们通过遗传把有利于生存的变异留给下一代,因此,所谓“进化”,实质上是自然选择的过程。生存竞争、适者生存、自然选择,正是达尔文进化理论的核心思想,也是生物进化的全部秘密。伟大的科学理论总是异常简洁,进化论用半页纸就可以基本说清楚,但是它却主导了地球(或许是全宇宙)所有物种的命运。

1836年10月,“贝格尔”号时隔五年终于回到了英国。23年后的1859年,达尔文出版了《物种起源》,在书中,达尔文对自己的进化论思想进行了系统论述,这是人类第一次将生物学建立在完全科学的基础之上,从此生物学进入了一个全新纪元。承载着进化论的《物种起源》不仅仅是一部科学巨著,同时还是人类思想发展史上一座辉煌的、划时代的里程碑,它颠覆了统治欧洲长达十几个世纪的神创论和物种不变论,人们开始逐渐认识到,生物是从简单到复杂逐渐发展而来的。在地球漫长的生命行进征程中,从最古老的单细胞动物到有着复杂思维的人类,形形色色的生命有着共同的祖先!

在科学史上,许多“拉风”的动物都与重要的科学发现联系在了一起,例如巴甫洛夫的狗、斯金纳的鸽子、薛定谔的猫、摩尔根的果蝇、斐波那契的兔子以及洛伦茨的蝴蝶,它们有的成了实验被试①,有的启发了科学家的灵感,有的则让乏味抽象的结论变得生动形象。达尔文发现的加拉帕戈斯雀(又被称为达尔文雀),当然也有足

① 被试指心理学实验或心理学测验中接受实验或测验的对象,可产生或显示被观察的心理现象或行为特质。

够的资格成为动物界的“科学功勋”。不过，除此之外，其实还有一种动物见证了达尔文另一个伟大理论的诞生，现在，该它隆重登场了。

性选择理论

如果要评选出历史上最讨厌孔雀的名人，那么达尔文完全有资格获得一个候选席位。在一封给美国植物学家阿萨·格雷的信中，达尔文写道：“无论什么时候看到雄孔雀的尾巴，我都会反胃难受。”

其实，许多人都会有一些莫名其妙的动物恐惧症，据说英国女歌手阿黛尔·阿德金斯就十分害怕海鸥，原因是曾经有一只海鸥抢走了她拿在手中的甜筒冰激凌。美国演员克里斯汀·斯图尔特由于小时候发生过坠马事故，因此对马一直心怀恐惧。不过，达尔文并没有与雄孔雀有过任何不愉快经历，之所以会被孔雀折磨得痛苦不堪，是因为他实在理解不了雄孔雀的造型。按照“自然选择”与“适者生存”法则，所有的生物都会展开激烈的军备竞赛，更高、更快、更强的奥运精神才是“进化精神”的绝妙写照，无论是苍鹰强健的翅膀，还是跳羚轻捷的身躯，又或是老虎凌厉的爪牙，只有对物种生存有利的特征才会被保留下来。

然而，雄孔雀那鲜艳夺目的大尾巴却是对适者生存原则赤裸裸的蔑视。自然界当中当然并不缺乏其他拥有大尾巴或靓丽色彩的动物，对于这些动物来说，大尾巴可以帮助它们保持平衡（例如松鼠），而鲜艳的颜色则是天然的保护色。但雄孔雀光彩熠熠的尾巴似乎就是简单的炫耀而已，它不但算不上优良装备，甚至连保暖功能都没有。从躲避天敌的角度看，雄孔雀的尾巴是个纯粹的累赘，它会让饥肠辘辘的野兽一眼就锁定目标。按照达尔文的理论，这种百害而无一利的器官早就该被淘汰，可千百年来，雄孔雀依然我行我素地摇摆着自己那花里胡哨的尾巴，没有半分向大自然妥协的意思。

更要命的是，与雄孔雀的奢华艳丽相比，雌孔雀实在是太“素净朴实”了，而这在自然界似乎又是一个通例。从昆虫到鸟类，从爬行动物到哺乳动物，大多数动物都是雄性光彩照人、雌性低调本分,或许只有人类是个例外——当我和妻子要一起出门时,她通常会让我再"稍微等她两分钟",化妆镜前的"两分钟"等于现实世界的半个小时,我这聪明的脑袋瓜早已掌握了这一换算要领。

幸运的是,达尔文没有被这些问题困扰太久。在1871年出版的《人类的由来及性选择》一书中,他为自然选择理论打了一个重要的补丁——性选择理论,达尔文用这一理论解释了第二性征的进化缘由。

当我们谈论适者生存的时候,往往会被"生存"二字蒙蔽,而忘记了塑造进化另一个必不可少的条件——繁衍。在自然界中,基因突变的形式丰富多彩,但大多数突变都很糟糕,基因发生突变的倒霉蛋很难生存下去。不过万事总有例外,就像买彩票一样,在一堆"炮灰"中也会出现一些撞大运的幸运玩家,例如一只小鹿如果突然生出了长长的脖子,从此它就不用对着树枝上翠绿的树叶望洋兴叹。然而,如果这种优势要在鹿群发扬光大,还必须借助繁殖活动才可以,毕竟长颈鹿不是电脑,可以将软件工具随意安装复制。

生物进化过程要同时兼具突变性与稳定性:一方面,自然选择要选择有利的基因突变,如果没有突变,进化就无从谈起;另一方面,生物只有通过繁殖才能将基因传递给下一代,如果没有稳定性,生物在进化过程中出现的优势特征就无法积累。因此,无论多么强大的基因突变都必须与生物的生殖欲望相兼容,否则,即使一只公鸡突变为"战斗鸡",可如果它没有生殖欲望,那么这种超级基因就无法遗传下去,这种神奇的突变也会很快消失在历史长河中。

迪斯尼经典动画电影《狮子王》的第一幕就是小狮子王辛巴出生加冕的场景,伴随着震撼人心的开场音乐《生生不息》,老狮王木法沙望着辛巴时骄傲的心情溢于言表。实际上,任何物种可能都不会产生将自己"伟大血统"遗传下去的想法(除了某些自大的人类)。但繁殖的欲望已成了生物本能,这是千万年来自然选择塑造的结果。动物虽然并不具备"传宗接代"的意识,但性活动可以带来相当不错的感觉,在这方面人类也很有发言权。毕竟,我们是动物世界中性活动最频繁、持续时间最长，同时方式也最多样化的物种。

我不确定是否多用一些“科学的”概念和语言，就能避免谈论性话题时的尴尬，不过，在一本关于“人性进化”的科普书中，性话题当然是必不可少的。女性的性高潮和生育活动并不具有直接关系，没体验到性高潮的女性也能怀孕生娃，那么“性高潮”这种生物机制（对雌性来说）到底有什么存在意义呢？要知道，这种机制在除了人类之外的灵长类动物界也广泛存在。唯一的解释是高潮机制有利于基因传播——“快感奖励”会驱使动物（当然也包括人类）彼此交配，完成繁衍生息大任。

我们想象一种最简单的情况：某个岛屿上有两个品种的鼠类——“留香鼠”和“法海鼠”，它们几乎完全一样，只有一点微弱的区别，即“留香鼠”个个都是情圣，它们有强烈的繁殖冲动，而“法海鼠”则清心寡欲，个个都是典型的“草食男女”。那么平均下来，“留香鼠”当然就会比“法海鼠”有更多可以成活的后代（尽管自然选择实际的运作方式要复杂得多），哪怕每一代只多出1%的比例，只要这一微弱的优势累计下去，那么这个岛上的“法海鼠”会日渐萎缩，最终销声匿迹，而“留香鼠”则会与日俱增，最终漫山遍野，岛上所有的鼠有朝一日都会变成“留香鼠”这种有强烈生殖欲望的鼠。

在进化过程中，生殖本能是最原始的行为特征。如果几十万年前早期人类中的某一个人得到了某些突变，他对同异性进行鱼水之欢没有任何兴趣，这位生性恬淡的祖先可能由于没有家庭的牵挂而生活得更加随心所欲，更加衣食无忧。可惜他的生存优势是没有办法遗传下去的——因为他是个没孩子的老光棍。现代生物学研究发现，将雄性动物阉割后，它们的健康状况反而会得到改善，因此平均寿命会显著提高，可这样的“高寿”在大自然中毫无意义。一个由于突变而丧失了生殖系统的动物，或许的确能活得更长，但这种突变本身实属自取灭亡，失去生殖功能后遗传也就无从谈起。

因此对于动物来说，生殖与生存是同等重要的大事，甚至一些动物会为了繁衍后代放弃生存权,如果雄螳螂能够看懂莎士比亚的戏剧,它可能会把哈姆雷特的名言改为:“生存还是生殖,这是个问题”。因为雄螳螂在与雌螳螂交配时,为了给对方提供生育所需的营养,会允许对方把自己吃掉。我们当然可以从中品味出几丝“化作春泥更护花”的浪漫气息,但本质上这是雄螳螂在亿万年进化中形成的生殖策略,不愿意“为爱牺牲”的螳螂注定单身到老,家族灭亡。

性选择理论并不是对自然选择理论的背叛,当我们把生殖看成是动物的终极使命时,性选择与自然选择可以达成统一:自然选择为性选择设定了考验,而性选择则是自然选择的实现方式,自然选择对生物性状的塑造必须借助两性生殖的方式才能持续下去。性选择理论使烦扰达尔文的“孔雀尾巴”的问题迎刃而解:许多动物都有一些没有明显生存功能的器官,例如孔雀的尾巴、雄狮的鬃毛和公鸡的鸡冠,不过,这些特征却有重要的生殖价值,它们有利于动物吸引异性、赢得配偶(至于为什么这些特征可以吸引异性,我们随后会有专门讨论)。

总的来说,性选择只是自然选择的一种变体,但如果我们将性选择与自然选择视为两种各自为政的进化力量,那么对于现代人来说,性选择对我们行为的影响甚至超过了自然选择的作用。性不仅仅是一种生物行为模式,而且是我们生活的核心部分。我们因为性而感到痛苦、快乐、迷茫、疯狂,由性选择而产生的爱情与亲情构成了我们感情世界的主要版图。性是目标,也是手段。我们形成了种种与性选择相关的法律、观念和禁忌,我们描绘性、谈论性、研究性。我们会为了性资源去竞争,去比拼更多的财富、更高的地位、更迷人的外表和更有魅力的品质。总之,人类在性方面做到了真正的创意十足。

“天性如此”不等于“本该如此”

毫无疑问,性选择理论绝对算得上达尔文最杰出的科学贡献之一。遗憾的是,这一理论一经问世就遭遇了“冷藏”。直到20世纪70年代,在《人类的由来及性选择》出版100年之后,情况才开始出现转变,而这在部分上还要拜欧美社会当时争取性自由、婚姻自由以及女性地位的社会运动所赐。

不过，性选择概念一进入主流科学界的视野，就立刻涌现了大量的追随者，他们不断将性选择理论继续发扬光大，而来自文化人类学、生理学、脑科学、认知神经科学、社会学、心理学以及动物行为学等学科的成就则为这些理论和假设增添了坚实的证据。如今，我们人类几乎所有与两性关系直接或间接相关的行为、习俗及制度都可以在性选择理论下得到近乎完美的解释。更重要的是，两性关系虽然只是人类社会的冰山一角，但是我们完全可以用相同的视角去理解人类所有重要社会行为的进化起源。

不过，这同时引出了一个问题：人类的心理特征在多大程度上是由进化塑造的？科学界就这一话题展开的激烈讨论持续了近一个世纪之久。由于20世纪初期高举生物决定论大旗的优生学运动曾引发巨大社会灾难，第二次世界大战后，对人性的生物学解释成为禁忌，而环境决定论则成了最受欢迎的理论。按照这种理论，一个人的习惯和行为是由生活环境、文化传统及教育程度等多种社会因素塑造而成的，生物进化所起的作用完全不值一提。现代人已经基本脱离了自己的生物学限制，我们作为一张白纸来到人世，是教育和文化在这张白纸上描绘了丰富多彩的画面。

在20世纪50—70年代，大多数社会科学家对进化理论涉足行为研究领域都持抵触心态。1975年，美国生物学家爱德华·威尔逊通过自己的著作《社会生物学》指出，应该在遗传学和生物学的基础上研究人类行为。之后他便遭到了口诛笔伐，许多人攻击威尔逊是种族主义者和纳粹分子。

诚然，人类行为的动因要比动物复杂得多。我们创造了文化，文化有自己的生命力与发展轨迹。文化在一定程度上可以不遵循自然进化的原则，诱导我们做出有违本能的事情。在当今社会，越来越多的人不愿意生儿育女，而是选择将时间与精力投注到其他精神娱乐活动上，这正体现了文化强大的感染力（关于文化如何影响了人类行为，本书第四章会有详细讨论）。可即便如此，自然选择塑造了我们的身体结构，身体结构塑造了我们的生殖策略，而生殖策略又影响了社会行为与制度——这一层逻辑是毋庸置疑的。在最近几百年，人类的生存环境发生了翻天覆地的变化，可是与漫长的狩猎采集社会相比，“现代生活”的历史实在微不足道。正因如此，我们的行为、感情和兴趣等心理机制依然具有石器时代的特征，这些天生的偏好没那么容易被抛弃。心理结构就像生理结构一样，同样根源于自然选择，同样会被进化过程左右。

举例来说，在全世界各个地区，无论人们的文化隔阂有多么严重，无论社会形态与经济发展水平的鸿沟多么巨大，我们在审美观、择偶标准、情感直觉、婚姻制度与求爱模式等社会行为上的一致性都远远大于差异性。这说明，铭刻在基因中的遗传特征依然是人类社会行为的重要影响力量，而进化科学则可以帮助我们理解这些社会行为的由来及演化脉络。

特别值得强调的是，对社会行为的生物性解释并不等于生物性辩护。科学家会提出人类某些行为机制的由来，向大众呈现自然进化如何塑造了这些行为机制，但“天性如此”并不意味着“本该如此”，且所有的这一切并不是不可改变的。在21世纪，我们没有理由再以自然选择过程作为自己的道德标准。事实上，人类社会的很多恶习都是漫长进化进程中形成的生存策略，如杀婴、锁阴和割礼，但现代文明已经成功地遏制了这些习俗。可见，寻求某些行为的进化成因不等同于宣扬这些行为是正当的。正如研究谋杀的动机不是为犯罪开脱，而是为了预防犯罪。

所有的知识都像核能源一样有被滥用的危险，但危险不应该成为禁止科学家研究核能的理由，如果不研究核聚变，我们可能永远都走不出太阳系。自从达尔文发表了《物种起源》之后，进化学说也经常成为人类某些恶行的借口，生物发生律曾被用来支持种族歧视，优生学则充当了纳粹大屠杀的理论帮凶。然而，事实也可以向完全相反的方向发展：进化的解释可以帮助我们去认清那些顽固、野蛮、邪恶或阴暗行为的演化根源，当人们理解了自己行为的由来之后，可能会更容易建立开放的多元道德观。

人类很多观念是祖先在狩猎采集的独特环境下形成的,经历了日久岁深的世代更替后,这些与现代社会格格不入的道德立场却依然铭刻在我们大脑中,例如保守的贞洁观与婚姻观、男女社会角色定位、遗产分配的性别差异等。一个了解汽车构造的修理师,能在汽车出现问题后有更大把握将它修好。同样地,如果我们要追求一种与自然选择相悖的标准,至少先搞清楚那些我们反对的立场到底从何而来,而这正是进化心理学研究在社会层面的价值体现。

到底性选择如何塑造了人类,使我们的大脑和心灵变成了今天的样貌?一切不妨先从人类的择偶方式谈起。

精虫上脑:为什么雄性总是更主动

我们会很自然地发出疑问,为什么在这么多差别如此巨大的物种中,雄性总是比雌性更热切,并总在求偶活动中扮演积极主动的一方？雄性和雌性在交配中都需要对方,任何一种性别按理说不应该具有特别的优势或权力,但我们发现,雄性在大多数情况下是主动探求者。

——查尔斯·达尔文《人类的由来及性选择》

我们对爱情故事中男性作为追求者、女性作为选择者的角色安排早已习以为常。理查德·柯蒂斯拍摄的《真爱至上》可能是过去十几年最具有浪漫气息的爱情喜剧。人们很少会意识到,这部电影里发生的那些罗曼蒂克故事几乎都是男性在主动向女性表达爱意。事实上,现实生活中不善于表白与追求的男性确实会无人问津,连伟大的艾萨克·牛顿爵士也不例外!

同样的故事在动物身上也屡见不鲜,一次成功交配的前提往往是雄性对雌性旷日持久的求爱。萤火虫发光、孔雀开屏、青蛙鸣叫、响尾蛇的舞蹈、变色龙的时装秀……这些行为其实都是雄性在向雌性传递求欢信号。无论是昆虫、鸟，还是哺乳动物，想端起架子保持君子之风的雄性注定没有与雌性卿卿我我的机会。然而，为什么雄性动物在恋爱关系中总要如此低声下气，而雌性动物却可以摆出一副清高孤傲的姿态？这一切都要从两性不平衡的生育资源说起。

生育资源的性别差异

在动物界，雄性的精子通常较为小巧玲珑，而雌性的卵子则是庞然大物[①]。这种不对称性在哺乳动物身上尤为明显，人类的卵子就是人体最大的体细胞，卵子的体积大约是精子体积的几百甚至上千倍，当一个精子与一个卵子相遇时，完全不像是两个对等细胞的结合，而更像是精子拎包入住一座公寓。这也可以解释为什么精子能化身为娇小可爱的游泳健将，而卵子必须岿然不动，因为它实在块头太大了！

对于生物来说，生产加工一个体积巨大的细胞当然需要更长的时间与更多的营养（男性在缺乏营养的情况下依然有生育能力，但女性如果营养不良就会出现停经等现象）。所以雄性的精子几乎可以无限再生，而雌性的卵子数量却极为有限。成年女性一个月只排卵一枚，况且排卵期只能维持30年左右；而男性几乎可以“夜夜笙歌”，每次挥洒的精子数量都能达到上亿颗。因此，奇货可居的卵子与微不足道的精子，是自然界雌雄物种在性资源上形成的搭配。

一旦完成一次愉快的交配，雄性动物就可以撒手而

① 生物学对雌性的定义就是物种中拥有更大生殖细胞的那一类。

去另结新欢，但雌性动物要担负起孕育生命及抚养后代的繁重任务（对于大多数动物来说都是如此，个中缘由我们后面再分析）。因此，在繁衍生息这件大事上，雄性的贡献只是一颗廉价的精子，而雌性不但要拿出珍贵的卵子作为嫁妆，还要在日后付出艰辛的劳作养育子女。所以，她们当然有资格摆起谱来，成为挑剔的选择者。

生殖是所有生物的本能，当生物试图最大化自己的基因遗产时，生育资源的不平衡会导致雌雄双方形成不同的择偶倾向。以人类为例，男性可以从更多的交配中获得更多的遗传回报，但女性则不然。只要拥有足够多的配偶，成年男性一年完全可以繁衍数百次，而女性无论再怎么招蜂引蝶，受十月怀胎所限，一年也只能有一次生殖机会。在古代几乎所有的文化中，富有家庭的财产一般都是由儿子而不是女儿继承，这正是因为儿子具有更多的生育资源，可以为家族带来更多的后代，而女儿为家族带来后代的能力则较为有限。

历史上的女性生育最高纪录属于俄罗斯妇女瓦西里耶芙，她一生分娩27次，其中有16胎是双胞胎，7胎三胞胎，4胎四胞胎，共生了69个孩子。发生在她身上的事情已经不能用“奇迹”二字来形容了，简直堪称神迹。然而，瓦西里耶芙的孩子数量仍远逊于男性的生育纪录。摩洛哥国王伊斯迈尔在位55年间可是一共生育了867个子女！不过，和生殖成就最大的男性相比，伊斯迈尔的成绩其实也不算什么。在中亚国家进行的一项基因调查显示，8%的亚洲男性在1000多年前有一位共同的祖先，科学家推测这个人应该是成吉思汗（Zerjal et al.，2003）。也就是说，如今在世的亚洲男性中，有1600多万人都是成吉思汗的子孙。成吉思汗被称作“上帝之鞭”，在800多年前，他与他的家族征服了从东亚到大马士革的广袤土地，同时也将血种带到亚洲各地。

主动热情的雄性

由于男性有着巨大的生殖潜能，而女性却有生殖瓶颈，这就导致了男性需要与同类进行竞争,以争夺女性稀缺的生育资源。在一个充分竞争的环境中,男性在生殖竞赛上面临的挑战要远大于女性。如果我们将子女数量作为考量生殖成就的标准,那么成就比较大的男性能通过占有更多的女性生育十几个甚至几十个后代,而成就最低的那些人连一个老婆都没有。但每个女性在生殖成就上的差异不会太大,原因是女性生育资源太过于宝贵了,不可能被随意浪费,因此几乎所有女性都有生儿育女的机会。生殖压力的不同造成了男性在求偶时会更加直接、主动、热情,而女性则比较被动、谨慎、矜持。正是这种策略差异,主导了人类社会男女之间复杂的求偶博弈。

现代人的性观念在很大程度上会受到流行文化的影响,但我们依然可以看到上述特征的印记。例如,在性关系上大部分男性都会比女性更加开放,色情产业的主要消费对象是男性,男性更容易成为性犯罪当中的施暴者,丈夫婚内出轨的可能性远大于妻子,一个频繁更换男友的女孩要比频繁更换女友的男孩更容易招致他人的非议。跨文化研究表明,无论在什么地区什么文化背景下,男性期望拥有的性伴侣数量总是远远超过女性。相比女性,男性还更容易产生不切实际的性幻想,他们经常想象与街上遇到的陌生人发生性关系,而女性则很少有类似想象(Schmitt et al.,2003)。

性资源的两性差异导致男性会更积极地捕捉一切有利于繁殖成功的信号,哪怕他们在大多数情况下会遭到拒绝和嘲笑。大量研究都发现,当萍水相逢的男女进行了一次友好愉快的交谈后,女性可能只是认为自己的表现得体友善,但男性可能会觉得对方对自己有"性趣",并在这种暗示下向女方发动追求(Byers & Lewis,1988;Perilloux,Webster,& Gaulin,2010)。不过,女性并非一直扮演"沉默的羔羊",许多女性也深知男性的这一"执念",她们会时常利用微笑、凝视、轻触等暧昧手段,以获取异性的优待。

心理学家拉塞尔·克拉克与伊莱恩·哈特菲尔德曾做过一个实验,他们雇用了一些外表俊美性感的男女,让他们在大学校园里向陌生异性示好,并向对方询问晚上是否愿意去自己的宿舍,或晚上与自己发生性关系。结果发现,当被示好的对象是女性时,只有6%的女人同意去宿舍,没有女人同意马上发生性关系;而当被示好的对象是男性时,69%的男人同意去宿舍,75%的男人同意马上发生性关系,其余的那25%的男人则表示自己目前没有合适机会(如晚上有事或女朋友在学校),他们试探是否可以暂时保留这一“福利”。在另一项对澳大利亚大学生的调查中,超过一半的女大学生报告说,她们至少遇到过一名男性在约会时“高估她们心中能接受的性亲密程度”,而接近一半的男大学生则报告说,他们至少遇到过一名女性在约会时“低估他们心中期望的性亲密水平”(Patton & Mannison,1995)。

日常生活中大多数男人没什么机会去探测自己对于性伙伴数量的欲望是否有止境,但偶尔会有富有、英俊、充满魅力(且不太在乎自己名声)的男人会对此进行尝试,事实显示,他们的“胃口”似乎永不满足。《花花公子》杂志的创始人休·海夫纳、奥斯卡影帝杰克·尼克尔森、Kiss乐队的贝斯手吉恩·西蒙斯及好莱坞老牌影星沃伦·比蒂都曾宣称自己交往过上千名女性。NBA球星威尔特·张伯伦估计自己有过两万名性伴侣。

2015年,英国一家名为“成人交友中心”的社交网站遭遇资料泄露,媒体对用户数据进行了统计,发现男女比例高达16:1。而根据国内交友APP“陌陌”公布的数据,陌陌用户男女性别比例严重失衡,女性用户数量不到男性的一半,由此也可见男性在异性交友上的热切。陌陌的品牌标语是“总有新奇在身边”,对于男性来说,真实情况可能是“总有对手在身边”。

更有意思的是,即使在同性恋群体中,男性的这一心理特征还是贯彻保留了下来。研究发现,超过70%的男同性恋者会有30位以上的男性伴侣,男同性恋者之间更容易发生“一夜情”,但这样的情形并未出现在女同性恋群体中。与男同性恋者相比,女同性恋者往往会更专一,有更稳定的长期伴侣(Thornhill & Gangestad,1979)。

人是如此,其他动物也不例外。在自然界,无论什么物种,雌性都比较偏向于腼腆、害羞、挑剔,而雄性则更加热切、盲目、好色。研究发现,雄性孔雀与雄性火鸡的性冲动甚至会导致它们向雌性标本去求爱,这种愚蠢的行为永远不会发生在雌性动物身上。同样地,男性在看到电影、图片或者绘画中的裸体女性时也会有生理反应,这同雄性火鸡的冲动与可笑似乎也没有本质区别。在原始文化中,人们会用石头或木头雕刻出女性的身体,我们很难说清楚这到底是出于崇拜还是其他不可描述的目的。相比之下,女性则很少在看到陌生男性身体时产生性唤醒。原因很好理解:如果女性可以轻易地因为男性暴露身体就被性唤醒,从而与他们发生关系,那么她们就失去了买方市场的优势地位。总之,性选择将雄性变成了热情的推销员,而雌性则成了挑剔的顾客。

由于生殖资源的差异,雄性动物往往都具有多点投放基因的生物本能,即最大限度追求基因扩散的广度。这种本能会让雄性动物在性活动中表现出魔幻般的"力量"。在大鼠实验中,当把一只公鼠和几只发情期母鼠关在一起后,这只幸运的公鼠会与所有的母鼠进行交配,之后进入宁静祥和的"贤者时间"。但如果这时把一只新的母鼠放进笼子,明明已经筋疲力尽的公鼠却会像《洛奇》中被对手击倒的史泰龙一样,突然感受到命运的召唤,之后迅速重振雄风,完成自己的使命(Wilson, Kuehn, & Beach, 1963)。心理学上把这种现象叫做"柯立芝效应",原因是美国总统柯立芝在参观一个农场时,从农场主那里得知,养鸡场里只需要很少的公鸡,只要公鸡的性对象不停变换,它们每天都可以不知疲倦地为十几只母鸡"服务"。

不过万事总有例外,自然界存在一些独特物种,它们中雄性要比雌性付出更多的生育成本,这些物种的求爱模式就会与其他物种完全相反。例如,美洲的瓣蹼鹬是由雄性负责孵蛋,因此雄瓣蹼鹬成了珍贵的抢手货,而雌性瓣蹼鹬则经常大发雌威,它们要挖空心思赢得雄瓣蹼鹬的垂青。同样的情况还有海龙、海马和巴拿马箭毒蛙,总之,两性繁殖中谁投资更多,谁的挑选余地就更大。

加拿大作家玛格丽特·阿特伍德于20世纪80年代写就的经典科幻小说《使女的故事》在2017年被搬上了荧幕。故事背景设定在未来社会，由于环境遭遇重度污染，辐射加剧，女性逐渐丧失生育能力。极端宗教组织掀起政变，建立了男性极权社会“基列”。在这个社会中，女性成为国家公共财产，是男性的附属物。尚有生育能力的女性被送到大人物家里，成为“使女”，使女的任务就是为没有子嗣的大人物生育后代。

作为科幻作品，《使女的故事》当然是一部深刻又有趣的杰作。可是它的背景设定其实并不符合自然逻辑，无论是动物还是人，两性关系中性资源稀缺的一方总是拥有更大的选择权。在人类社会中，男少女多的人口结构才会更容易导致女性社会地位的下降，相反，男女比例过大可能滋生男性暴力犯罪活动，但不至于将女性变成奴隶。在第二次世界大战期间，种种阴差阳错之下，日本女青年比嘉和子与32名男性被困守在马里亚纳群岛的阿纳塔汉岛，由于不知道日本战败的消息，他们始终没有离岛。等到1951年他们被发现并被救出时，比嘉和子安然无恙，但32个男人却只剩下19名幸存者，比嘉和子因此也被称为“阿纳塔汉的女王”。

性别二态性

在自然界中，大部分动物都存在明显的“性别二态性”，这一概念指同一物种不同性别之间在生理构造上的差别。性别二态性源于性资源竞争，由于雌性是稀缺资源，雄性为了争夺雌性必然会发生冲突或斗争，体型优势在战斗冲突中的作用非常明显。例如，职业拳击或自由搏击比赛一般分为8—10个量级，不同量级之间的差异很少超过3千克，这正是因为身材大小在格斗比赛中能起着决定性影响，一个小体型的拳击手，哪怕技术再好、速度再快、力量再强，也很难击败同档次但有明显体重优势的对手。同样地，在自然界，只有身体强壮的雄性才能在激烈的抢妻大战中赢得交配权，而胜利者又可以将自己强健的体魄遗传给后代,经过一代又一代的筛选后,雄性会逐渐演化为“战斗种族”,并在体格上与雌性拉开差距。

例如,从物种竞争的角度看,雄鹿的鹿角是个十分鸡肋的设定,即便装配上鹿角雄鹿依然不是豺狼虎豹这些天敌的对手,况且鹿角还会成为它们躲避追杀时的障碍,因此,鹿角其实是雄鹿窝里横的产物,它的作用主要是驱逐情敌,赢得雌鹿的芳心。狮子的情况也同样如此,雄狮是雌狮体重的1.5倍。从生存的角度看这种优势实在没必要,雌狮的战斗力已足够在非洲草原称王称霸,只有衰老、疾病和人类才能对它们产生威胁。相反,雄狮由于个头太大,反而更容易被捕猎者察觉。因此,唯有内部竞争可以解释雄狮威猛彪悍的身形,毕竟战胜同类的雄狮才能实现生殖伟业!

既然生殖竞争是导致雄性动物身强体壮的原因,那么一个物种中雄性能获得生殖资源的多寡应该与体型的性别二态性成正比。事实正是如此,长臂猿是标准的一夫一妻制,每个雄性长臂猿都能找到配偶,因此雌雄长臂猿体型没有差别。而对于那些一夫多妻制动物来说,少数赢家会拥有多位伴侣,书写辉煌情史,大多数失败者则没有娶妻生子的机会。因此,多妻制动物的雄性会面临更残酷的竞争,它们不得不一次次超越自我,身型于是越发彪悍。雄性大猩猩的体重大约是雌性的两倍,它们通常有3—6个老婆;雄性象鼻海豹的后宫有几十位佳丽可供临幸,与之相对应,雌海豹的体重一般不到1吨,但雄海豹的体重可以达到4吨以上。

至于我们人类,平均来说男性会比女性重20%,所以从身材差异来判断,人类实行的是轻微的多妻制。也就是说我们祖先中极少强人会有多位伴侣,而大多数男人都只能讨一个老婆。与两性关系相关的心理机制是人性的重要组成部分,而配偶模式则是两性关系中诸多行为特征的基础。为什么人类会形成一夫一妻这样的结合形式(虽然法律上严格的一夫一妻制存在时间并不久)?这一切其实都与我们独特的生物性及进化史有关。

完美婚姻:社会制度是生物属性的延伸

稳固的婚姻是双方都想通过对方达到自己的目的。

——弗里德里希·尼采《人性的、太人性的》

一夫一妻制才是奇葩

南非前总统雅各布·祖马是一位富有争议的政治家,他出身草根,能够理解和关心贫穷黑人的呼声,但他的婚姻时常引发人们对他的议论。当祖马进行外事访问时,当地的媒体记者总是喜欢猜测他会带哪位"第一夫人"出行。2012年在祖马即将迎娶第6位妻子前,他曾在电视采访中为自己辩护:"许多政治人物私下有情妇和私生子女,却对外界隐瞒……我更喜欢公开,我比那些在外面左拥右抱的西方政客更加愿意承担责任,我爱我的妻子们。"

像南非这样实行一夫多妻制的国家其实不在少数,在沙特、阿联酋、埃及、伊拉克和卡塔尔等伊斯兰国家,一夫多妻制作为一种古老传统一直得以保留。然而,即使在这些多妻制被广泛认可的地区,90%以上的男人还是会选择只娶一个妻子。从全世界范围看,"一夫一妻"已经成了婚姻的代名词,同时也是文明和现代的象征。对于大多数人来说,当他们提到婚姻时,脑海中浮现的不会是一个丈夫四个妻子的情景。

然而，如果将人类放到整个哺乳动物界，我们引以为傲的一夫一妻制其实更像是异类，在全球4000多种哺乳动物中只有5%的物种选择了一夫一妻制的合作育种模式，几乎所有的哺乳动物都是一夫多妻的“后宫制”或多夫多妻的“杂交制”。

以我们的近亲为例，成年黑猩猩社群由20多头雄性和雌性黑猩猩组成，雄性首领对所有的雌猩猩享有绝对支配权，但其他雄性成员也会与雌猩猩偷情。而成年倭黑猩猩社群中的异性关系较为开放，不但异性间可以随意交配，同性间也时常调情，它们是典型的享乐型杂交社群。长臂猿虽然是严格的一夫一妻制，但它们雌雄配对后会孤独地生活在自己的地盘上，不与其他猿接触，因此它们缺乏“乱搞男女关系”的机会。而人类是高度群居且社会化的动物，我们生活在并不利于组建小家庭的社会结构中，却形成了稳定的配偶关系。

无论对于动物还是人类，婚配制度都不是灵光乍现的随意发挥，而是雌雄两性生育状况与自然选择相互制约的结果。可是，为什么面对同样的两性性资源不平衡状况，我们与灵长类近亲在婚姻问题上却走向了不同的发展道路？为什么一夫一妻制是对人类最有利的繁殖策略？这一切都要从400多万年前的一次进化革命说起。

做个啃老族：生育难题的解决之道

1974年，埃塞俄比亚出土了一副距今340万年的雌性南方古猿化石，南方古猿是人类的早期祖先，科学家将这副化石命名为“露西”（关于更多南方古猿与“露西”的故事，本书第五章会有专门的介绍）。露西的身体结构介于猿类和人类之间，她的骨骼表明人类在300多万年前就已开始直立行走了。不过，后来发现的另外一副古猿化石“阿尔迪”则将人类直立行走的时间提前到了440万年前。也就是说，大约在400多万年前，我们的祖先就已经挺起腰杆、堂堂正正“做人”了。

直立行走是人类一次重要的生理变革，从此我们可以解放双手，傲视万物。然而，“站起来”的代价也是极为惨重的，以至于今天我们还不得不为祖先当年的勇敢决定“埋单”。双足站立迫使我们背部、腰部与双膝担负起支撑身体的重任，这使得背痛、腰椎间盘突出与关节磨损成为人类的家常便饭，而内脏也吊在胸腹腔饱受摧残。不过，直立行走还有一个更为“不幸”的后果，由于人们行走时需要两条腿轮流前进，如果两腿之间横向距离过大，一条腿抬起来时，重心很难落在两腿之间，这样行走的稳定性会很差。如果你想象不出这个画面，可以参考猩猩只用双腿行走时摇摇晃晃的滑稽样子。所以为了直立行走，人类双腿间隔必须缩小到可以并拢的程度。这种特征对男性来说没什么大不了的，但它却使得女性臀部变窄、骨盆变小，导致分娩险象环生。

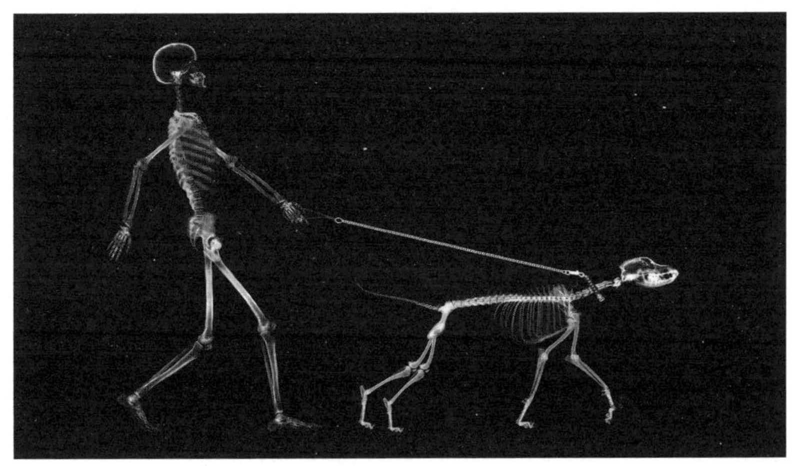

人类与其他哺乳动物骨骼结构存在显著区别

其他哺乳动物的胎儿在穿越产道时几乎全部畅通无阻，但人类的产道却格外曲折难行。更加雪上加霜的是，过去几百万年人类的脑容量在不断增长，南方古猿的脑容量只有不到500立方厘米，200万年前的直立人脑容量是900立方厘米，而现代人的脑容量则是1400立方厘米。智力的提高当然是我们进化的重大里程碑，但对于母亲来说这实在算不上什么好消息，大脑变大后我们需要更大的颅骨来盛放脑子，原本就危险紧迫的诞生旅程变得更加艰巨，生产成为了女性一生中最严酷的考验之一。

大部分灵长类动物生孩子都可以自己一手包办。大猩猩胎儿成熟后会直接进入产道，然后几乎自动滑出母亲体外，大猩猩妈妈可以很方便地咬断婴儿脐带，舔净羊水，之后把小家伙搂在怀里。整个过程信手拈来，不需要任何同伴的协助。但直立行走的人类却很少能享受到这种一蹴而得的生育乐趣。人类女性的生产过程一般需要数小时甚至十几小时，胎儿是被母亲用力生生挤出产道的。等婴儿呱呱坠地后，妈妈早已筋疲力尽，完全没有多余的力气再去处理婴儿的呼吸道和脐带，这些事情都需要其他人来负责。而比起生产时的艰辛，生育风险是更糟糕的事情。

就在100多年前，难产还是导致女性死亡的首要原因。中国古代缺乏这方面的资料记录，但从史籍中的相关例子可以推测出，大约10%的古代育龄女性死于分娩。17世纪时，欧洲已经开始产生现代医学的萌芽，但在这一时期每1000名育龄女性中大约有40人死于分娩。直到18世纪，英国生产死亡率依然高达2.5%。英国斯图亚特王朝的最后一位君主——著名的安妮女王，她一生曾怀孕17次，但这些“孩子”大多胎死腹中或在生产过程中死亡，只有3个被生了出来（而且他们也都没有活到成年）。一个多世纪后，英国王室又遭遇了一幕让人震惊的生育惨剧，当时的王位继承人夏洛特公主分娩时无论如何都没有办法顺利生下孩子，在经历了四天地狱般的折磨和痛苦后，夏洛特公主与她腹中的胎儿双双殒命。这件事情对英国政局也产生了重要影响，由于王储意外离世，王位经历了短暂的威廉四世后由夏洛特公主的堂妹维多利亚继承，从此迎来了英国历史上最为辉煌的维多利亚时代。

为了顺利通过生产的死亡考验，我们祖先的生命循环系统必须做出相应改变。母亲的产道扩增不太可能，如此一来髋骨会变得太宽，双足步行无法实现，祖先总不能再退回到四肢行走的阶段吧;脑袋缩小更不可能,因为这就意味着我们要放弃更聪明、更灵活的优势。因此这一问题只剩下了唯一的解决途径:自然选择让人类胎儿出生的时间大大提前。只要早点生产,婴儿的头部和大脑都还比较小,头盖骨也比较柔软,这样胎儿可以勉强经过产道,母亲也更容易渡过难关。

后天发育正是我们人类的特色之一,其他猿类出生时大脑已经发育完成了一半,1岁时大脑体积就可以达到成年猿类大脑体积的80%。但人类婴儿的大脑只有成人脑重的四分之一,到7岁时大脑才基本成熟。如果不是为了避免生产的残酷风险,我们每个人都会像哪吒那样在母亲的肚子里待上20几个月①。当然,这也就可以解释,为什么人类的早产儿会面临很大的夭折风险,因为我们本身已经提前一大半的时间出生了!

与其说我们出生时是机能健全的婴儿,不如说我们更像是一无所能的胚胎。鱼一出生就会游泳,蛇一出生就会爬行,马、牛、猫这些动物刚出生不久就可以站立行走,几个月后它们就可以自行觅食以应付生命的挑战。而人类婴儿出生时四肢、手指和脚趾都只是软骨,视力、触觉、嗅觉以及运动能力统统发育不全,即使出生半年后,婴儿如果想讨口奶喝也需要妈妈抱起来才可以。可见,其他哺乳动物脱离产道时基本上已经是成品了,但是人类的婴儿还只是粗糙的“原始材料”。

由于婴儿出生后大脑会迅速膨胀发育,他们1岁前摄入的热量大约60%会供给大脑,营养稍有缺失大脑发

① 也有其他原因导致人类生产提前,比如10个月大的胎儿营养消耗已经太大,母体很难再继续维持供应。

育就会受到影响，而这只能依赖抚养人的照料。一直到十几岁时，我们都几乎没有自己获取食物的能力，人类继续成长发育的时间会占据整个生命周期的三分之一（在原始社会和农耕时代平均寿命较低的情况下），当然这也导致我们比地球上其他的生物都具有更强的可塑性。

在养育后代这件事情上，只有母亲独自坚守岗位是完全不够的。因为哺乳期的女性需要消耗大量营养才能满足身体需要。如果母亲照顾婴儿的同时，还要自己去获取大量食物，那么势必会分身乏术。一旦脆弱的新生儿发生什么意外，男性好不容易争取并完成的“繁殖任务”就会付诸东流，正所谓“来去匆匆，转眼成空”，这就导致了人类的父亲不能像雄鹿一样贡献完精子就拍拍屁股走人。

大多数灵长类养育后代的责任100%是由母亲承担的，而对于人类来说，父亲也要承担50%左右的责任，共同养育才是“人性化”的抚育方式。男性如果期望自己的子女好好长大，最好老老实实待在孩子母亲身边，协助其保护及养育子女，唯有这样才能大大提高自己基因得以传递的可能。“不省心”的孩子为家庭生活提供了感情纽带。在巴拉圭的阿奇族部落，没有父亲照料的孩子死亡率高达45%，对其他原始狩猎部落的研究也支持相同结论（Geary，2002）。

当然，在自然界并非只有人类的后代脆弱，幼年海龟破壳而出冲向大海时，死亡率会高达90%以上。可是雌海龟一次可以产卵数百枚，而女人一生也就最多怀孕十几次，因此，人类没有办法实施“广种薄收”的策略。男女联手，在生育质量上大做文章才是最合算的方法。

另外，人类独特的生存方式也导致父亲必须成为家庭成员。由于具有更大的脑袋及更发达的智力，我们祖先觅食依赖的是知识、文化、技术和工具，而不像其他动物那样以体力取胜，先天行为在我们行为系统中所占的权重极小。对于人类来说，教养或许才是最重要的，后天经验可以让人们走上完全不同的发展道路。在我们祖先生活的年代，幼儿要花十几年的时间学习和练习，将所有技能知识装进自己的大脑袋，之后才能成为合格的采集者与猎人，正如我们今天也要花许多年才能学会做程序员或会计师一样。从某种程度上来说，原始人需要掌握的知识范围可能要胜过现代人，他们要认识居所附近成百上千种植物的分布和作用，了解各种动物的习性，学会工具的制作与使用，掌握捕猎与战斗的技巧。所有这些能力的获得都需要抚育者经年累月的教养。因此，相对于母亲单方承担责任，父亲的参与无疑更有利于人类后代掌握生存技能。

其实，教养并不是人类独有的问题。例如，狮子与许多其他肉食动物都需要训练幼崽猎杀技巧，鸟类要引导幼雏掌握捕食途径，长臂猿则会协助后代建立领地，黑猩猩要教会后代如何在社群里处理关系。只不过人类父母的负担要远远超过动物。美国伊利诺伊大学香槟分校的心理学家克里斯·弗雷利与两名同事对关于44类哺乳动物及66种灵长类动物的研究文献进行了分析，他们发现，在这些动物中，凡是成双结对的物种幼崽都非常柔弱，发育漫长，需要双亲照料（Fraley，Brumbaugh，& Marks，2005）。

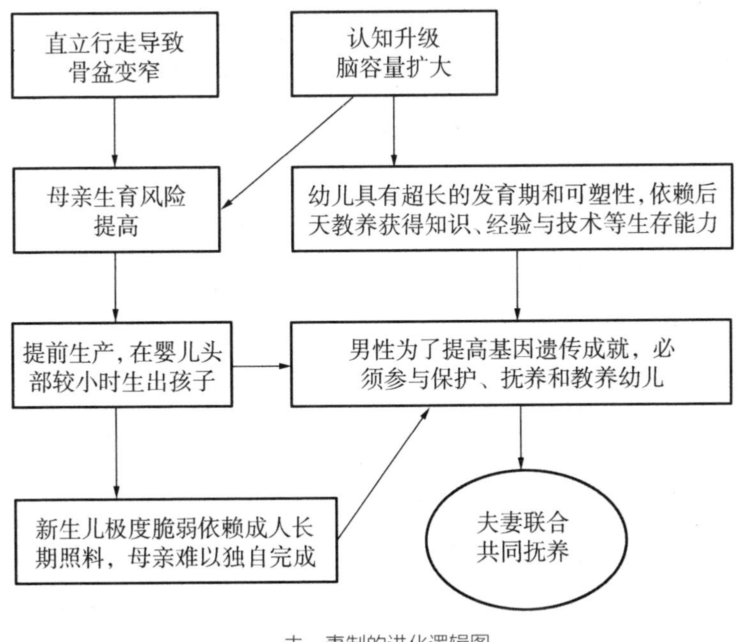

一夫一妻制的进化逻辑图

因此，在整个自然界中，抚育后代成本较高的物种往往会形成更强的亲子纽带，它们选择一夫一妻制的比例也会更高，而人类可能是后代抚育成本最高的物种之一。高抚育成本使得男性与女性的目标不谋而合，双方在养育后代的过程中都能体验到责任与快乐。因此，一夫一妻制成为了人类稳定的婚姻模式，归根到底这还是因为人类幼儿实在太“坑爹”。中国民间有句俗语叫“欠债不还，转为父子，大仇未报，结成夫妻”，古人的见解真是太深刻了！

当年，达尔文面对婚姻时的心态在某种程度上很好地反映了人类婚姻的本质。后人整理他的笔记资料时意外地发现了一张有趣的小纸片，原来达尔文曾经认真考虑过自己是否应该结婚。他在这张纸上面列了两栏，分别是结婚的“好处”和“坏处”。在“好处”一栏中达尔文写的是：“可以有小孩”，“终身的伴侣”，“年老时候的朋友”，“和你游玩的对象”，“再怎么也比养只狗好”，“有个家，照顾家的人”，还有“女人叽叽喳喳的声音对健康是有好处的”（考虑到达尔文曾在海上和一群男人飘荡五年，我们不难理解达尔文会什么会萌生“女人的叽叽喳喳对健康有所裨益”这种奇葩想法）。在“坏处”那一栏达尔文则写着：“会失去大量的时间”，“失去爱到哪儿就到哪儿的自由”，“要为小孩花费、烦心”，“如果有很多小孩，会花很多钱，就得节省过日子”，“可能会有争吵”，“无法在傍晚看书”，“花在书上的钱更少”。如此看来，达尔文已经充分认识到了婚姻与养育子女的关系，他也明白自己在婚姻中需要付出什么代价（精力、时间、金钱），像每个男性一样，达尔文在内心深处可能也会向往一种更自由的生活，不过他在纸片最下方还是写出了自己的分析结论：“我要结婚”。

另外，正因为人类后代的抚育成本太高，如果一个男人要为两个或两个以上家庭提供食物与保护的话，可能每个家庭平均得到的资源连一个后代的需求都满足不了，况且也没有女性愿意选择这样的男人。在这种情况下，只娶一个老婆对于大多数男性来说是最明智的选择。

一妻多夫制的幻灭

人类的婚姻制度除了一夫一妻制、一夫多妻制外,理论上还有一妻多夫制。一些具有先锋意识、思想新锐的女性可能幻想过被几位男性侍奉的女王生活。武则天、太平公主、秦宣太后以及北魏冯太后这些真正的“女王”倒是可以豢养男宠供自己享用,不过这种情况实在特殊,只有登上权力顶峰的女性才有此特权。除此之外,其他“女王”的生活可能并不幸福,任何想玩一妻多夫制的动物都要付出高昂的代价。蚁后在蚂蚁的社会阶层中具有至高无上的地位,可是自它成为蚁后的那天起就再也不能离开自己的巢穴,它要被终身囚禁、不停产卵,直到死亡。当然,人类以及其他哺乳动物的雌性不可能像昆虫一样大批排卵和高速生育。卵子珍贵的雌性动物没有满足多个雄性生殖需要的资本,因此,对于哺乳动物来说,一妻多夫制从来都不是主流的婚配制度。

在人类社会中,确实有极少数种群实行过一妻多夫制,他们所生活的地方往往比较偏远封闭、环境恶劣、资源贫瘠,在这样的环境下,一妻多夫制可以保障一个家庭的幼儿得到多位父亲的资源供给。也正因如此,这些一妻多夫制无一例外都是兄弟共妻,当兄弟娶一个妻子时,妻子生下的就算不是自己的孩子,也至少是自己的侄子侄女,也拥有一部分自己的血脉。在这种情况下各个丈夫才有可能会尽心抚养后代,对家庭尽到自己应有的责任。

中国历史上并没有过一妻多夫的例子,不过清人在入关之前长期遵循另一种类似的奇葩婚俗——继婚制,按照这种婚制,寡妇可以由丈夫家族的其他男性“接盘”。例如,哥哥死了,弟弟要娶嫂子,叔伯死了,侄子就要娶婶婶。这种“肥水不流外人田”的继婚习俗确实是一种节约生育资源的好方法。努尔哈赤的妃子富察氏原来就是他堂兄的老婆,而努尔哈赤去世前,又把自己的妃子过继给了大儿子代善。

除了兄弟共妻外,其他形式的一妻多夫制基本没有存在的可能性。因为当多个男子合法迎娶一个女人后，他们无法确定女人生下的孩子是否是自己的后代，所以没有人会对家庭的后代进行稳定的投资，缺乏父亲照顾的幼儿很难活到成年。因此，一妻多夫制其实本身就包含了土崩瓦解的种子，真正持续且系统的一妻多夫制婚姻在人类社会几乎不存在。

婚姻才是神圣同盟

总之，婚姻制度必须考虑实际功效，综合来看，对人类来说，一夫一妻制是配置要求最低、资源耗费最少、性价比也最高的婚姻形式，因此这种婚姻模式自然也最容易得到传播。社会制度只是生物现象在社会领域的延伸，一夫一妻制绝不是某个天才哲学家空想出的理想蓝图，它是自然选择的必然要求。

2019年，美国得克萨斯大学生物学家丽贝卡·杨领衔的一个研究团队在《美国国家科学院院刊》刊文发表了他们对单配偶制物种基因活动规律的研究成果。研究者比较分析了5种单配偶制脊椎动物与它们非单配偶制近亲的大脑基因差异，研究发现一些与神经发育、学习和记忆有关的基因在单配偶制物种中更加活跃。研究者推测，这些基因增强了大脑的适应性和记忆能力，让动物能够识别自己的配偶、后代或居住环境，并在接触类似刺激时启动奖励机制。也就是说，单配偶制动物或许能够从家庭生活中得到来自大脑的积极反馈，家人的存在会让它们感到愉悦（Young et al.，2019）。这项研究足以说明，自然选择为一个物种所做出的婚配制安排，已经深刻印记在了它们的基因中。

稳定婚姻关系的建立对于男女双方都有巨大优势。对于女性来说，生育资源太过于稀缺，遗传自己基因的最好方式不是增加后代数量，而是强化每次生育的质量。通过细心抚育，提高自己后代的存活率及成才率才是最佳策略。因此，女性会精心挑选一个积极的合作者，那些不愿意为家庭尽责的男性根本争取不到交配权。对于男性来说，由于他们也需要劳心劳力照顾后代，所以孩子与自己的血缘关系就极为重要。在绝大多数情况下，婚姻中的性关系具有排他性，当女人只与一个男人发生性接触时，生下的孩子当然是这个男人的后代。因此，从男性角度看，婚姻形式可以增加亲子关系的可信度，保证妻子的孩子是自己的，以免自己白白投资。

在这种性选择压力的塑造下，男性进化出了对配偶与子女的责任，女性则进化出了对配偶的忠贞，这是人性的典型特征，在其他灵长类动物身上并不常见。我们大多数雌性近亲并不依赖雄性抚养幼儿，所以它们不会在意自己的交配对象是否有抛妻弃子的危险；而雄性由于并不对后代付出，所以它们也不在乎婴儿到底是谁的骨肉。一个物种中雄性在抚育后代上投入越少，雌性就会越"放荡"。雌狒狒一生平均有8个性伴侣，雌黑猩猩一生平均有13个性伴侣，与它们相比，人类女性显然更在意自己贤妻良母的身份。

除了稳定的婚姻外，男性还可以通过后代与自己的相似程度来确定实际亲缘关系。研究发现，母亲总是试图影响男性对"父亲—婴儿"相似性的感知，数据资料显示，在各个文化背景下，女性都会更喜欢强调婴儿与父亲长相的相像程度。虽然平均来说，孩子与父亲的相似程度其实并不高于他们与母亲的相似程度，但80%的母亲都会认为孩子更像父亲（Mclain，Setters，Moulton，& Pratt，2000）。与之相对应，父亲越认为子女与自己长得像，他们对子女的投资与关注就会越多，并与子女具有更积极友善的关系（Apicella & Marlowe，2004）。在超级英雄电影《罗根》中，当金刚狼得知"小狼女"X-23具有自己的基因后，尽管他们并不存在真实的父女关系（只是复制品），但金刚狼依然决定为了保护"小狼女"而牺牲自己。

从进化的视角看，一夫一妻制毫无疑问是对人类最为有利的繁衍策略。除了应对进化的适应性挑战外，这种策略还带来了很多额外好处。例如，夫妻合作的抚养模式大大降低了单亲抚育后代的负担，从而突破了女性的生育周期极限。在自然界中，其他猿类大约每隔五六年才会生育一次，因为它们哺育幼子的时间就长达四五年，包括半年多的妊娠期以及三年多的哺乳期。母猩猩在林间穿梭时会让小猩猩抓附在自己肚子上，它们难以承受两个子女的重担，等后代完全自立之后，它们才会再去生下一个。正因如此，雌性黑猩猩每隔四年才发情一次，在发情期外，它们不会有任何性活动，而小黑猩猩则很少会有相差两三岁的兄弟姐妹。但一夫一妻制却大大提高了人类养育子女的效率，男人或女人单独养一个孩子可能很困难，但通过合作两个人养三个孩子却可能很轻松。

为了使自己的后代获得最大程度的生存资源，男性和女性缔结了婚姻这一神圣同盟。随着历史的发展，人类对子女的投资后来已经远远超出了“抚养”和“教育”的程度。在子女成年后，父母还会帮助他们成家立业，并尽量积攒更多的财产惠及子孙。我已经30多岁了，我的母亲会经常专门给我做包子、水饺，还会担心我的着装问题，很明显，她并不觉得自己已经不再需要承担当妈的任务。

动物学家曾注意到，一些倭黑猩猩的母亲会帮儿子“相亲”，它们会安排自己成年的儿子和它们中意的雌性在一起，甚至出手阻止其他雄性靠近自己看中的“儿媳妇”，一旦获得了老母亲的帮助，雄性倭黑猩猩拥有后代的可能性会提高两倍(Surbeck et al.,2019)。相类似地，在人类社会中，大多数光鲜亮丽的“成功人士”都离不开父母的栽培。研究发现，父母对子女时间与金钱方面的投资水平与子女的学业成绩、社交能力以及社会经济地位有很高的相关性(Geary,2002)。

在亲代投资方面，明太祖朱元璋无疑是佼佼者，草根出身的朱元璋为自己的后人做了长远的保障安排，按照明代法制，皇家族亲一律可以分封土地，并按月领取俸禄。遗憾的是，朱元璋显然没有学习过马尔萨斯的《人口论》，他没有想到，某些宗室为了获得更多的财富而拼命造人，导致朱家后人呈几何级数增长，这造成了严重的财政负担。明末农民起义时，这些养尊处优的宗亲成为起义军最痛恨的对象，原本是惠及子孙的政策，却为子孙招来了杀身之祸。

文明的阶梯

伴随一夫一妻制,人类发展出了动物界独一无二的双向性选择:不仅女性可以挑选如意郎君,男性也有权利从潜在配偶中选择贤妻良母,双倍的竞争使人类更具活力。在上文中我们提到过,美国得克萨斯大学的一项研究曾发现,在与神经发展、学习、记忆和认知能力相关的基因上,“一夫一妻”动物的基因表达普遍更强。这可能正是因为一夫一妻制要求雌雄双方都要精心挑选伴侣,同时彼此迁就忍让,学会共同抚养后代,这导致它们变得更加“聪明”(Young et al.,2019)。事实上,单一配偶制动物确实有更复杂的行为。例如,树鼩夫妻在睡前会亲昵地互相舔舐对方的脸庞,雌雄配对的鸟类会经常一起演唱复杂的二重奏,而海马夫妇每天醒来时则会互相摩擦鼻子进行问候,它们要依靠这些行为来维持亲密关系,正如人类配偶间也要经常拥抱、亲吻、讲述甜言蜜语以及互送礼物。

在双向选择压力的塑造下,人类社会体制与伦理规范也在不断演化调整,以配合婚姻的功能与职责。同时,婚姻也塑造了我们人性中的许多成分,如性嫉妒、处女情结、外貌与体型审美偏好以及男女不同的择偶标准等。

正因为夫妻合作的抚养模式,婚姻成了将不具有血缘关系的人捆绑在一起的最自然方式。在人类历史大多数时期,被婚姻联系起来的并不仅仅只是两个独立的个体,还有两个家族。婚姻的实际功能远超出了繁殖与抚育后代,它成了一种建立合作关系的手段。

对于底层民众来说,婚姻允许不同的家庭共享劳动力和资源,亲友间的互帮互助是一种最常见的互惠形式。在狩猎与农耕时代,通过联姻所形成的大家族无疑可以为个体提供更多的生存支持。而对于上层社会来说,婚姻则是维持统治、形成联盟以及处理外交关系的必要工具,在许多情况下,婚姻纽带甚至会成为政治活动的中心环节。在古代中国,统治者会通过“和亲”的方式团结周边少数民族势力,著名的有“昭君出塞”“文成公主入藏”以及清代长期的“满蒙联姻”等。另外,皇室也常与手握重权的大臣或家族缔结姻亲,以获得他们在经济、军事或社会声望上的支持。康熙皇帝的结发妻子就是辅政大臣索尼的孙女,当时康熙年幼,鳌拜权倾朝野,为了遏制鳌拜,孝庄太皇太后转而笼络索尼父子,册立索尼孙女为皇后。

埃及艳后克利奥帕特拉七世的故事是许多电影和书籍热衷表现的题材,在真实历史中她未必是一个多情的女子。克利奥帕特拉最早与罗马执政官恺撒缔结了婚姻,在恺撒支持下她顺利成了埃及女王,并与恺撒生下一子。恺撒被刺后,恺撒养子屋大维成了法定继承人。此时,他的政敌安东尼则利用埃及艳后与恺撒的儿子大做文章,安东尼自称是恺撒血脉的保护者,他娶埃及艳后为妻,获得了埃及的军事支持。可惜,安东尼最后在与屋大维的决战中败北,埃及艳后被迫自杀。克利奥帕特拉的风流韵事其实都源自政治角力,保护手中的权力才是她与恺撒和安东尼先后缔结婚姻的原因。

当出现婚姻后,家庭就成为人类最普遍、最基础的社会组织,以家庭为纽带,人类又发育出了宗族、部落、政党、宗教以及国家等各个层级的社会组织。在农业社会,征兵、战争与税收都以家庭作为基本单位。即便在现代社会,许多商业或政治帝国的建立与扩张依然要以家族为载体,如著名的洛克菲勒家族、罗斯柴尔德家族、肯尼迪家族等。家庭关系是一个人核心的社会关系,每当人们想要和非血缘关系的人营造亲密氛围时,都会模拟家庭亲属关系进行重构,如“教父”“干妈”“结义兄弟”“兄弟会”“姐妹淘”等。基于家庭关系而产生的信任、责任与感激等情感外化至社会关系时,可以催生友谊和同盟等概念的出现。从这方面来看,婚姻是人类走向文明的重要阶梯。

对后代的长期共同照料导致人类产生了天长地久长相厮守的情感纽带,一夫一妻制的结合使得人类进化出了深层次的爱恋情感,正因如此,我们的文化才会歌颂坚贞忠诚的爱情。如果人类祖先的身体结构是另一番样子,可能我们如今关于爱情的文化也会截然不同。试想一下,如果一夫多妻制或一妻多夫制成为了最适宜人类的婚姻形式,那么可能“博爱”或(对不同配偶的)“公平”会成为爱情故事中最高贵感人的品质,而韦小宝则会成为金庸笔下最受欢迎的男主角。

男性是一夫多妻制的受害者

一夫一妻制起源于人类社会生存资源尚比较匮乏的时代,当一个社会出现大量剩余生活资料且被一小部分人占有时,这部分人可以为很多女性提供生存资源。在这种情况下一夫一妻制的基础也就不再那么牢固了。一夫多妻制成为了一种婚姻选项(尽管只有极少数极为富裕的男性有此选择权)。一夫多妻制的巨大优势在于它可以最大化地满足物质资源在人类后代中的分配。假如一个男性掌握的生存资料足以养活一万人,在一夫一妻制的社会,由于妻子生育能力所限,只有几个后代可以享受这些物质资源,这就会造成巨大的资源浪费。而一夫多妻制通过让少数富裕阶层有更多的妻子和后代,导致资源出现了流动性,这样生存资源配置可以更加优化。

只要后代与自己可以获得足够的生活保障,有些女性是不介意和其他女性共同享有一个丈夫的。人尚如此,其他动物也不例外,当森林中某些雄鸟占有了非常大一块地盘时,雌鸟会毫不犹豫地投怀送抱,而不去管这只“富鸟”已有几房“妻妾”。基于同样的道理,在现代社会总有女性可以不畏闲话成为富豪的情人。虽然我们不能怀疑真挚情感的存在,但在很多情况下,财富无疑是使某些年轻女性甘愿成为已婚男性地下情人的主导因素。

不过,一夫多妻制虽然可以优化生存资源配置,但却会对整个社会的发展造成巨大伤害。在一夫多妻制社会,处于精英阶层的男性霸占了大量女人,这样注定会有一部分底层男性失去获得配偶的机会。单身男性经常容易做出危险疯狂的举动,尤其是底层无产者。心理学家马丁·戴利与马戈·威尔逊曾详细分析过1982年美国底特律的凶杀案件，他们发现73%的男性凶手都还未婚，未婚男性涉及严重刑事案件的概率比已婚男性涉及同类案件的概率要高出两倍（Daly & Wilson，1985）。从这一角度看，一夫多妻制会对社会稳定形成威胁，而消灭光棍则是提高治安水平的重要手段。在古代中国，朝廷会通过限定女子最晚结婚年龄、提高不婚女性家庭赋税额度以及设定官媒等方式，保障男性的交配权。唯有"老婆孩子热炕头"的家庭生活才能让男性变得更加成熟、理性、稳重。

另外，当富有的男性将更多财富用于迎娶三妻四妾时，他们用于商业投资的财富比例就会相应削减，而后代太多，财富难以形成积累效应，其结果是社会进步速度变慢。美国于1878年通过雷诺法案，裁定一夫多妻制违宪，理由就是这种制度会严重束缚人们的思想自由，并由此导致社会发展停滞。

幸运的是，在大多数国家和地区"一夫一妻制"是唯一合法的婚姻形式，富有的男性虽然可以同时拥有多位情人或离婚后再娶，但他们也不可能像古代社会的某些男性一样占有几十甚至上百个妻子了。因此，单身男女的数量可以保持基本平衡，大多数男人都有娶妻生子的机会。可能很多男人幻想过一夫多妻制的生活，可是如果真的实行一夫多妻的婚姻制度，他们更可能面临的是一个妻子都讨不到的悲催境地，从这一点来看，男人无疑才是一夫一妻制的受益者。

婚姻的未来

不过，曾经与人类历史如影相随的婚姻制度，似乎一夜之间变得不那么"时髦"了，如今人类的婚姻制度也正在走向一个重要拐点。根据国家统计局和民政部公布的数据，截止到2019年，中国已经连续五年结婚率下滑，而这种现象在全世界大多数地方普遍存在。例如，当代美国人的单身率是20世纪中叶时的2.5倍，欧洲各大国家的结婚率都处于历史最低谷。

究其原因，婚姻的本质是人类在特殊的生理及养育条件下，所诞生的一种为遗传繁衍服务的行为模式。而在现代社会,随着经济、福利、法律与其他生活方式的转变,婚姻正在逐渐丧失原始功能。例如,由于大多数国家都规定,非婚生子女对父母也有赡养的义务,因此,婚姻不再是养育子女的必要条件。好莱坞影星布拉德·皮特和安吉丽娜·朱莉从2006年开始生活在一起,他们几年内生了3个孩子,但直到2014年皮特与朱莉才举办婚礼成了法律上的夫妻。这种伴侣模式并不是好莱坞明星的"先锋做派",在许多西方发达国家,人们已经非常认可未婚生育的生活选择。如今,瑞典和冰岛每年的新增人口中,未婚男女所生的孩子比已婚夫妇所生的孩子还要多。很多单身男性和女性由于一直没找到合适的伴侣,他们甚至愿意通过代孕的方式,自己抚养一个孩子。在这些地区,婚姻制度就像多数年轻人认为的,成了一个可有可无的东西。

当然,婚姻的衰落并不等同于婚姻的消亡。虽然"不婚"的趋势在现代社会明显增长,但人们对婚姻的标准其实也在稳步上升,越来越多的人认同夫妻双方应该平等、包容、坦诚和互相奉献。在未来,婚姻制度势必会转型。理想情况下,婚姻可以只是两个人决定缔结更深情感纽带的一种仪式,而不再是确定从属关系和责任义务的契约。

理想爱人:选择“好队友”的标准从何而来

一般来说,爱情在男人身上只不过是一个插曲,是日常生活中许多事务中的一件事,但是小说却把爱情夸大了,给予它一个违反生活真实性的重要的地位。尽管也有很少数男人把爱情当作世界上的头等大事,但这些人常常是一些索然寡味的人;即便对爱情感到无限兴趣的女人,对这类男人也不太看得起。

——威廉·萨默塞特·毛姆《月亮和六便士》

川端康成在《睡美人》中说:“年老的人拥有死亡,年轻的人拥有爱情。”从《飘》中的郝思嘉到《安娜·卡列尼娜》中的安娜,从《霍乱时期的爱情》中的弗洛伦蒂诺到《傲慢与偏见》中的达西,文学故事中不同人物的爱情观总是会让人们津津乐道。我们很难想象一部没有一点男女感情元素的电视剧能够吸引到观众,即便是在雄性荷尔蒙爆棚的美剧《斯达巴克斯》中,每集也总要有点“滚床单”戏码。2010年江苏卫视婚恋节目《非诚勿扰》刚刚开播时曾引发了社会的广泛关注与讨论,在同类节目中其收视率高居榜首。从“丈母娘房地产”到“相亲鄙视链”,择偶总能调动人们的兴趣,成为我们茶余饭后的谈资。

由于人类抚育后代的代价高昂,所以我们形成了一夫一妻制的合作抚养模式,挑选最佳生殖合作者对男女双方来说都极为重要。当然,很多选择过程我们自己可能并不会意识到。例如,没有女性会在审视完伴侣之后想:"嗯,对于我的基因遗传来说,他应该可以做出很有价值的贡献",也没有男性会将女性视为"优质的卵子提供者"。但人类进化出了很多自动化的心理机制来帮助我们完成筛选任务。例如,我们的性欲、情感、审美观以及对某些品格的重视等,其实都铭刻了自然选择的烙印,这些机制可以帮我们挑选出合适的伴侣,从而实现基因的传递。

选择一份好基因

对配偶或性伴侣的挑剔,并不是人类独有的特色,只是不同物种青睐的方面有所差异,正如有的人是颜值控,有的人讲求门当户对,有的人注重第一感觉。对于雄性在养育后代中投入资源较少的物种,雌性的选择标准会比较简单,因为雄性主要的贡献就是廉价的精子与一半基因,雌性只需要判断对方的基因是否足够优良,一个母亲能为自己孩子做的最大好事就是为它挑选一份优秀的基因。当然,有时雄性赠送的"小礼物"也会捕获雌性的芳心。比如,一些雄性昆虫会在求偶前向雌性孝敬一款美食大礼包作为交配条件;雄蠡斯在交配时,会向雌性提供相当于自身体重三分之一的营养物质(通过射精过程注入雌性体内);雄性黑猩猩在捕到猎物之后,会经常把食物分给生殖器肿胀的发情雌猩猩;而雄性果蝠在求偶时,也会把食物与雌性共享,以换取交配权。

在这种情况下,大多数雌性动物对于理想的艳遇对象不会有什么意见分歧。身强体壮、器宇不凡的雄性总能获得雌性的钟情。因为这些条件正是大多数雌性孜孜以求的优质基因。对于雌性来说,一旦自己的后代获得了这些特性,它们也会具有更强的生存能力。不过,毕竟只有少数雄性具备能让雌性意乱情迷的外形,这些幸运儿可以"桃花朵朵开",愉快地享有其他同类梦寐以求的交配权，而大多数资质平平的雄性只落得形影相吊的处境。这正如同玛丽苏烂俗剧里的人物设定：男主可以将一票妹子迷得神魂荡漾，男二男三则在旁边干巴巴瞪眼。

高大威猛的身躯只是优质基因最明显的表现。雌性动物在挑选性伴侣时似乎还有别的偏好。回想一下让达尔文头疼的"雄孔雀尾巴问题"，达尔文后来的解释是，雄孔雀熠熠生辉的尾巴有利于勾引雌性，同样的情况还有雄狮的鬃毛、公鸡的鸡冠等。然而，为什么雌性动物会如此肤浅庸俗，经受不住这些花花架势的引诱？一向鼓励效率的自然选择怎么能够允许如此浮华之风盛行！

在20世纪70年代，以色列动物学家阿莫茨·扎哈维提出了动物学中著名的"不利条件原理"（Zahavi，1975）。根据这一理论，生物的炫耀特征越复杂，代价越大，综合素质就越好。也就是说，在性资源竞争中，雄性动物那些浮夸的累赘之所以能吸引雌性，关键之处正在于这些特征完全无用甚至有害，而不利于生存的构造恰恰可以成为雄性求欢时的有效信号，用来向雌性证明自己天赋异禀，无惧任何拖累。因此，"不利条件"反而是"有利条件"的信号。

例如，一只背负着色彩斑斓尾巴的雄孔雀按理说应该很容易被捕猎者盯上，但是它却可以活得好好的，并且有闲情逸致在雌性面前载歌载舞，这不正说明这只孔雀具有身形矫健、观察敏锐的优质血统？因此，雄性动物的累赘表面看起来颇有自毁倾向，其实却是在别有心机地彰显自己的杰出基因。就像《权力的游戏》中，马王卓戈卡奥面对挑战者时，他选择赤手空拳与手拿利刃的挑战者对决，这其实也是变相炫耀自己的实力。

另外，雄性动物必须分泌大量荷尔蒙睾丸素，才能维持尾羽、鸡冠、鬃毛等第二性征器官，而这种激素会导致生物体免疫力的降低（这也解释了为什么阉割的雄性动物更长寿），只有身体足够健壮的雄性，才可以这样随意挥霍自己的免疫力。因此，第二性征可以成为雄性动物的健康指标。对于这样的设计，雌性动物一向极为买账，外表华丽明艳的雄性也就常常得以坐享齐人之福。

通过选美进行择偶其实是生物非常智慧且高效的一种性选择机制（人类审美与择偶的关系会更复杂一些，后文将提到），如果雄性之间非要因为一个卵子而争个你死我活，就算不伤身体也会大伤和气。设想每个雄性都是冲冠一怒为红颜的吴三桂，岂不是要天无宁日？而斗艳的竞争方法则温和得多，雄性大可以好整以暇地排好队，在雌性面前意气风发地展露自己的性感与美丽，胜利者自然可以与雌性携手而去，而失败者虽然不能洞房花烛，但至少可保证性命无虞。

女性择偶：养家糊口才是男性的第一使命

一旦父亲需要含辛茹苦参与后代的孕育及抚养过程，生物的择偶标准就会复杂得多。雌性除了要筛选高质量的基因外，还必须考虑自己的孩子未来能从父亲那里得到多少生存资源。生存资源带来的吸引力大大超过了生一个又高又壮的孩子，即使雄性并不携带最佳基因，但如果它能提供足够食物，雌性也乐于和其交配。另外，由于雄性要为家庭鞠躬尽瘁，它们当然对雌性也不能马虎。为了保证后代质量，雄性动物也要选择最佳合作者。对雌性挑三拣四是后代高抚育成本物种中雄性才有的特权。因此，具有稳定婚姻关系的动物在寻找配偶时会极为讲究。

首先，雄性所占有的资源会成为雌性非常看重的指标。这可能是"婚姻制"动物中最古老、最普遍的雌性择偶偏好了。很多雄性昆虫会在交配季来临前储藏大量食物，它们把这些物品摆在领地或巢穴的最显眼之处，然后等待雌性的造访与检阅。雄性伯劳鸟会在求偶季时将食物插在显眼的地方吸引雌性伯劳的注意。富有的雄性永远会大受欢迎，而一贫如洗的雄性只能落得孤家寡人的下场。

对人类来说，性选择赋予了男性养家糊口的重任，因此男性拥有的物质资源的多寡成了女性择偶的重要参考依据。当然，在狩猎采集社会我们老祖宗可能没有什么财产积蓄，但部落中地位高、权力大的男性在物资分配时可以得到更多利益，他们能够为后代提供更有力的保障。因此，与男性相比，女性选择配偶时会更加看重对方的财富、地位与权力，同时她们也会更容易通过婚姻提升自己的社会阶层，正如《傲慢与偏见》中的班内特一家的五姐妹。这种择偶偏好延续至今，现代社会中的霸道总裁依然能使众多女性心神荡漾。

其实，在一个物资充沛的现代文明国家，很少有家庭还会面对饥荒的威胁，但子女的医疗和教育质量仍与父母拥有的财富密切相关，因此人们依然保持大致相同的择偶模式。英国牛津大学的人类学家罗宾·邓巴曾分析过报纸和杂志中的征婚广告，他发现多达25%的女性会在广告中直接提及对伴侣财富和地位的要求，与之相对应，接近70%的男性在自我介绍中会涉及这些方面，但女性很少在自我介绍中提及这些，男性也很少会对伴侣的收入有所要求(Dunbar, 2014)。

美国心理学家戴维·巴斯在世界各地30多个不同文化群体中开展了一系列有关择偶偏好的研究，涉及的地区既包括西班牙、加拿大、瑞典、芬兰等经济比较发达的西方国家，也包括保加利亚、希腊以及巴西等经济相对落后的国家，还包括了尼日利亚、赞比亚、刚果等前现代社会国家。他也发现，不同种族、不同政治体制、不同宗教信仰、不同收入水平以及不同婚姻制度中女性看重的择偶因素具有一些共同特征，在所有环境下，女性都比同地区男性更在意伴侣获取财富的能力及社会地位(Buss, 1989)。

拿破仑曾说过："男人靠征服世界征服女人，女人靠征服男人征服世界。"从性选择的视角看这句话不无道理。在男女社会地位日趋平等的今天，很多接受过良好教育的女性在经济上非常成功，理论上她们已经不需要男性再提供生活资源，但这些高收入女性在择偶时会比一般人更挑剔，她们希望自己的配偶拥有更高的职位及社会地位。多项跨文化研究都表明，女性自身的经济基础越好,她们对配偶的经济要求就越高(Gil-Burmann, Peláez, & Sánchez, 2002)。北欧地区由于具有非常完善的社会福利保障制度,男女经济状况非常平等,但关于瑞典征婚广告的研究分析显示,瑞典女性择偶时对资源的重视程度是男性的3倍(Gustavsson, Johnsson, & Uller, 2008)。当然,这种择偶偏好如此根深蒂固,恰恰也可以说明,对我们的女性祖先来说养育孩子确实是一件苦差事。

男性不仅要有足够的资源,还要愿意将这些资源提供给后代,一个富有但自私小气的男性会像奥诺雷·德·巴尔扎克笔下的"葛朗台"或尼古拉·果戈理笔下的"泼留希金"那样,注定对家族的繁荣兴盛做不出什么贡献。在守财奴葛朗台的眼中,女儿还不如一枚银币值钱。因此,女性会看重自己的伴侣是否慷慨以及是否有责任心。责任心是男性追求伴侣时的大"撒手锏",也是社会对男性重要的角色要求。许多故事中最富有魅力的人物都是那些勇于担责、重视承诺的男人,比如《天龙八部》中的萧峰、《教父》中的维托·柯里昂以及《了不起的狐狸爸爸》中的狐狸先生。

男性的抱负与勤奋同样可以吸引女性,因为抱负和勤奋意味着个体有潜力在未来获得更多生活资源。相比前现代社会,现代社会的阶层上升通道越来越宽阔,只要肯努力,底层出身的人完全有机会实现财富与阶层跨越,逆袭成为社会精英,而"勤奋"正是预测个体未来收入及社会地位的最佳指标。描述"成功人士"奋斗史的鸡汤文一般都会花大量笔墨描绘男主角吃苦耐劳与宏图大志的性格特征。拼搏精神具有很强的感染力,甚至会引发同性间的欣赏与钦佩。周星驰自导自演的经典影片《喜剧之王》的第一幕,就是男主角尹天仇面对波涛汹涌的大海高喊"努力,奋斗"。虽然富家小姐爱上穷小子的故事很多,但这些穷小子通常都是能担责、有追求的潜力股,而不是游手好闲的无赖汉。

另外,男性的"智慧"也是颇受女性好评的特质,因为"智慧"不仅代表一个人的优良基因，也同他事业发展的潜力挂钩。研究发现速配约会[①]中女性会对高学历男性更感兴趣(Asendorpf, Penke, & Back, 2011)。有意思的是，不仅仅是女人，连雌鸟也更倾心于聪明的雄鸟。2019年初，中国科学院动物研究所陈嘉妮博士等人在《科学》杂志发表了一篇颇为有趣的研究报告：实验中研究者最初将雌性鹦鹉与两只雄性鹦鹉放到一起，很快雌鹦鹉就会选择与更"俊美"的雄性卿卿我我。之后，研究人员把情场失意的雄鹦鹉带走，进行为期一周的"培训"，培训内容是训练鹦鹉打开机关获得食物的能力。一周后这些深造过的鹦鹉重新登上爱情的审判台，当研究者提供"食盒"时，接受过特训的雄性鹦鹉可以有条不紊地打开食盒，而那只外表光鲜的"帅哥鹦鹉"面对食盒却束手无策。这一次，鹦鹉小姐明显增加了和经过培训的鹦鹉谈情说爱的时间。可见，在鹦鹉世界中，看起来聪明有能力的青年才俊也更容易获得雌性的青睐(Chen, Zou, Sun, & ten Cate, 2019)。

总之，综合来看，在现代社会一个有责任感、进取心、慷慨、辛勤且聪明的男性依然会得到大多数女性的赏识。不过男性往往也深知女性的择偶标准，因此他们会刻意展现这些特质，毫不谦虚地推销自己，相比女性，男人会更容易在异性面前吹嘘自己的地位、声望、收入以及智力等，以期可以增加性吸引力(Haselton, Buss, Oubaid, & Angleitner, 2005)。

① 一种当代大型相亲活动，每个参与者只能和对方交谈几分钟，如果有兴趣双方可以留下联系方式。

雌性择偶偏好决定了物种进化的方向

在自然界中很多鸟类也是一夫一妻制动物,通过它们的择偶行为也可以照见我们人类的婚姻观。例如,澳大利亚的花亭鸟会做出一些让人叹为观止的求爱举动。雄性花亭鸟会通过营造房子吸引雌鸟,毫不夸张地说,它们的建筑美学与艺术成就绝不逊于北京的鸟巢。这种小鸟会在地面铺满五颜六色的装饰品,搭建起直径两米多的房屋,对鸟类来说,这完全是一座宫殿。通过这座房子雄鸟可以向雌鸟传达很多信息:一只鸟如果能够寻找到成千上万合适的建材,并将它们灵巧地编织在一起,同时还能保障自己的爱巢免遭同类洗劫破坏,那么它想必深谙生存之道,在鸟群中位高权重,将来也一定可以让小家庭衣食无忧。

因此,对于雌性花亭鸟来说,花哨的装饰与高大的房屋本身没用,可是由于它们造价不菲,就可以成为雄鸟综合素质的证明,一座美丽的花亭鸟巢可以反映雄鸟很多高贵品质,如辛勤、慷慨、真诚、强悍等。这与我们人类的行为极其相似,男人在追求女人时,也会利用名表、名车、豪宅、大牌服饰或艺术品等身外物来彰显自己的地位,或会通过向对方赠送昂贵的礼物以展示自己的财富。所有的奢侈品都有两大基本特征,一是昂贵,二是毫无实用意义,一枚五克拉的大钻戒所蕴含的直接生存价值可能比不上两枚鸡蛋,但如果一个男人愿意为了实际没什么价值的钻石而一掷千金,那么想必他在物质资源方面不是泛泛之辈,并且绝不是惜财如命的吝啬鬼。面对一个多金又慷慨的男人,大多数女人都无法忽视他的魅力。

为了获得异性青睐,男人必须尽心尽力于工作,勤奋努力地追求名声、财富与权力。在这种欲望的激励下,各个行业最杰出的人士几乎都是男性。例如,第五次索尔维会议留影被誉为“人类最强大脑合照”,出现在这张照片上的男性科学家包括阿尔伯特·爱因斯坦、保罗·郎之万、尼尔斯·玻尔、保罗·狄拉克、马

大咖云集的第五次索尔维会议合影，照片上只有居里夫人一位女科学家

克斯·普朗克、亨德里克·洛伦兹、沃尔夫冈·泡利、路易·德布罗意、埃尔温·薛定谔、维尔纳·海森伯以及马克斯·玻恩等在内共28人，而女性科学家只有居里夫人。同样地，在美国音乐杂志《滚石》发表的历史上最伟大的100名摇滚歌手榜单中，只有两位女性名列其中，而且都排在70位以后。因此，我们可以认为人类的社会结构在很大程度上是由女性的性选择偏好塑造的。其实，达尔文就曾猜测，雌性偏好可能是决定生物进化方向的一股强大力量，但这一观点在父权文化盛行的维多利亚时代遭到了许多科学家的嘲讽，当时的人无论如何也不会相信女性竟然具有自主选择权。而现在我们则可以坦然面对这一切，正如歌德所言："伟大的女性，引领人类永恒的飞升！"

日本著名管理学家大前研一写过一本书叫《低欲望社会》，这本书详细描述了日本当今年轻人的低欲望特征，比如他们没有炒房的欲望、没有发财的欲望、没有购物的欲望，没有干劲，也没有梦想。与之相对应，日本人的性欲望也大幅下跌，在18—34岁的日本男性中，"处男"的比例高达36%。当然，任何一个有基本判断力的人都不会武断地认为是日本男性生殖欲望的减弱导致了日本经济停滞不前。不过，我们从这些现象中也可以看出，依靠一群“性冷淡”的男人，很难让社会焕发出活力与生机。

男性择偶：人人都爱年轻女性

男性与女性的择偶标准有很大差异。对于男性来说，女性的生育资源是最为稀缺的资源，因此男性的择偶标准基本都与女性生育资源的优劣有关。其中，男性会特别关心潜在配偶生育后代的能力，按照中国古代“七出三不去”的民间婚姻法，妻子如果不能生育子嗣，丈夫甚至有直接休妻的权利。即便是称霸欧洲的拿破仑，也会因为担心自己的基业无人继承，而不得不和自己深爱但没有子嗣的约瑟芬皇后离婚。

虽然没有直接方法可检测女性的生育能力，但仍可以通过几个方面对其进行衡量，其中，年龄是女性“繁殖价值”最关键的指标。众所周知，女性的生殖资源会随着年龄的增大逐渐减少：一方面，女性一生中可生育时间是有限的，相比40岁的妇女，20岁的年轻女性显然能在未来生更多孩子；另一方面，年龄还会关乎卵子质量，虽然女性可能从12—50岁每月都会排卵，但实际上，在青春期之前女性制造卵子的准备工作已基本完成，之后只是不断成熟并按时释放，而卵子储存的时间越长，质量就越容易出现差错，从而导致流产或胎儿畸形。例如，在高龄孕妇群体中，胎儿患“唐氏综合征”的概率会明显提高。因此，性成熟的年轻女性无疑更具生殖优势。

从基因延续的角度看，没有生育能力的女性是完全没有性吸引力的。因此，性选择导致男人对处于生育黄金期的女性情有独钟，女人常常吐槽男人的“花心”，但在偏爱年轻女性这一点上，男人倒是非常“专一”。人类很多择偶现象都与此相符合，例如，离异的富豪一般总是会找比原配更年轻的女性做新妻子。男性会比女性更加在意自己配偶的年龄，大部分的“老少配”都是男大女小……各个年龄段的男性都会更偏爱20—30岁的女人，对于青春期的男生来说，他们眼中最有吸引力的女性也是20多岁的“熟女”，而不是比自己年龄更小的女孩。《西西里的美丽传说》中13岁的雷纳多如影随形地窥视着少妇玛莲娜，《阳光灿烂的日子》里中学生马小军对20岁的米兰朝思暮想，《青春年少》中预科班的麦克斯则向新来的女老师克罗斯小姐展开了疯狂的追求。不过可惜，年龄稍大的女性并没有兴趣与毛头小伙子约会。

调查研究显示，在美国大学男教授与好莱坞男明星的离婚率要远高于社会平均水平，这可能正是因为他们有机会频繁接触年轻漂亮的女性。富有且社会地位较高的男性往往能够娶到年轻漂亮的妻子（Grammer，1992）。我们常听到“年轻就是最大的资本”这句话，抛却道德立场不谈，仅就生殖能力来看，这句话显然对女性更合适。

当然，性选择永远是双向的，实际上女性也会比较青睐年长的“老男人”，这是因为在原始社会，随着年龄的增长，男性获取食物的经验会越来越丰富，他们在部落中的人际关系网络也会越来越发达，因此年长男性会更容易获得声望、荣耀和社会地位。而即使在现代社会系统中，年长男性拥有的资源也远高于年轻男性，年龄、资源与社会地位之间具有正向关联。戴维·巴斯对来自全球37个地区女性的调查研究显示，所有女性都更偏爱年长的男性，只是不同社会背景下人们期望的年龄差距有所不同（Buss & Schmitt，1993）。

汤姆·克鲁斯主演的系列电影《碟中谍》生动地展示了这一规律：在拍摄第一部《碟中谍》时，饰演男主角的阿汤哥34岁，而女主角31岁，此后《碟中谍》一连又拍了四部，但女主角的年龄则一直没变，到2018年上映第六部时，阿汤哥已经58岁了，而女主角只有34岁。在商业大片中，女主角的年龄永远只有二三十岁，这似乎已成为一个常态。同样还是“阿汤哥”，2017年他主演的电影《木乃伊》上映时，“阿汤哥”已经55岁了，但女主角只有33岁。2015年电影《焦点》上映时，男主演威尔·史密斯47岁，而女主演只有25岁。老牌影帝罗伯特·德尼罗出演经典警匪片《盗火线》时是52岁，而在电影中饰演他恋人的女主演只有27岁。很多女性主义者对此颇为诟病，她们认为这种角色安排强化了一种观念：只有年轻的女性才有魅力，而男性的魅力则不受年龄影响。不过在电影《偷天陷阱》中，陷入爱河的男女主角年龄差异更大：肖恩·康纳利69岁，凯瑟琳·泽塔琼斯却只有30岁。而泽塔琼斯在现实生活中的丈夫——迈克尔·道格拉斯——也比她大了整整25岁。

在原始社会，没有“有效证件”可以帮助男性查阅女性年龄，人们甚至没有生日、年龄的概念，但女性很多外貌特征可以作为年龄的指示器，例如，随着年龄的增长，女性会变得头发稀疏、皮肤粗糙、胸部下垂，眼睛也会越来越小。男性之所以会偏爱大眼睛、头发茂密、皮肤光滑、身躯轻盈、面色红润、乳房耸立的女性，成为没出息的视觉动物，是因为这些特征与女人的年龄和生殖资源有密切关系。

从这点来看，与其说男人是好色之徒，不如说他们是被美女所代表的富裕的生殖资源所吸引。当然，实际上没几个人会意识到自己选择背后的进化与生殖意义，他们只是单纯觉得自己的心仪对象性感可人。自然进化过程帮我们建立了这种自动选择机制。正如足球运动员可以完全不懂微分方程、加速度和抛物线是什么东西，但他们也能一脚踢出行迹诡异的弧线球；心脏自身并不“了解”任何医学知识，但它依然可以胜任身体的血液循环工作。

女性同胞显然也非常清楚外表优势的意义。在现代社会，通过面部拉皮、假发、吸脂术、隆胸术以及植发等手术重新塑造自己外形的一般都是女性，通过这些技术，一个40多岁的女人可以看起来像20多岁的妙龄女子。哪怕明明知道一个女人做过整容手术，进化形成的自动加工机制还是会使男人被她俏丽性感的容貌迷得神魂颠倒。正如《马赫脱口秀》的主持人比尔·马赫所调侃的：“男人要想赢得女神的芳心，要拿出征服世界的气势，而女人要做到同样的事情，只需要去做个头发。”

这种情形其实也反映了两性关系中的一种普遍现象：虽然从进化的角度看，我们对伴侣的选择评判具有一定的准确性。但在很多情况下，人们又确实很容易被对方的某些品质吸引，从而对伴侣做出不准确的评价，这就是人们常说的“爱情使人变得盲目”。激情就像是脑内的美化滤镜，夸张了伴侣的所有优点，同时又让我们对其缺点视而不见。美剧《老友记》中有一个小故事，钱德勒从不会觉得珍妮丝的笑声很烦人，但他的朋友们却非常受不了，直到分手后，钱德勒才发现珍妮丝的笑声是多么“恐怖”。而这似乎是浪漫爱情喜剧的常见套路：一对男女燃起了爱情的火花，所有的观众都心知肚明他们并不般配，可他们自己却毫不自知，直到出现了另一个真命天子或真命天女。当然也有相反的情况，就像《傲慢与偏见》中的伊丽莎白和达西先生，一开始互相看不顺眼的两个人，最后却发现对方是自己最合适的伴侣。

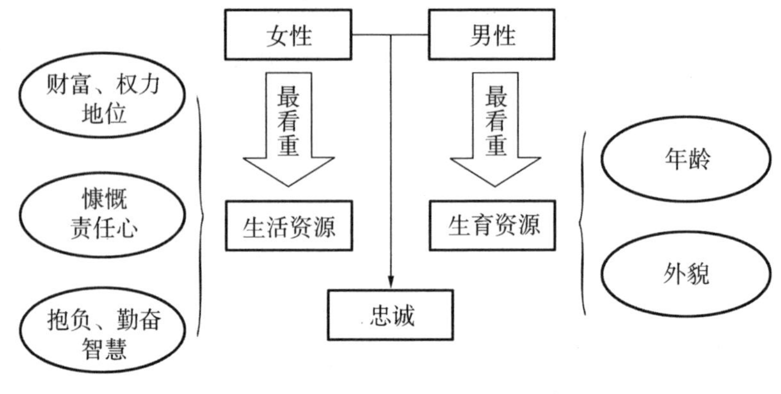

男女择偶标准差异

防止背叛

我们在择偶时不但要为自己的另一半设定理想条件，还要谨防对方身上存在致命缺陷。其中，配偶的背叛是男女双方都最不能容忍的罪状。对于原始社会的女性来说，丈夫一旦转而追求其他女人，自己与孩子就可能落到衣食无着的处境。即使在现代社会，多数女性离异后生活质量也会显著降低。大量研究发现,男性会比女性更容易在情感关系上欺骗对方,夸大自己的可靠、真诚、责任感或对伴侣的爱意(Haselton et al.,2005)。除去欺骗元素外,当男性沉迷于两性关系难以自拔时,也确实容易冲昏头脑,许下不顾一切的承诺。因此,女性既喜欢男性的承诺,也会小心评定这些花言巧语的可信度,要尽可能在婚前识别出具有抛弃妻子倾向的渣男。

结婚后女性对配偶的出轨也会非常敏感和担心,与肉体背叛相比,女性更不能容忍丈夫在精神上背叛自己,因为精神背叛更可能导致男人将资源转向出轨对象,致使自己的家庭蒙受巨大损失。因而女性发展出了谎言甄别机制,以不断测试配偶对自己是否忠诚,从这一点来看,女性天生都装配了“高精度外遇探测雷达”,她们对男性谎言的觉察力都达到了宗师级水准。不过,所谓棋逢对手、将遇良才,随着女性警戒心进化得越来越敏锐,男性的欺骗手段也发展得越来越精妙,男女两性间欺骗与反欺骗的竞赛似乎永无止境。

从某种程度上说,遭遇配偶背叛的男性可能会更可怜,因为最坏结果是连孩子都不是自己亲生骨肉,长期的投资换来的是他人的基因遗传!为了避免“辛辛苦苦几十年,一夜回到解放前”的悲惨处境,男性也发展出了甄别配偶背叛倾向的心理机制,女性的荣誉、名声、贞洁成为男性择偶时重要的参照指标。在寻找短期性伴侣时,男性可能会更偏爱易于“下手”的浪荡女人,而在选择长期配偶时,他们则更看重保守腼腆的女性。

正因如此,在全世界各个地区,女人往往都比男人更在意自己的名声。中国传统社会甚至会把“饿死事小、失节事大”视为女性的社会行为准则。可能有男性会对自己“花花公子”“情场浪子”的称号不以为意,但估计没有女人会因为自己被别人贴上“招蜂引蝶”或“水性杨花”的标签而沾沾自喜。刘震云的小说《我不是潘金莲》讲述的正是一个农村妇女为自己“正名”的荒诞故事。在书中,李雪莲的前夫当众羞辱她是“潘金莲”,为了洗刷自己的不白之冤,证明自己根本不是潘金莲,李雪莲花了无数时间和精力去打官司,结果从镇里告到县里、市里，甚至惊动了全国人民代表大会，这一离奇的申冤之路竟持续了整整20年。

在这种选择倾向的塑造下，全世界各个地区都发展出了“童贞崇拜”文化。历史上婚前失贞一度是女性无法忍受的污点，因为这会使她们在婚姻市场上的价值大幅跌落。在中国古代，为了保护处女贞节，性成熟的女孩在大多数时间只能待在闺房，外出时间、地点以及同异性的接触会受到严格限制。而在南太平洋的萨摩亚群岛，萨摩亚人文化中的童贞崇拜更是发展到令人发指的程度：在他们的传统婚礼上，新娘要裸体站在众人面前，由新郎当众用手指戳破新娘的处女膜。如果新郎手指未沾到血，婚礼就会被取消，而新娘一家则会遭到严厉的谴责。

由于配偶出轨可能会对男性造成巨大损失，因此通常男性在遭遇性背叛时有极为强烈的嫉妒与愤怒反应，而且更可怕的是他们经常会通过暴力手段来表达这些情绪。中国明清两代法律规定，丈夫在通奸现场杀死奸夫和妻子可以无罪，因而成书于明初的《水浒传》时不时就有一段“怒杀淫妇”的剧情。俄国则有为争夺女性而进行决斗的民间传统，普希金的妻子冈察洛娃号称“莫斯科第一美女”，她在婚后被法国流亡贵族丹特斯所勾引，脾气暴躁的普希金向丹特斯提出决斗，虽然普希金一生曾决斗多次，但这次上帝没有站在他这一边，这位俄国历史上最伟大的诗人不幸命丧于此。在当代社会，男性出于性嫉妒原因杀人的概率是女性的四倍，而一半以上的家暴事件也与男性的性嫉妒有关。

通过男女双方对待出轨的态度差异，我们也可以看出他们在两性关系中最在意的资源分别是什么。各种文化中女性似乎都可以原谅男性配偶在性关系方面的出轨行为，只要丈夫还关心家庭，不带着情妇另立门户，妻子也会尽量保证家庭完整。相反，在所有传统文化中妇女通奸都会被视为是严重社会禁忌，相比之下，妻子的精神出轨反倒是鸡毛蒜皮的小事。我曾在一次聚会中听到几位已婚女士在丈夫面前谈论邻居的某个帅哥特别富有魅力，她们的丈夫对此完全不在乎。但如果换成丈夫一直向妻子提起身边的某位女性有多么性感迷人,就很可能会踩到妻子的雷区。至少根据我个人的经验,多说说其他女人的缺点,能为自己在婚姻生活中赢得更多的生存空间。

超越自然属性

罗马诗人奥维德在《变形记》中写过一个故事,塞浦路斯国王皮格马利翁擅长雕刻,他用象牙雕刻了完美的女人——“伽拉忒亚”,在夜以继日的工作中,他把全部的精力和热情都投入到这座雕像中。由于塑像太过于美丽逼真,皮格马利翁竟然爱上了它。后来,他向爱神维纳斯祈祷能够给伽拉忒亚以生命,维纳斯大受感动,于是满足了皮格马利翁的愿望。皮格马利翁亲吻了伽拉忒亚,于是这具雕塑变成了真的女人。后来他们结婚生子,幸福地生活在一起。对这个2000多年前的希腊神话,我们可以做出许多内涵丰富的解读,其中有一点几乎人人都能看出,它歌颂了真挚的爱恋:浓烈的情感可以让石头也具有生命。

情感在两性关系中具有核心地位,大多数人都会认为自己与另一个人的结合是源于感情因素,很少有人会计算所谓的生殖潜力和养育资源。女人接受伴侣的求爱时可能觉得自己被对方的体贴所感动,离开一个男人时可能会说再也无法忍受他的自私;男人在追求伴侣时可能会认为对方让自己有了灵魂交流的感觉,而离开一个女人时则可能是因为受够了对方的冷漠与无聊。这些丰富多彩的情感当然是真实的,可真实的情感难道就不可能是进化策略的执行者吗?两性关系的背后永远有冷冰冰的基因在作祟。当然,如果我们反过来理解可能会听起来更好一些——冷酷无情的基因永远在调节我们的择偶过程,但这并不妨碍我们在这一过程中体验到真实而深刻的感情。

虽然进化与性选择塑造了我们的诸多偏好与标准,但人类的伟大之处恰恰在于我们似乎总可以“背天性而为”。百万年进化形成的自动程序会主导我们的择偶行为,可文化的力量又能让我们做出不同的选择。马格丽特·杜拉斯在

《情人》中写道:"我见过你,你年轻时很美丽,不过和那时比,我更爱你现在饱经沧桑的容颜。"这句话会让很多人为之动容,人们可以从中感受到人性的伟大。这样的"人性"并非源于自然,而是来自我们自己所创造的文化。

2010年春天,被尊称为"行为艺术之母"的艺术家玛丽娜·阿布拉莫维奇在纽约现代艺术博物馆展示了一件特殊的作品,她在展馆中庭放置了一张木桌和两把木椅,白天7小时她会一直坐在其中一把椅子上,另一把椅子则是为观众准备的,这一行为正是她的作品。在这次长达700小时的艺术表演中,她直面并接受了1400多名观众的挑战。无论观众们多么努力,都难以令这位惊世骇俗的女艺术家动容,绝大多数时间里,见惯了大风大浪的玛丽娜都像一座冰雕一样镇定。

然而,就在展览快结束那天来了一位名叫乌雷的特殊客人,他是一个举止优雅、风度翩翩的老人。当乌雷坐在玛丽娜对面后,玛丽娜先是愣愣的一笑,然后不禁流下了眼泪,他们伸出双手,十指相扣。原来,乌雷是她长达12年的情人与合作伙伴,但两人在1988年合作完成最后一部作品后,就因为艺术观念和生活上的分歧而分手,此后他们再没见过面。22年后,在这个特殊的场合他们终于达成了和解。乌雷的出现也为玛丽娜这件"作品"带来了惊艳的情感意象。在这样的例子中,我们也能感受出人类两性感情中丰富且超越自然属性的一面。

随着我们生存环境的不断变化,人们的择偶偏好是否有可能会发生重大改变? 在山田宗树创作的科幻小说《百年法》中,"不老化"病毒让所有人获得了永生的可能,人们在20岁左右时就可以选择接受"不老化"处理,从此永远维持20岁的身体。然而,永生不老却带来了一系列的社会问题,最基本的男女情感关系、婚姻制度与亲子关系都发生了改变。

实际上,人类行为倾向的改变并不是只在科幻小说中想象的那种"长生不老"的极端场景下才会发生,类似的变化在人类社会一直存在。例如,在18世纪,随着工业革命的发展、资本主义经济的传播以及启蒙运动的出现,年轻人对父母的经济依赖逐渐减少,一个男人并不需要从父亲那里继承土地或家族生意才能满足养家糊口的经济条件,他大可以通过出卖劳动力获得一份收入。因此,个人择偶逐渐取代了由父母管控的包办婚姻,从那时起,两性择偶开始被看成是两个个体之间的私人事务,以爱情为基础的"现代婚姻观"逐渐扩散,情感的满足在择偶中的重要性不断上升。

从根本上来说,择偶偏好是为基因遗传服务的,而现代社会某些技术条件的发明,使得这些偏好对于繁育后代来说已经不再那么必要了。例如,避孕术导致女性外遇时怀孕的可能性大大降低;亲子鉴定能保证丈夫不用担心自己上当受骗而养了其他人的孩子;试管婴儿令生育资源贫乏的女性也能传宗接代;现代社会教育制度的创立,使得年轻人的教育主要来自学校而不是家庭;女性独立经济能力的改善,让她们不需要对丈夫的遗弃而焦虑不安;社会整体福利水平的提高,导致单亲抚养孩子的难度大幅下降;等等。总之,很多原本由择偶偏好来完成的目标,目前已经可以通过其他途径来实现了。

在人类择偶标准的塑造上,文化塑造的效率要比自然塑造的效率快得多,不过,本能和天性具有强大的惯性,在很长一段时间内,大量形成于祖先进化史的择偶偏好仍然会在我们身上有所体现。

如果我们展望未来社会择偶标准的走向,最可能出现的情况是,随着生存压力的放松,财富、权力和地位等物质资源条件在人类择偶中的优先级应该会有所下降,而健康、容貌、智慧、关怀等身体和心理禀赋条件的优先级则会进一步上升。其实就在最近几十年,人们提出离婚和分手的理由,已经越来越多是因为他们没有在婚姻或恋爱关系里找到激情、愉悦或亲密感,而不是因为他们的伴侣没能履行好约定俗成的责任。在未来,人们在择偶时可能更可以随个人喜好和直观感受做出选择,在摆脱了生存的压力后,配偶关系可以更加轻松,不需考虑太多的责任与义务。

当然,以上只是理想的情况。择偶模式的变迁在很大程度上是由生产力和经济结构决定的。因此,一旦经济出现衰退,失业率大幅上升,财富集中到少数人手中,甚至出现《疯狂麦克斯》中的末日废土景象,那么女性可能会再次因为养育后代而对资源趋之若鹜,男性的择偶标准也随之走回老路。

秀色可餐:凭什么要看脸

忧伤中,你会抚慰后人说:“美即是真,真即是美”,这是你们知道、和应该知道的一切。

——约翰·济慈《希腊古翁颂》

2003年,一名哈佛大学大二的学生晚上百无聊赖之时设计了一个网站,通过这个网站,全校的学生都可以对其他人学生证上的照片进行外貌评分。结果该网站访问量巨大,导致学校服务器一夜间瘫痪,而设计它的学生还因为这件事情受到了学校的处分。三个月后他卷土重来,开设了一个新的网站用作哈佛大学学生交流的平台。后来,随着可注册的学校越来越多,这个网站竟然很快就成了全世界最大的社交媒体,它的名字就是Facebook。而网站的设计者——那个大二学生——正是如今Facebook的CEO、身价500多亿美元的马克·扎克伯格。

以上故事情节在电影《社交网络》中都有展现,可实际上,当初利用网络对他人照片进行外貌评分的点子其实并不是扎克伯格的奇思妙想。早在三年前,两个20多岁的IT精英詹姆斯·洪和吉姆·杨在酒吧聊天时就有了这个想法,而且他们很快就实践了这个很酷的计划。他们用了一周的时间编写网站程序，之后将网站以“hot or not”(漂亮吗)为名上线。在这个网站中，使用者可以上传自己或别人的照片，并且对其他用户的照片进行外貌评分。网站推出后用户量增速之快完全超出了詹姆斯·洪和吉姆·杨的预期，最终他们凭借这一创意赚到了2000多万美元。而这个为别人容貌打分的想法也引发了广泛的共鸣，在各国都出现了跟风网站。

为什么人们会这么热衷于评论他人的外貌？我们常常批评以貌取人这种偏见，可实际上大多数人对外貌又极为重视。一部电影可能会力图表现独立、智慧、善良等人性的内在美，可令人感到讽刺的是，这样的电影也会选俊男靓女作为主演。国内最大的婚恋网站“世纪佳缘”在首页中对女性的分类标签几乎全部与外貌有关，例如柔美、可爱、妩媚、清纯等。

从生物学层面看，人类的大脑对于美貌有根深蒂固的兴趣。许多传统理论认为，审美标准是在特定文化背景下逐步学习形成的。可实际上，即使没有接受过任何文化教养的婴儿，也很容易被漂亮的面孔所吸引，1岁的婴儿已经可以表现出对长相好看的玩具娃娃的明显偏爱(Langlois，Roggman，& Rieserdanner，1990)。生物学家伊茨哈克·阿哈龙及其同事使用脑成像技术探讨了“审美”的神经机制，他们的研究发现，当男性看到美丽的异性时，大脑中负责愉悦与奖励的伏隔核会被激活(Aharon et al.，2001)，因此，正如美味的大餐带给我们的美妙刺激一样，一张高颜值的脸会在生理上让我们感到快乐和享受(这个研究结论让我感到释然:原来把看“少女时代”的唱跳视频作为一种放松方式没什么好羞于启齿的)。

更为奇妙的是，虽然审美是一种主观感受，它存在个人偏好，但全世界各个地区的人对于美丑的判断极为相似。中国有一句俗话叫“情人眼里出西施”，这似乎暗示，美丽的标准是一件见仁见智的事情。达尔文也曾认为，“在人们心中，肯定不存在对人体外在美的统一标准”。可惜事实并非如此，从整体来看人们在外貌审美上的一致性要远远大于差异性。美丽的标准不但超越了文化，还超越了种族限制，一张充满魅力的面孔往往会得到黄种人、白人和黑人的一致认同(Cunningham, Roberts, Wu, Barbee, & Druen, 1995)。这就解释了为什么好莱坞的大明星可以在全世界都俘获无数粉丝，同时也能说明为什么一些女明星或“网红”会撞脸——由于人们的审美趣味实在大同小异，所以整容时也就容易向一个方向发展(我的一位朋友颇为喜欢日本女星长泽雅美，在一次和他聊天时，我发现自己竟然完全无法对长泽雅美与新垣结衣进行区分)。

总之，我们人类对外貌的审美既具有先天性也具有一致性，这代表什么含义呢？从进化角度看，外貌审美实际涉及的是两性繁殖策略，人类很多身体特征都能作为反映自身繁殖能力、健康状况以及基因优劣的信号。实际上，我们几乎从头到脚都挂满了性信号，只是自己意识不到，而自然选择则通过赋予我们审美偏好，让我们对这些信号保持敏感。

“美颜”的意义

对于我们的祖先来说，和一个健康状况堪忧的人缔结婚姻意味着极大的风险。首先，不健康的配偶身体虚弱，无法满足抚养子女的重任；其次，由于人的体质具有遗传性，那么选择不健康的配偶就有可能把不健康的基因传给子女(在这里我绝对没有对身体健康状况欠佳的人怀有任何歧视与偏见，只是在原始社会的生存环境下，健康确实意义重大)。由于健康可以带来生活和遗传两方面的巨大收益，所以与健康相关的身体特征会被选择出来，组成了我们对于容貌的“口味”。因此，大致上一个人颜值越高，外表吸引力越强，生育资源就会越优质。从这一点来说，至少在生殖收益层面上，以貌取人其实还是挺靠谱的。人类几个最重要的审美标准，如平均脸、对称脸以及性别特征明显等，都可以通过这种进化的视角进行解释。

“平均脸”是人们非常重要的一个审美标准。它指一个人的脸在多大程度上等同于所有人的均值，平均的面孔会更有吸引力。初次接触这个结论的人可能会感到诧异，因为我们一般都是把平均和平庸画等号，但是在涉及身体特征的时候，平均往往不代表平常，而是意味着绝佳水平。例如，一匹好的赛马绝对是骨架结构、身高、体重与腿长等指标都接近平均水平的，均衡才是完美，而不是越强壮越好。我们人类的外貌也同样符合这个规律，“平均脸”意味着五官不会出现眼距过宽、鼻子扁平、双腮鼓胀、嘴歪眼斜等极端特征，一张没有明显“缺点”的脸，当然不会难看到哪儿去。

“平均脸”现象是由英国科学家弗朗西斯·高尔顿偶然间发现的。高尔顿本来是想证明犯罪者会有共同的面部特征，以此可以预先鉴别出危险分子。结果当他把很多人的相片调整叠加后，高尔顿并没有看出罪犯的样子比牧师凶狠多少，但他却意外地发现，合成后的脸竟然要比原来任何一张脸都要好看！现代科学研究用更复杂的数字技术来合成面孔也发现，当将人群中同性别同年龄段的人进行随机面孔合成后，合成的人数越多，面孔会越好看。而且对于不同地区不同种族的人来说，这个准则都成立。我们觉得超模的脸好看，并不是因为她们的五官超凡脱俗，而是因为超模的脸都非常经典——可以说是人脸的一个原型（Langlois & Roggman，1990）。

平均脸的美丽程度往往会出人意料。例如，英国艺术家科林·斯皮尔斯在一个艺术项目中曾与科学团体合作，编辑了一款“在线面部平均值管理器”。后来，有人利用这款软件绘制了全球各国男性女性的“平均样貌”（需要强调，这一过程并不严谨），而英国《每日邮报》则误报为“格拉斯哥大学心理学家的研究”并将这些照片在杂志上对外发布后，引发了不小争议，许多人都认为这些平均样貌太好看了，与自己日常生活的直观感受严重不符。

当然了，平均后的面孔更具有吸引力，但并不是最美丽性感的面孔。韩国一位整形科医生曾对中、日、韩的黄种人及白人、黑人共五个组的女艺人进行面孔合成，这里选择的面孔包括章子怡、金喜善、安吉丽娜·朱莉、梅根·福克斯等

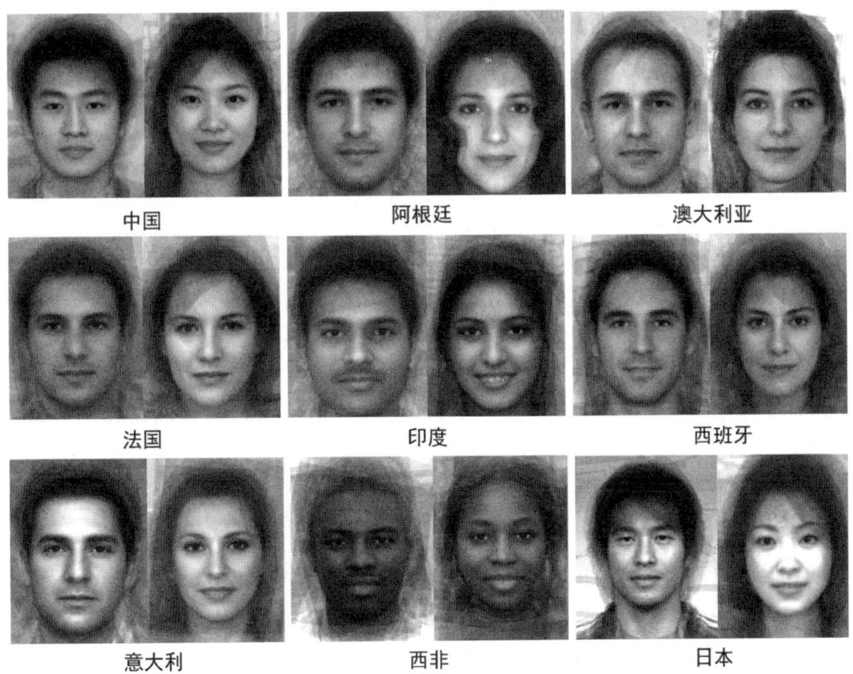

部分国家男性与女性的“平均脸”(更多合成照片参见http://www.mediadump.com/hosted-id167-average-faces-from-around-the-world.html#.XCbVZvh77IU)

大明星。结果发现,比起普通民众的合成照,这些女艺人的合成照明显更漂亮,所以完美的颜值除了“平均”外一定还有其他条件要求。不过有趣的是,五组女艺人的平均脸之间却具有高度的相似性与五官重合性,这就反映了人类的美貌确实具有惊人的一致标准。

根据进化心理学的观点,美貌其实代表的是优秀的生育资源,是一张“健康证”。那么平均脸作为一种审美标准,到底有什么进化优势?现代生物学研究发现,一个人如果面孔平均,没有什么极端特征,这说明他遗传基因中的基因变体或者说基因多样性水平较高,基因多样性越高,遗传疾病的发病率就越低[①]。另外,基因多样

① 近亲繁殖之所以会容易生出畸形儿,就是因为近亲结合的后代基因多样性比较低,这会使很多遗传疾病由隐性变为显性。

性水平越高的人身体里携带的免疫抗体也会更多,抗病毒病菌的能力也就越强。因此,均衡的外貌与一个人的健康水平和潜在健康风险是密切相关的,人们之所以认为平均脸好看,其实是被平均脸昭示的良好基因及优秀免疫能力吸引,而这正是人类在百万年进化中形成的选择策略。

除了五官均衡外,对称也是美颜的重要标准。面孔的对称指人的左半边脸与右半边脸的相似程度。对称即美的观点由来已久,亚里士多德对美的定义就包括了"有序、对称和明确",对称的事物往往都会给人视觉上的美感,人脸也不例外。研究发现,在各个种族、文化、性别及年龄段,人们都会认为越对称的脸颜值越高(Thornhill & Moller,1997)。好莱坞许多绝代佳人的脸型都达到了近乎完美对称的程度,例如葛丽泰·嘉宝、费雯·丽、奥黛丽·赫本以及格蕾丝·凯莉等,通过电脑技术取她们的半边脸复制合成为绝对对称面孔后,与原来的面孔几乎没有什么差异。传奇黑人影星丹泽尔·华盛顿也是对称脸的典型代表,粉丝形容这张脸看起来正直又可靠,因此,丹泽尔·华盛顿总是扮演警察、军人、保镖、律师等英雄角色。

对称脸也包含了重要的生存意义,人类成长的默认设定就是对称发育,然而我们发育过程中遇到的细菌感染、身体损伤、神经系统紊乱甚至精神创伤等疾病都会导致面部朝着不对称的方向发展(Thornhill & Gangestad,2006)。因此,一张对称程度高的脸意味着发育稳定、身心健康、基因优秀,符合这种特征的面孔被人们赞美与追求也就不足为怪了。研究发现,人们确实认为面孔对称的女性看起来更加健康(Fink,Neave,Manning,& Grammer,2006)。

另外,性别特征明显的脸也会被认为是漂亮性感的。人们进入青春期以后面容开始脱离儿童期的特点,第二性征会逐渐明显。女性化特征包括大眼睛、厚嘴唇以及尖下巴(比如安吉丽娜·朱莉),这些特征都是女性在化妆时所刻意打造的重点;男性化特征则包括突出的颧骨、浓眉毛、高鼻子以及棱角分明的下巴(比如贝克汉姆)。由于性别特征主要是由性激素决定的,而性激素对免疫系统存在抑制作用，只有那些免疫功能良好的个体才能承受体内更高的性激素水平，从而展现出明显的性别化特征。因此，一张看起来极具男子汉气概或者女人味的面孔，通常意味着性激素水平分泌正常，同时也暗示了身体健康以及具有旺盛的生育能力（Schaefer et al.，2006）。而如果一个人的长相同时符合均衡、对称以及性特征明显的标准，那么他/她不但具备了传说中的逆天颜值，而且在基因比拼的擂台上八成也是出类拔萃的佼佼者。

身材也很重要

我们通常所谓的外貌不仅包括脸部特征，也包含身材比例，在这方面，女性的身材差异对于她们外表吸引力的影响会更为明显。大多数情况下，男性会认为身材匀称、不胖不瘦的女性是最有魅力的（Rozin & Fallon，1988），之所以会形成这种审美偏好，是因为女性的身材也可以作为反映她们生育能力的重要线索。一般来说，女性在青壮年时体态更为匀称，此时也恰恰是她们生育的黄金年龄，此外身材匀称的女性患高血压、糖尿病、心脏病以及脑卒中等疾病的概率都会比较低。

而在符合“身材匀称”这一标准的人群中，男性又尤为喜欢腰臀比例接近0.7的女性。心理学家德温达·辛格与帕特里克·兰德尔曾对连续30年美国《花花公子》杂志的插页女郎以及选美大赛获胜者的身型数据进行了分析，发现她们的腰臀比几乎完全一样，都是0.7左右（Singh & Randall，2007），可以说0.7的腰臀比才是每个年轻女性都要面对的“水晶鞋”。

腰臀比与激素分泌有关，进入青春期后，由于雌性激素的作用女性的臀部与大腿会积累脂肪，在同等腰围条件下，女性臀围指数可以说明其青春期激素分泌的多寡。腰臀比越接近0.7的女性，体内的黄体酮激素水平就越高，黄体酮是人体最重要的促孕激素，因此腰臀曲线越明显的女性在生育方面越具有优势。研究发现，腰臀比不仅可以预测女性的生殖能力，也可以预测她们长期的健康状况(Jasieńska, Ziomkiewicz, Ellison, Lipson, & Thune, 2004),因此腰臀比也是男性挑选配偶的可靠线索。这也可以解释为什么紧身衣会如此受欢迎——妙龄少女喜欢穿露脐装来彰显她们的性吸引力。比起不符合生殖策略的着装风格(比如lady gaga的服装风格),暗合了生殖策略的时装设计会更受大众欢迎。

除了腰臀比外,女性的腿部曲线也与性吸引力密切相关。高腰裤、丝袜与紧身牛仔裤这些可以拉长腿部线条的服饰向来深受女性青睐,为了让腿看起来更长一些,大部分女人都可以忍受高跟鞋的无情摧残,而男人向来不避讳对“大长腿”的欣赏。研究发现,男女两性都会认为腿部修长的女性更加迷人(Bertamini & Bennett, 2009)。一种解释是,腿部长度与生长时间成正比,腿越长表明青春期越长,发育越充分,而发育充分的女性当然更具有生殖优势(其实对男性来说也一样)。因此,腿长自然也成了重要的魅力指标。许多“恋腿癖”导演在电影中展现性挑逗场景时,对腿部特写的镜头可丝毫不亚于留给面孔的时长。

美的多样性

从进化心理学的角度理解,人类对外貌的审美标准其实都是源自生物繁衍的考量,魅力十足的外貌反映的是个体在健康、基因及生殖方面的巨大优势。借助对高颜值外貌的偏好,我们能够快速且准确地锁定更具优质繁衍资源的异性,从而增加与之结合的可能性,并最终实现生殖上的成功。

不过,虽然科学研究揭示了美的普遍标准,但绝对的“美颜公式”是不存在的。一些科学家认为,尽管符合美丽标准的脸很好看,但它并不是最好看的脸。“最好看”这一殊荣往往属于那些比标准特征略夸张一点的脸,舒淇肉肉的大嘴巴和安吉丽娜·朱莉高耸的颧骨都是这一观点的完美演绎,这些特征在普通人的脸上可能会成为瑕疵,但如果和“标准脸”相结合,则会为原本就很好看的脸平添几分特别的魅力,使之具有了“超常性”。当然,虽然我们的审美偏好是自然选择塑造的结果,但这不意味着人们的“口味”不会发生改变。随着社会经济文化的变化,美丽的标准也会受到影响。例如,在17世纪的欧洲,惨白肤色最为流行,因为白皮肤意味着不需要在太阳底下辛勤劳动,它是财富和社会地位的象征。而在当今社会,欧美女性则更偏爱代表着健康和活力的小麦肤色。再比如,在一个物质资源相对匮乏的社会,体态丰腴意味着财富、地位、健康和足够的食物,因此在这样的地区男性会偏爱更健壮一些的女性。中世纪时人人食不果腹,当所有人都饿着肚子时就会觉得胖一点更美。我们以现在的眼光审视文艺复兴时期的画作,可能会觉得画中的美女都过度丰满。在19世纪末,美国各地甚至还兴起了“胖男孩俱乐部”,胖男孩儿们在俱乐部会通过远超常人的腰围来炫耀自己的财富与社会地位。

15世纪意大利画家波提切利的名作《春》,从中可以看出文艺复兴时期对女性身材的审美观与当代社会略有差异

在最近几十年,人类社会越来越繁荣,富含糖分、脂肪与碳水化合物的食物随处可得,吃胖已经不再是一件难事儿,苗条才更加困难。于是,臃肿身材的负

面象征意味开始愈发凸显，如今提到肥胖时，人们首先想到的不再是贵族和安逸，而是高血压、高血脂和亚健康。这一改变的最终结果是，大众对体型的审美标准也随之发生改变——“瘦”成了更美的标准。因此，颇具讽刺意味的事情发生了：随着生活日趋富足，年轻女性的平均体重却在不断降低，很多年轻女孩对瘦身的追求已经达到了病态的程度，一些女艺人为了达到自己的理想身材甚至要常年忍饥挨饿。好莱坞黄金时代的那些女明星，如玛丽莲·梦露、丽塔·海华丝和伊丽莎白·泰勒，如果在今天参加选美比赛，很可能在第一轮就会因为“过胖”而被淘汰。

美的标准总是变幻万千，这完全不足为奇，但历史上的一些“美”真的很让人费解，当我们回望那些奇葩风尚时，完全无法理解其魅力究竟何在。例如，在17世纪殖民者刚刚来到美洲时，发现当地女性原住民为了追求美会拔掉所有阴毛。从13世纪开始，中国人就开始认为小脚具有性和美学上的吸引力，女性裹小脚的残酷传统在中国维持了600多年。如今我们将略微瘦削且立体的脸看成是理想的脸型，但在中国唐朝，圆脸、大面颊、额头宽的女性往往被认为是最美丽的。而在文艺复兴时期，富有曲线的宽大额头是当时一个重要的美丽标准，许多贵族妇女会为此特意拔掉或剃掉发际线上的头发，让额头看起来更大。这些审美标准显然不是适应环境的结果，它们都来自人类历史中许多偶然事件之间的相互作用。

女性对男性的审美标准也会在几十年内发生巨大改变。21世纪前，女性更偏爱具有硬汉气质的男影星，但如今很多年轻女孩会更喜欢气质柔美、带有女性化特征的男明星。难道肌肉男特别适应20世纪90年代的大气质量，而小鲜肉则在雾霾横行的今天更有生存价值？显然这种改变是无法通过自然选择来解释的，在这种情况下，我们审美观的变化更多的是社会风尚影响的结果。

出轨骗局:婚姻中的谍战大戏

爱,始于自我欺骗,终于欺骗他人。

——奥斯卡·王尔德《心生来就是要碎的》

2019年1月9日,亚马逊创始人兼首席执行官杰夫·贝索斯及其妻子麦肯齐在推特上共同宣布了他们离婚的惊人消息。据《福布斯》统计,贝索斯持有亚马逊16%的股份,个人净资产高达1370亿美元,是全球排名第一的富豪,而在离婚后,麦肯齐则得到了贝索斯所持有的4%的亚马逊股份,价值约370亿美元。不过,这场离婚案之所以会让世人震惊,不仅仅是因为它创造了史上最大的离婚财产分割案,更因为贝索斯夫妇曾是人人羡慕的模范夫妻。

贝索斯与麦肯齐最初是在华尔街的对冲基金公司相识的,从开始约会到结婚,他们只用了半年时间。1994年,他们一起从公司辞职,搬到西雅图定居,并开始创办亚马逊。麦肯齐是亚马逊公司最早的员工之一,不过当公司走上正轨后,她就开始了自己的专职写作生涯。在25年的婚姻生活中,他们一直非常恩爱亲密。贝索斯公务繁忙,但他仍然认为家庭很重要,每天早晨他都要和妻子孩子共度早餐时光。而麦肯齐也非常体贴自己的丈夫,即便两人一起出去度假，如果她有了写作灵感，也会自己躲在洗手间里，以免敲电脑的声音吵醒丈夫。麦肯齐认为贝索斯是她“最好的读者”；而贝索斯则曾称麦肯齐是“能把自己从第三世界监狱中救出来的女人”。

如今，这对曾经的神仙眷侣已经劳燕分飞，虽然贝索斯与麦肯齐是和平分手，但他们离婚的真正原因却可能相当烂俗。据福克斯新闻报道，贝索斯在离婚前很长一段时间就与美国主持人劳伦·桑切斯有着“秘密关系”，而这一说法很快得到了证实，离婚后，贝索斯与桑切斯迅速形影不离地黏在了一起。

对爱情进行精确的定义是一件非常困难的事情，但毫无疑问，忠诚是爱情的核心元素，无论对于男人还是女人都是如此。在西方婚礼上，夫妻双方互相向对方表达忠诚是誓词非常重要的一部分，丈夫要许诺不再与其他女性发生感情，妻子也要承诺保持贞洁。这种誓词由来已久，并且具有坚不可摧的社会基础。由于人类抚育后代成本太高，对于男女双方来说，通过一夫一妻制的结合来分享生活资源、互相提供支持以及共同养育子女，是实现基因遗传的最佳策略。然而，无论多么完美的策略也总有漏洞，一夫一妻制终究只是最理想的情况。如果我们将婚姻看成一场游戏的话，大多数人倾向于遵守游戏规则，但也有少数人愿意通过犯规作弊获取更大利益——尽管犯规的风险也很高。

犯规不是稀罕事儿

我们的各种灵长类近亲在婚姻忠诚度方面差异很大，长臂猿是一夫一妻制的坚定拥簇者，它们几乎没有任何外遇记录，夫妻可以长相厮守、始终不渝。而黑猩猩则将乱搞男女关系视为家常便饭，在它们的社群中，表面上只有少数强势雄性拥有与雌性交配的权力，但实际上大多数雌性都会与其他雄性有私情往来。人类相对黑猩猩来说更谨守婚约，不会将婚外情视为婚姻的正常形式，但我们也没有长臂猿那么痴情，总的来说，外遇的的确确是人类交配系统中一个不可忽视的零件。

在过去的许多社会中,性忠诚并不是婚姻中所必需的品质。众多文化都允许丈夫到婚姻之外去寻求性满足。中世纪欧洲由于受基督教影响,法律只允许一夫一妻婚姻制度的存在,因此婚外恋反而被认为是爱情的最高形式,贵族男性往往要通过私情的方式获取更多的性资源,而皇室在外遇方面更是放荡无忌,描写亨利八世传奇经历的电视剧《都铎王朝》简直就是一部亨利八世的艳情史。2015年时,安全套大厂杜蕾斯公司与全球著名"约炮网站"联合推出了一份"各国出轨排行榜",在这个榜单中,排名前十位的国家婚内出轨率都在35%以上。其中,在所谓"开放式婚姻"中,婚外恋其实已经得到了夫妻双方的同意,这种情况多见于性观念较为前卫的法国、意大利以及丹麦、瑞典和芬兰等北欧国家。另外,很多自认为出轨的受调查者其实只有精神出轨的经历。不过,即便排除上面这两种特殊形式的出轨,在一些国家婚外情也达到了非常惊人的比例。

由此看来,人类的婚外情虽然远达不到让婚姻形同虚设的程度,但也并不特别稀奇。不过,即使在性观念空前开放的当今社会,大多数拥有婚外情的人依然声名狼藉,查尔斯王子与菲利普亲王的外遇事件曾先后让英国王室颜面扫地,演艺明星与政治家等公众人物的偷情则会让他们的事业大受打击。行为主义心理学的创始人约翰·华生,就是因为婚外情的桃色绯闻事件而在壮年时被学术界永远驱逐。

有趣的是,虽然婚外情在道德上并不受欢迎,可人们谈论婚外情时却又兴致满满,我从来没见过哪个话题能像婚外情这样,能让饭桌前吵吵嚷嚷的一群人瞬间聚精会神,并表现出面色凝重的神态。情感题材的电视剧要是少了出轨情节,估计观众也会觉得索然无味。对于英国著名狗仔杂志《太阳报》来说,没有什么新闻能比名人出轨更值得报道了,类似的新闻一旦在国内出现,也一定是刷屏热点。2014年3月,中国某知名男演员在网络上登出了关于自己婚外情的道歉声明,之后这篇微博被疯狂转载,很快打破了中国社交媒体的关注量纪录，甚至引起了英国《每日邮报》的重视。不过，正如我们先前所阐述的，既然一夫一妻制是人类最佳的性生殖策略，为什么世界上还会存在出轨这一现象？

出轨的收益

男性出轨的好处比较显而易见，由于男性的生育资源几乎是无限的，“婚外性行为”可以更有利于他们基因的传播。在希腊神话中，“众神之王”宙斯与“众神之后”赫拉共同统治宇宙万物，尽管宙斯在与赫拉结婚前已经有6位妻子，而且赫拉也有极致的美貌，但好色成性的宙斯还是不断背着他的妻子们勾引别的女人或女神，迫使那些女子为他生育私生子女，而更讽刺的是，赫拉的身份竟然还是“婚姻保护神”。

婚外情不但可以让男性有更多后代，而且如果出轨对象是有夫之妇的话，他们自己甚至还可以不用为孩子尽任何抚养义务，而是让情人那可怜的“绿帽”老公埋单。《天龙八部》里四处留情、到处播种的段正淳正是成功实践这种策略的典型代表(不过段正淳自己也被段延庆戴了绿帽，可谓一帽还一帽)。美国摇滚明星杰伊·霍金斯宣称有50多位女粉丝为他生下过孩子。对于这种只要“工作”几分钟就可以获益巨大的生意，男性何乐而不为呢？

不过，人类的交配至少需要两个人才能完成，如果没有女性的配合，一个男人无论怎么自娱自乐，也没法将婚外情坐实。受生殖资源所限，女性出轨并不会提高自己的后代数量，而且出轨行为一旦被自己的伴侣发现，还有激怒对方、失去对方投资的危险，那么吸引女性走上外遇之路的好处又是什么呢？

要想合理解释这一问题，我们必须再次考虑祖先在狩猎采集社会中的生存环境。原始社会男性的死亡率极高，狩猎、争斗以及部落战争都会很容易导致男性死于非命。对于妻子们来说，缺少继任配偶是件很危险的事情，短暂的生育期与沉重的抚养负担都要求她们尽快再嫁。因此，高明的女人会同丈夫之外的追求者维持暧昧关系,通过婚外性行为保留合适的“备胎”。一旦丈夫发生意外或者将自己遗弃,“备胎”可以马上上位(这种情况下“备胎”当然必须是未婚男士)。

经济学曾发现过一种有趣的“口红效应”,这种现象指的是,在美国每当在经济不景气时口红的销量反而会直线上升。我们可以理解为,在经济低迷期女人对伴侣的不满感以及自我危机感都会显著上升,因此她们会试图寻找更多“备胎”,而口红是一种最为廉价的化妆品,利用口红,女人可以看起来更加性感迷人,从而提高她们对男人的吸引力。

另外,在原始部落中,一位女性如果与多位男士保持性关系,还有可能从多人那里得到肉类与皮毛之类的生活资源,在蛋白质稀缺的原始社会,肉食的吸引力很容易让女性“献出”自己的身体。同时,她也可以让情夫们认为自己的孩子是与他们通奸所生,这样自己的后代可以得到更多人的关爱与照顾。在南美洲某些尚存的原始部落,丈夫甚至默许自己的妻子在怀孕后与其他男性发生性关系。根据部落规则,出轨对象对女人以及日后她生出的孩子也有部分责任和义务,事实上,这些孩子经常能从母亲的情人那里得到一些物资,母亲的情人越多,子女活到成年的可能性就越大(Coontz,2006)。

女性出轨还有一种可能,如果已婚妇女的情夫是一个相貌迷人的男子(帅气的外表等同于生殖、健康以及基因优势),那么一旦自己的孩子是与出轨对象所生,就更可能遗传亲生父亲的优秀基因。研究发现,在选择短期“滚床单”对象时,女性会更偏爱自信幽默、身材高大强壮、面孔具有“阳刚之气”的男性,而这些特质正是优秀基因的指标(Kruger,Fisher,& Jobling,2003)。即使在现代社会,底层家庭妇女出轨的概率要远大于上层社会,也就是说,越是“低配”的男人越容易被戴绿帽,他们的妻子通过出轨寻找优质“基因合作者”的可能性会更大。心理学家唐纳德·西蒙斯对出轨的性别差异做了简单但不失深刻的总结:女人的婚外情是因为她觉得那个男人在某方面比她丈夫更优秀,而男人有婚外情则是因为那个女人不是他的妻子。

总之,虽然出轨的进化逻辑略显“阴暗”,但对于女性来说,只要隐秘工作做得足够好,出轨在许多情况下确实可以获得高收益。女性不规则的排卵为这种解释提供了绝妙证据。自然界中大部分动物的受孕期是非常确定的,雌性动物只有在排卵时才会发情,在发情时它们才会有交配的冲动,雌黑猩猩每隔四年才会有两周左右的发情期(不过,好在雄黑猩猩也只是在雌性发情时才会对性活动感兴趣,因此避免了常年“欲火焚身”的尴尬局面)。为了保证自己可以与携带最佳基因的雄性交配,生出更有生存优势的后代,雌性动物在排卵期间还会释放一些信号,比如独特的气味或者肿胀的生殖器,以吸引最强壮的雄性靠近,通过“广告”招揽最佳情郎。

人类的性周期则非常不同。女人在整个生命的大部分时间几乎都能性交,并没有什么“发情期”,虽然一些实验表明,女性在排卵期的确会发生一些变化,例如她们的脸、声音和气味会变得对男人更有吸引力。但这些改变非常微小,男性自己根本意识不到[①]。凡是有过认真备孕或谨慎避孕经历的情侣,就会明白识别排卵期是一件多么困难的事情。在没有专业仪器和工具协助的情况下,男人根本无法判断身边的女人是否在排卵。利用不规则的排卵机制,一名女性可以从容地游走于多名男士之间,这些男人很难确定当下的床笫之欢能否导致她怀孕。而一旦她生下孩子,每个和她有关系的男人

① 隐蔽排卵可以看作灵长类动物的特征之一,一半以上的灵长类缺乏明显的排卵信号。

都可能觉得自己是孩子的生父。如此说来，不规则的排卵正是为女性出轨服务的一种生理保护机制[①]。

对于许多其他动物来说，雌性出轨也具有保护后代的重要意义，只是它们实现这一目的的过程与人类有所不同。在动物界，杀婴行为普遍存在，一些雄性动物与新妻子结为配偶时会非常残忍地杀死继子女，这样一方面可以节约生存资源，另一方面也可以让妻子调整到最佳受孕状态。例如，狮群一般由十几只母狮和三四只公狮组成，其中狮王可以支配大部分母狮的性活动。当有挑战者打败年迈的老狮王成为新狮王时，它会把狮群中所有的小狮子都咬死。因为对于新狮王来说，原来的小狮子不是自己的后代，养育它们会消耗大量资源，同时哺乳期的母狮是不会发情的，这也会阻碍新狮王和母狮交配。因此，杀死前任的幼崽是非常符合进化逻辑的。在狮子这个物种中，90%夭折的幼狮其实都是被雄狮杀死的。

杀婴行为在许多灵长类动物中出现频率也很高。在大猩猩社群中，当新首领取代老首领时，它也会把原来的大猩猩幼崽都杀死。这种行为不但浪费了雌性在长时间妊娠期和哺乳期中为后代进行的一切投资，还会对整个种族产生不利影响。因为杀婴行为在本质上并不能改善生物体对环境的适应性，反而会浪费本来就珍贵的雌性生育资源，导致物种总量减少。对雌性大猩猩而言，丧失幼崽无疑是惨痛的经历，但它们体型要远小于雄性，身体上的反抗总是徒劳。出轨策略此时就可以

① 必须要强调，像不规则排卵这样复杂的生理特征，不大可能只由一个因素造成。

发挥作用了:为了对付丧尽天良的“杀婴狂”,雌性大猩猩进化成了浪荡轻浮的“偷情狂”。

大量动物学研究都发现,雌猩猩(包括黑猩猩、大猩猩和猩猩)进入发情期后,如果部落里其他雄猩猩想背着首领同它们发生点什么,它们一律采取来者不拒的态度。由于灵长类动物的排卵期是不固定的[①],这样当雌猩猩生下小猩猩时,与它们通奸的猩猩并不能确定新生儿是不是自己的孩子。平均来说,雌性大猩猩在生下一只小猩猩之前,会和十几只不同的雄性交配100多次。这样,一旦日后新首领继位,为了避免杀死自己的亲生骨肉,它也会对自己情妇的后代网开一面[②]。因此,不规则的排卵期是雌性保护后代的重要策略。动物学家帕斯卡·盖格纽斯和同事对科特迪瓦森林一个猩猩群落进行的标本采集发现,超过一半的小猩猩其父亲的基因并非来自本族群,这些母猩猩显然很善于“偷腥”,因为连长期追踪研究的科学家也没有发现它们在外另觅新欢的蛛丝马迹(Gagneux,Woodruff,& Boesch,1997)。

相比之下,女性并不会像动物一样,将出轨作为反制雄性暴力的主要手段,虽然之前的性关系也确实可以让新上位的“备胎”有所顾忌,使他们不敢轻易遗弃、驱逐或者杀死前任留下的子女(人类的杀婴经常是规模性屠杀,征服者常常会将战败方的小孩杀死或阉割,只留妇女活口,著名的“三宝太监”郑和,其实就是明军的俘虏)。从进化角度看,女性通奸更多是为了获取稳定的物质资源、找好“备胎”或寻觅优质基因,不过这与

① 排卵期不同于发情期,动物的发情期要远长于排卵期,比如雌性黑猩猩在发情期会把“性感”的红色臀部亮两周,但实际排卵期只有一两天。

② 动物并不懂得性行为和生殖之间的关系,但是雄性都会比较偏爱和自己有性关系的雌性生下的后代,这是它们保护后代的自动化机制。

动物出轨行为的本质目标并无二致：保证自己后代更好地生存，实现自己的生殖成就。

犯规有风险，选择需谨慎

虽然理论上来说，出轨是一种可以使当事人获益的生殖策略，但我们也不能忘记被出轨者的立场。面对伴侣的出轨行为或者出轨风险时，男女两性都会体验到强烈的性嫉妒，但种种证据显示，他们最为在意的出轨线索是有所不同的。对于男性来说，一旦伴侣出轨，他们最大的损失莫过于自己养育的其实是别人的孩子，因此男性会格外关注伴侣是否与他人发生实际性关系；而对于女性来说，一旦伴侣出轨，她们最大的损失莫过于丈夫将资源投资给出轨对象，因此女性会更在意伴侣是否对他人动了真情。研究发现，大部分男性都会因为伴侣的肉体背叛更为沮丧，而大部分女性则会因为伴侣的感情背叛而更加痛苦（Buss, Larsen, Westen, & Semmelroth, 1992; Buss, Shackelford, Kirkpatrick, Choe, & Bennett, 1999）。另外，年轻漂亮的妻子或有权有"财"的丈夫一旦出轨，往往会激发他们伴侣更强烈的嫉妒反应（Buss & Shackelford, 1997）。

外遇曝光当然会引发糟糕的后果。从古至今，性嫉妒都是暴力最常见的动机之一。资料显示，大多数家暴事件的起因都是丈夫疯狂的嫉妒心、占有欲以及他们对妻子不忠行为的担忧（Easton & Shackelford, 2009）。在推理小说或悬疑惊悚电影中，谋杀背叛自己的丈夫或妻子是常见的题材。东野圭吾的小说《圣女的救济》讲述的正是一个妻子复仇的故事，女主角绫音为了毒杀出轨的丈夫，构建了一场几乎完美的"不可能犯罪"。在大卫·芬奇执导的电影《消失的爱人》中，女主角艾米精心策划了一桩"自我绑架案"，她的目的是寻回最初的爱人，用阴谋套牢丈夫。《纽约时报》曾对美国纽约20世纪90年代初的谋杀案进行分析，结果显示在年轻女性被杀害的案件中，接近一半的凶手是被害人的丈夫或男友（Belluck, 1997）。

在人类历史上，婚外情甚至曾引发大规模国家战争，希腊历史上著名的特洛伊战争就源于特洛伊王子帕里斯拐走了斯巴达王后海伦，而在乔治·马丁的奇幻史诗巨著《冰与火之歌》中，正是雷加王子与劳勃未婚妻莱安娜的私奔点燃了七国叛乱的导火索，为权力的游戏拉开了序幕。从这一角度来看，“偷情”其实还具有重要的社会意义，其中的重点正是在于“偷”。由于某些行为一旦公之于世就会遭受严重的责罚或报复，聪明的人类自然会将这些行为隐藏起来。躲躲藏藏虽然不是一件光彩的事情，但这样做毕竟可以避免挑起公然的竞争，因而对于维护族群的和谐稳定倒是有利的。

不和谐的防范手段

在自然界中，许多鸟类同人类一样实行一夫一妻制，从鸟类的偷腥行为中，我们隐约也能看懂人类行为的逻辑。北美雄性蓝鹭会趁邻居的男主人外出觅食时，勾搭空闺的雌鸟，不过只有那些年纪轻轻、尚能受孕的雌鸟才能引起雄鸟的兴趣。大多数雌鹭鸟会含羞带怯，与外来者苟合时半推半就，不过也有少数风流雌鸟会对偷情表现得迫不及待。而有家室的雄鹭鸟为了避免自己被算计，则会时不时回家突袭，察探自己的老婆是不是足够安分。相比之下，加拿大曼尼托巴省的雄雪鹅则更精明，当妻子在产卵期时，雄雪鹅会守在巢中，以防妻子遭情敌诱拐。而妻子一旦怀孕，它就会离开巢穴，外出拈花惹草。这听起来像不像一些贪心男人的行为？他们总是企图鱼与熊掌兼得，一方面殷勤地勾搭别人的妻子，另一方面却严防死守自己的老婆被他人占便宜。

这种虚伪的“双重标准”在人类的法律系统中有更为清晰的体现，世界各个地区的古代法律中，关于通奸的条文都更加保障男性的权益（不过这也可能是因为男性“被出轨”的损失确实要远远大于女性），一旦女性被发现通奸，往往会遭遇非常严重的惩罚。例如，英国19世纪的《婚姻诉讼法》允许任何丈夫以妻子通奸为由提出离婚。但女人要想离婚，不仅要提供丈夫通奸的证据，而且还要证明自己遭到了丈夫的遗弃或虐待。在古代中国,丈夫在捉奸现场可以直接杀死妻子,但如果丈夫有婚外情,妻子能用到的报复手段则非常有限。

为了保证男人不被戴绿帽,人们发明了各种复杂严厉的制度与习俗,中国宫廷任用被阉割的宦官服侍皇族,就是为了防止后宫中大量妃嫔被男人觊觎。在非洲与中东地区,一些部落会采用“锁阴术”这种残忍恶劣的手段监禁女性身体,为了避免女人出轨,丈夫会在远行前将妻子的大阴唇缝合,日后有需求时再剪开缝线;还有一些部落会对女性实施“割礼”,割除女性的阴唇和阴蒂后,女性会失去性快感,这样她们偷情的可能性就大大降低了。直到现在,在一些中东国家,女性外出时必须要带上面纱,她们一旦露出脸部或脚踝都要遭受严厉的惩罚。

总之,在我们独特生命循环与自然选择的塑造下,人类社会的婚姻制度与婚外情会长久并存下去,虽然不是所有的夫妻都能谨守誓言忠于彼此,但婚外性行为也不可能成为全民运动。在两性斗争这个问题上,我们一方面像许多动物一样,欺骗、暴力、炫耀、嫉妒、伤害、纷争、监禁……所有的戏份一个都不少;但另一方面,我们也能看到个人教养、成长经历以及社会文化观念对人们婚外性行为的影响。

有趣的是,现代社会的道德观已经发生了戏剧性的转变,人们对与两性关系相关的绝大多数问题都变得更加宽容了。在西方,大多数人在观念上已经可以接受婚前性行为、同性恋、未婚同居、未婚先孕、不婚主义以及丁克家庭,但出轨仍然被认为是一种决不能接受的行为,甚至在某些国家,人们对出轨行为的道德态度变得更加严苛了。在许多人眼中,不忠是婚姻关系中决不能触犯的禁忌,如果妻子轻易原谅出轨的丈夫,就说明她们过于软弱或别有企图。例如,美国前“第一夫人”希拉里就由于对丈夫克林顿太过于“容忍”而招致了许多非议。情感治疗师埃丝特·佩瑞尔在其著作《第三者的诞生》中指出,这是因为在现代社会婚姻的许多特征都在逐渐消失,我们不需要在结婚后才能发生性关系，也不必等到结婚才可以生孩子。唯一能让婚姻看起来还具有意义的，就是两个人婚后的自律与专一，彼此忠诚已经成了婚姻的最后一项定义（Perel, 2017）。

很多脱口秀演员能编出与出轨有关的好笑段子，但在现实生活中，出轨的故事一点儿也不有趣，而是充斥着各种让人心痛难过的情节。对于出轨现象我们无意做任何道德上的讨论。列夫·托尔斯泰的《安娜·卡列尼娜》有一段著名的开头："幸福的家庭大多相似，不幸的家庭各有各的不幸。"尽管进化科学可以为人类的出轨策略提供很好的解释，但在实际生活中，每一段婚外情具体的背景与原因都是复杂的，每个当事人所面临的痛苦、困惑等情感也都不一致。遗憾的是，我们社会的大多数人似乎还意识不到这一点，人们习惯于为婚外情的主角贴上"渣男""渣女""小三""包养"等简单粗暴的标签。幸运的是，在文化力量的影响下，人们的思想观念终究会慢慢解放，正如我们已渐渐摆脱传统社会规则对我们身体的束缚一样。

断背之爱:同性恋的科学谜团

当理性被撼动,当灵魂被逼疯,谁能承受?当被压迫者的灵魂,狂怒着在动乱中反抗,谁能承受?

——威廉·布莱克《谁能承受》

同性恋是一种"自然"行为

我们已用了大量篇幅来描述和解释两性行为,但人性充满复杂的变数,我们的情感故事可不只有千篇一律的男欢女爱,除了男女组成配偶外,人类社会其实还存在另外一种伴侣模式——同性之爱。

同性恋现象古已有之,4000年前的古埃及就曾出现关于同性恋的描述,而中国古代也有关于魏王与龙阳君"龙阳之好"以及汉哀帝与董贤"断袖之癖"的记载。作为一种"非主流"情爱关系,同性恋在不同时代不同地区的待遇通常会有天壤之别。中国魏晋时期曾出现"男宠大兴、甚于女色"的景象。古希腊人以同性之爱为荣,他们认为男人在同性恋关系中更能展现高贵的一面。在雅典,女性卖淫是合法的,男性卖淫却会因玷污了神圣的同性之爱而被判有罪。不过,纳粹时期的德国将同性恋视为犯罪,一经发现可以直接执行死刑。美国建国之初时，开国元勋托马斯·杰斐逊曾提议将同性性行为视为强奸。英国在工业革命后也曾长期将同性恋视为无法容忍的禁忌，英国19世纪大作家奥斯卡·王尔德曾因“与其他男性发生有伤风化的活动”而服两年苦役，“人工智能之父”艾伦·图灵则由于所谓的“性颠倒”行为而在1952年被迫接受“化学疗法”（注射雌性激素），图灵为此感到痛苦不堪，两年后服毒自杀。

如今，大部分伊斯兰国家依然会将同性恋列为违法行为，在伊朗、沙特、苏丹以及也门等国家，同性恋会被施以绞刑、斩首、焚烧或石块投掷等死刑，部分国家则会对同性恋判处3—20年的刑期。然而，无论在何种历史时期或文化背景下，无论是提倡还是压制，无论被视为合法还是违法，同性恋都在人类社会中保持相当的比例。保守估计同性恋者占所有人群的比例为2%—4%，在性观念较为开放的西方社会，与同性发生性关系的频率可能达10%。

许多针对同性恋者的谴责都会以“反自然”为理由，持有这种观点的人将同性恋看成是文化疾病或不良风气传播导致的结果，显然，他们对什么是“自然情况”一无所知，他们并不了解同性恋行为在动物王国的普遍性。目前科学家已在海豚、野牛、羚羊、天鹅、海象、海鸥等400多个物种中都发现了同性间的性行为。其中，人类的近亲倭黑猩猩似乎已经完全超越了浅薄的两性观，它们在性追求方面毫不羞涩。倭黑猩猩会将同性间的性行为作为友爱的标志，为了缓解紧张氛围，它们同性之间会经常相互摩擦生殖器，并发出肆无忌惮的愉悦叫声。由此看来，同性恋无疑是非常“自然”的。

不过，长久以来，科学家倾向于认为性取向与后天环境有很大关系。在整个20世纪的中前期，心理学实践领域由精神分析和行为主义这两大流派所牢牢把控。精神分析从性心理发展角度解释了同性恋的产生。弗洛伊德认为，3—5岁是性心理发展的关键期，在这一时期，儿童会对同性家长产生敌对意识，并对异性家长产生本能的性欲渴求。如果能顺利度过这一时期，个体的性取向就可以正常发展，否则就会产生性欲倒错，即同性恋。而行为主义心理学家则从行为奖励—惩罚的角度解释同性恋的原因,在他们看来,如果个体在异性恋经历中遭遇了重大挫折,或者从同性交往经历中获得了满足,他就可能成为同性恋者。这两种理论虽然有所差异,但都认为同性性取向的形成是由早期经历导致的。

受心理学观点的影响,许多精神病学家认为,同性恋是神经症的表现形式,扭曲的家庭关系、强势的母亲、冷漠的父亲、少年时被性侵的经历或者特殊的伙伴关系容易导致幼儿长大后成为同性恋者。从20世纪50年代开始,将同性恋转变为"正常"的异性恋成了精神病学研究的重要问题。当时,许多国家都开始试图通过厌恶疗法"治愈"同性恋,斯坦利·库布里克在经典科幻片《发条橙》中曾详细展示了这种治疗手段。在实施厌恶疗法时,精神科医生会给男同性恋者观看包含男性身体的色情图片,同时电击他们或让他们服用会引发恶心感的药物。医生认为这可以强迫"患者"把同性欲望和疼痛与恶心联系起来,由此改变他们的性取向。

实际上就在厌恶疗法刚刚兴起时,捷克精神病学家科特·弗恩就通过实验证明性取向是没法通过心理干预改变的。得益于此,1961年捷克成了全世界第一个在法律上确认同性恋无罪的国家。但大多数精神科医生依然将同性恋视为一种心理疾病。1968年,美国精神医学学会将同性恋正式归为性偏离障碍,5年后,他们在《精神疾病诊断与统计手册》中删除了"同性恋"这一术语,但诊断手册依然认为性取向偏离会引发个体内心痛苦;甚至直到1991年时,世界卫生组织还将同性恋列在"精神疾病"的名单中。然而,也正是从20世纪90年代开始,越来越多的科学研究发现,同性恋并不是一种环境因素导致的心理疾病,遗传因素会对同性恋产生更大影响。

寻找同性恋的遗传机制

从逻辑上来说,判断同性恋是否具有遗传基础其实非常简单:同卵双胞胎具有完全相同的遗传信息,而异卵双胞胎有50%相同的遗传信息,双胞胎成长环境是相似的，这可以较大程度排除环境的影响作用，如果同卵双胞胎同时是同性恋者的概率显著高于异卵双胞胎，那么就说明性取向部分是出于遗传。

心理学家迈克尔·贝利根据这一思路对同性恋开展了遗传研究，他招募到110对双胞胎（56对同卵双胞胎和54对异卵双胞胎），其中每一对至少有一位是喜欢同性。统计分析发现，在56对同卵双胞胎中，有52%的概率两人都是同性恋者（这几乎等同于双胞胎在身高上的一致率），而在54对异卵双胞胎中，只有22%的概率两人都是同性恋者。贝利在研究过程中还听说有一对加拿大的同卵双胞胎，两人从小在不同家庭长大，彼此不知道对方的存在，结果兄弟二人成年后竟在一家“同性恋酒吧”意外相遇。后续一项更大规模的调查显示，同卵双胞胎约有31.6%同时为同性恋者，而异卵双胞胎中这一比例仅为8.3%。拥有同样遗传信息的同卵双胞胎性取向一致率明显高于异卵双胞胎，由此，研究人员认为性取向在很大程度上取决于遗传特性（Bailey，Pillard，Neale，& Agyei，1993）。

双生子研究可以反映性取向有遗传性质，但具体的基因机制则需要更加深入的研究。美国科学家迪恩·哈默尔拿起了贝利的接力棒，他从20世纪90年代开始寻找“同性恋基因”。哈默尔本身是一位研究癌症的医学家，他有一次在参加学术研讨会时无意间阅读了达尔文写的《人类的由来及性选择》，哈默尔惊讶地发现，达尔文在100多年前就已经清楚地意识到遗传因素对于性行为的强大影响，而这种观点与当时流行的性取向后天决定论截然不同。哈默尔自己是一个同性恋者，从自身体验出发，他更认同达尔文的观点。在查阅了大量资料后，他开始着手研究这一问题。

哈默尔搜集了接近上千个家庭的家庭成员性取向和血液数据，并且为其中114名男同性恋者绘制了树状图。他发现同性恋的舅舅（母亲的兄弟）经常也是同性恋，由于母亲和她的兄弟携带相似的X染色体，这意味着同性恋可能与X染色体上的某些基因相关。之后通过探究X染色体的基因多态性，哈默尔最终确定X染色体上的Xq28片段是导致同性恋的基因（Hu et al.，1995）。

该成果一经发表立刻在全美国引起轩然大波，美国社会对于同性恋的态度发生了剧烈转变，基因和同性恋的密切关系开始被主流社会所认可，与此同时，同性恋的权利也得到了社会和法律的更多支持。

不过，后续许多科学家在对同性恋的生理学机制进行深入研究后，并不认可哈默尔的结论：Xq28基因确实对性取向有影响，但它对同性恋的形成并未起到决定性作用。还有一些研究则发现了其他影响性取向的基因。这说明，哈默尔可能把问题想得过于简单化了，与性取向相关的基因并不止一个。例如，韩国一个研究团队在2010年刊文称，在胚胎期去除雌性老鼠的FucM基因，会影响雌鼠的雌激素水平，使雌性老鼠变成“同性恋”——它们拒绝异性的求爱，并试图与同性交配(Park，Choi，Lee，Lim，& Park，2010)。

2017年，《科学通报》杂志刊登了一份研究报告，该研究中首次对1000多名同性恋男性的完整基因组进行了分析，并将其与同样数量的异性恋男性基因数据进行比对。结果显示，同性恋男性和异性恋男性在SLITRK5和SLITRK6两种基因上存在差异。SLITRK6是一种促进大脑发育的重要基因，对下丘脑有显著影响，而下丘脑的功能之一是产生控制性冲动的激素。但是文章作者艾伦·桑德斯也强调，关于这两种基因与同性恋之间的联系还只是一种猜测，要想阐明基因(或其他生物学机制)在性取向中的作用，未来还要做进一步的深入研究(Sanders et al.，2017)。

2019年，麻省理工学院、哈佛大学博德研究所、昆士兰大学与基因检测公司“23 and Me”等多家机构联合对47万人的遗传信息进行了全基因组关联分析，这是迄今为止最大规模的性取向遗传学研究。分析结果显示，虽然人类同性性行为的遗传相关性为0.63，但是否发生同性性行为只有8%—25%能够由基因解释，因此，实际上目前仍无法根据基因来完全判断一个人的性取向(Ganna et al.，2019)。研究人员也在论文中总结指出，这项研究再次证明同性性行为的底层遗传机制是高度复杂的，不存在单一的决定性遗传因素。

同性恋违背进化法则吗

实际上，在有确切证据表明一些基因会更容易导致同性恋后，至少在进化科学领域，关于同性恋现象最关键的疑问已经变成了“为什么”，即同性恋为什么会存在？从进化的观点看，同性恋的遗传性是个悖论，虽然同性恋这种性状有遗传成分，但如果携带这种基因的个体选择与同性交往而不去生育的话（至少在试管婴儿发明前同性恋者是没法生孩子的），这一性状是如何在世代交替中传播下去的呢？毕竟，任何一种性状得以进化的必要条件是，该性状与繁殖成功是正相关的。任何降低繁殖成功率的倾向都应该被自然选择无情地淘汰。

一些进化学者试图用亲缘选择理论来解释同性恋现象的起源，这种观点认为，如果同性恋者在亲属成员身上投入大量资源，由此产生的繁殖收益足以补偿他们放弃自己繁殖所带来的损失，那么同性恋基因就有可能在进化中保留下来。也许同性恋者就像是不孕的工蚁：他们本着“舍己为家”的崇高信念，不是努力将基因直接遗传给下一代，而是使用间接策略，将资源投入到兄弟姐妹或侄女侄子身上，毕竟这些亲属也与他们有一定比例的相同基因。

来自加拿大莱斯布里奇大学的保罗·瓦希与道格·范德拉恩在萨摩亚人身上验证了这一假设，他们发现，萨摩亚男同性恋者身上的确存在更明显的“第二父亲”效应。具体而言，男同性恋者对外甥和侄子的投资比异性恋男性更多（Vasey & Vanderlaan，2010）。为了弥补自身没有后代的劣势，萨摩亚岛上的男同性恋者会非常关爱亲族子女，他们会帮忙照看孩子，经常给孩子赠送礼品，成为这些孩子的“超级大爷”或“超级舅舅”。

不过，萨摩亚岛很可能只是一个特例，研究者对美国、日本、加拿大和英国同性恋的调查结果都不支持该理论，在这些国家同性恋者在对亲属的资助和投入上与异性恋者并没有差别（Rahman & Hull，2005）。事实上，与亲缘选择理论的预测刚好相反，男同性恋者不但对照顾自己的侄子侄女没多大兴趣，他们甚至与亲属的关系更为疏远,原因可能在于由于没有子女,许多同性恋者反而更缺乏家族观念。因此,亲缘选择理论对同性恋的解释虽然逻辑上说得通,但与实际情况并不相符。

另外一种从进化视角看待同性恋行为的理论是"女性生育力"假说,该理论认为,在某些情况下编码同性恋倾向的基因(或一组基因),可能在另一些情况下却会给生物带来额外的繁殖优势,这种优势可以平衡同性恋者缺少后代的劣势。也就是说,虽然同性恋者的繁殖率很低,但这些损失可以从他们的女性亲属那边获得补偿,如果同性恋基因可以提高女性亲属的繁殖率,这些基因就具备得以留存的条件,同性恋基因可以通过家族中"特别能生孩子"的女性同胞延续下去。

越来越多的证据显示,尽管男同性恋者的后代数量很少,但男同性恋者母系亲属(比如他们的母亲和姨妈)的确比异性恋者的类似亲属拥有更多的后代(Iemmola & Camperio,2009)。早在20世纪90年代哈默尔就研究发现,虽然Xq28基因会导致同性恋,但携带此基因的女性生育能力更强。意大利一个研究小组也曾分析报告称,同性恋者的母亲有更强的生育能力,男同性恋者的母亲比异性恋男人的母亲平均多拥有0.5个孩子,而在其姨妈身上也具有类似的趋势(Andrea,Paolo,& Giovanni,2008),因此,同性恋基因的存在有利于女性取得更大生殖成就。若想进一步证实这个理论,研究者还必须要解开另一个难题:通过母系亲属遗传下来的同性恋基因,到底是经过什么途径提高了女性亲属的生育能力?

尽管科学界已开始重视对同性性取向和同性性行为进行研究,但这些现象的起源仍然是未解之谜。目前的进展似乎表明,根本没有一个理论能够独立完整解释同性恋的成因。不过,有两点是可以肯定的:第一,无论是动物还是人,其性行为的作用不可能、也不应该以繁殖为唯一目的。第二,同性恋基因已经走过了生物进化的漫漫长路,如果这种基因会导致繁殖率降低,它们早就已经被淘汰,可现实并非如此。因此,同性恋基因在未来也不会衰亡。

许多最初关注同性恋生物学研究的人,希望借助科学结论为同性之爱赋予更多合理性。但实际上,从基因角度为同性恋辩护实在没有必要,同性恋到底正常与否和发现同性恋基因毫无关联。我在本书的开篇就曾强调,在进化科学领域,人们最容易陷入的道德陷阱就是将“先天如此”等同于“本该如此”,同样地,“先天不如此”也不代表“本该不如此”。如果我们要将某种行为模式的合理性和基因扯上联系,反而很可能会陷入难以自圆其说的尴尬境地。要知道,所有遗传疾病都有基因基础,但我们并不会认为这些疾病是好事,而是会努力治疗这些疾病。随着基因修复技术的完善,未来的医疗实践甚至会通过基因编辑来矫正某些先天疾病,可见,基因并不是判断一种特质是否“病态”的指标。

与异性恋一样,同性之爱既具有复杂的个体差异,也会表现出较强的一致性。例如,充当女性角色的同性恋者会更加看重未来伴侣的经济资源,同时对比自己更具外表吸引力的情敌感到嫉妒。而充当男性角色的同性恋者在选择伴侣时则不那么看重对方的经济情况,但面对资源丰富的对手时,他(她)会表现出强烈的好胜心。随着医疗水平的进步,越来越多的同性恋者可以通过种种途径去生养自己的后代。我们有充分的理由相信,同性恋是人类情感交流的重要方式,是一种正常的行为模式。

另外,近年来越来越多的研究显示,性取向并不是一个非此即彼的问题,许多人会称自己是“双性恋”,而且他们的性取向似乎还会随着时间发生变化。因此,性取向更像是一个连续谱,如果一个人处于连续谱的一端,那么他(她)几乎一定是同性恋或异性恋,而如果处于连续谱的中间,他(她)的性取向就可能具有很强的可塑性(Epstein,Mckinney,Fox,& Garcia,2012)。

可以确定的是,科学家对性取向起源的关注,能让我们对性动机、性识别、性认同和性别差异有更深刻的认识。英国诗人亚历山大·蒲柏说过:“自然界的所有差异,换来了整个自然界的平静。”在某种程度上,人类其实仍然不了解自身,而神奇的多样性,则为我们探索人性的本质提供了最重要的素材。

第二章

暴力与合作：

人性的两极

杀戮机器:嗜血的诅咒

一个男人要走过多少条路,才能被称为一个男人?一只白鸽要越过多少海水,才能在沙滩上长眠?炮弹在天上要飞多少次,才能被永远禁止……一个人要抬头多少次,才能看见天空的美?一个人要有多少双耳朵,才听得见求救呼喊?人要透过多少的死亡,才会觉得已牺牲太多?答案,我的朋友,在风中飘荡。

——鲍勃·迪伦《答案在风中飘荡》

习以为常的暴力

可能很少有人知道,达尔文的学说为英国维多利亚时代的大众文学提供了绝佳素材。《物种起源》虽然没有涉及人类的进化问题,但许多追风者已经从中读出了某些"暗示",即人类与其他动物具有共同的祖先。于是,"人性"与"兽性"的对立成了维多利亚时代极为流行的文学创作主题。例如,在罗伯特·史蒂文森的小说《化身博士》里,主人公杰基尔是一个"双面人",他白天是一位文明善良、温文儒雅的医生,但在晚上体内的兽性会觉醒,化身成邪恶、毫无人性且人人憎恶的海德。王尔德创作的小说《道林·格雷的画像》中,道林在某种程度上出卖了他的灵魂,他一生都在满足对兽欲的渴望。就像杰基尔一样,道林天真纯洁的外表之下潜藏着邪恶的人格。在这些故事里,似乎人的天性是高尚的,而兽性则让我们更加疯狂和堕落。如果动物知道这一切,一定会感到愤愤不平,因为在相互伤害这件事儿上,我们人类可比野兽要过分得多。

在生命世界里,暴力是基本配置,是不需要解释的默认选项。攻击性行为属于适者生存法则的核心策略,所有的动物都会演化出特定的神经回路来执行和控制暴力。正是由于暴力的存在,生物间的食物链才得以形成,大自然也保持了微妙的平衡,狮子猎杀羚羊、蚊子叮咬狮子、青蛙则将蚊子一口吞掉……动物间的相互利用在大多数情况下都是通过暴力手段实现的。然而,捕食者与受害者之间冷酷的屠杀与被屠杀关系一般只存在于不同物种之间,除了杀婴行为外,动物很少在物种内部开展真正的血腥暴力活动,即便是最激烈的性资源争夺战,也不会导致它们的暴力行为达到以命相搏的程度。

为什么自然界不存在同类之间的血腥杀戮?英国生物学家道金斯的解释是生物具有反击和复仇本能。如果一个生物体有能力对同类造成伤害,那么平均来说,这个生物所属物种的其他成员也应该演化出了同等水平的暴力能力,如此一来,攻击同类就会伤及自身。在这种情况下,自然选择压力与同类相残的行为特征是相互排斥的,爱好“同室操戈”的个体会不断让自己处于危险境地,生存概率大打折扣。因此,面对同类时动物们都会表现出和平主义者的姿态,虽然冲突与擦枪走火在所难免,但极少会将敌对者置于死地。

然而,进化中的暴力选择永远是策略性的,如果一个生物体足够聪明,那么情况就会不一样了。它可以精确评估攻击同类的成本与收益,计算出自己遭遇反击时的胜算,甚至还能策划致命性打击以避免遭受报复。对于这样高智能的物种来说,它们在面对同类冲突时就没有必要再缩手缩脚、心慈手软了,而人类恰恰符合这些条件。我们巨大的脑容量,不仅让我们成为了世界的征服者,也让我们成了谋杀同类的刽子手。

同其他动物不同，人类对于相互间的暴力伤害已经“习以为常”：动作片、枪战片与战争片是全世界都喜闻乐见的电影类型；街头斗殴似乎必须要有人命丧现场才算得上抓眼球的新闻；非洲与中东的连年战乱并不会让大多数人有所触动；大量暴力血腥场景出现在《月光男孩》《为奴十二年》《贫民窟的百万富翁》《撞车》和《与狼共舞》这些奥斯卡最佳影片中，可这些镜头并不会留给我们太多印象，我们最容易记住的是其中的人物命运和情感转折，因此反而会将这些电影称之为“文艺片”。

在我们的一生中，暴力会持续地萦绕在我们的头脑里。心理学家戴维·巴斯和道格拉斯·肯里克在数个国家进行的独立研究表明，80%以上的女性和90%以上的男性曾经幻想过杀死他们不喜欢的人，尤其是他们的情敌、继父母以及那些让他们在公众面前丢脸的人（Buss & Kenrick，1998）。许多科学一直试图回答的问题是儿童们如何学会了攻击，但这个问题可能本身就是错误的。正确的问题应该是，他们如何才能学会不去进行攻击。

对暴力与人性的关系，思想界一直存在两种看法。英国哲学家托马斯·霍布斯认为“竞争、猜疑和荣誉是人的天性”，因此人类的暴力行为根深蒂固，“所有人对所有人的战争”永不停止。法国启蒙思想家让-雅克·卢梭与霍布斯的观点针锋相对，他认为“没有什么人能够比原始人更加温和……人类本应永远停留在这一状态，以后所有的种种改进……都是物种的衰败”。由于卢梭对人类生存状态的描述更加积极乐观，历经两次世界大战后，卢梭的浪漫理论成为政治正确的人性论，而霍布斯的暴力天性论则成为一种严厉的禁忌。

许多人类学家相信，如果霍布斯是正确的，那么战争则不可避免。因此，任何支持和平的人都不应该认同霍布斯的理论。他们一直坚称，暴力是文化影响的结果，人类本身是绝对排斥同类相残的，战争与杀戮是后天的产物，是人类文明进程中不光彩的副产物。1986年，20位自然科学家和社会科学家共同发表的《塞维利亚反对暴力声明》宣称，“认为人类有暴力天性从科学上来看是不正确的”。联合国《消除针对妇女的暴力行为宣言》则写道:“暴力是历史进程的一部分,并不是人类天生就有的,或者生来就是受到生物决定主义制约的。”

然而事实真的如此吗?自美国心理学家阿尔伯特·班杜拉发表“社会学习理论”以来,人们便普遍相信暴力行为具有模仿习得性。为此,许多国家对传播暴力视频有严格限制,甚至连涉及暴力的电影都要纳入年龄分级制度,例如美国院线电影就有PG-13级、R级与NC-17级的划分[①]。不过,这种观点可能是长久以来存在的谬传。心理学家乔纳森·弗里德曼研究了实际情况后发现,关于暴力影像与暴力行为之间关系的研究其实没有人们想象得那么多——只有不到200个文献。这其中一多半的研究都未能发现两者之间的相关性,其余研究发现的两者间的相关性也很低,而且很容易以其他方式来解释。弗里德曼得出的结论是:接触媒体暴力几乎或肯定不会对真实生活中的暴力行为产生任何影响(Freedman,2003)。2019年的一项研究甚至还发现,在排除其他干扰因素后,即使深度参与暴力电子游戏也不会影响玩家在日常生活中的攻击性(Hilgard,Engelhardt,Rouder,Segert,& Bartholow,2019)。因此,暴力并不是一种可以轻易传染的流行病。

① PG-13级指13岁以下儿童要有家长陪同观看,R级指13—17岁青少年必须有家长陪同观看,而NC-17级指17岁以下青少年不得观看。

黑猩猩的攻击行为

当然,如果想真正澄清暴力和天性的关系,我们还是应该从历史中寻找答案。人类是曾一度与杀戮绝缘,还是拥有漫长的暴力史？我们在进化谱系上的灵长类祖先早已绝迹（否则也不会有现在的我们），幸运的是，自然为我们保留了一脉近亲。

在20世纪80年代之前，科学家还认为，人类作为一个完全独立物种至少已有上千万年的历史。这种说法似乎有一定道理，因为我们人类拥有强大的认知能力和高度复杂的社会生活，这与其他灵长类动物太不同了。然而，基因科学的发展改变了这一切。根据进化"分子钟"假说，一旦一个物种分裂为两个分支，那么随着时间的推移，它们的基因组会越来越不同。实验遗传学家对人类和其他灵长类动物的基因组进行比较后发现，黑猩猩与倭黑猩猩（一种体形更小的非洲黑猩猩）同人类血缘的相近程度超过了以往所有人的想象，黑猩猩是我们不折不扣的表亲。

人类的祖先与黑猩猩的祖先在大约600万年前才分家，之后各自走上独立的演化道路[①]，黑猩猩的祖先选择继续留在森林，我们的祖先则选择了来到非洲开阔的平原上，在生物进化长河中，600万年真的只是沧海一粟。虽然表面看起来黑猩猩与猴的共同点似乎要大于人类与黑猩猩的共同点，但实际上，我们与黑猩猩真的亲如一家。

黑猩猩是除人类之外智力水平最高的生物，它们和人类的基因相似度可以达到98.5%以上[②]。在电影《猩球崛起》中，最早开始反抗人类的正是黑猩猩。不少科学家主张，应当把黑猩猩从黑猩猩属中分离出来，与人属

① 也就是说，在600万年前，人类的祖先还是一副猿的模样，实际上，南方古猿正是看起来更像猿而不是更像人。关于更多人猿分家的内容，详见本书第五章。

② 黑猩猩和人类基因的相似度高达98.5%以上，这一结论取决于如何定义"基因相似度"。但可以肯定的是，黑猩猩是自然界中与人类基因最相似的动物。

划归一属[1]。两个物种在种系关系上越近,它们具有类似行为的可能性就越高。因此,从黑猩猩身上我们能看到祖先的影子。在比较行为学研究领域,黑猩猩扮演的角色相当于医学研究中的小白鼠或者遗传学研究中的果蝇[2],通过黑猩猩,我们可以了解到灵长类祖先暴力行为的演化过程。

黑猩猩是否会对同类刻意进行杀害?动物学家针对这一问题给出的答案经历过戏剧性转变。黑猩猩的群体有自己的领地,如果在领地的边界地带,一组黑猩猩遭遇来自另一个群体的黑猩猩,双方在势均力敌的情况下会将边界纠纷发展为一场喧嚣的噪声战,它们会向对方尖叫、低吼、摇动树枝,直到一方逃遁。这种以炫耀和威吓为主要形式的战斗在动物界是一种典型的解决争端的方法:既然战斗的输赢结果显而易见,而战斗的过程又会给双方都造成伤害,因此吵闹过后弱势的一方就应率先让步,这样对大家都有好处。人类学家一度据此认为,黑猩猩群体也是本性和平的物种。

珍妮·古道尔是第一个在野外对黑猩猩从事过长期追踪研究的动物学家,她的观察打破了过往人们对黑猩猩善良本质一厢情愿的美好想象。古道尔发现,当一组雄性黑猩猩遭遇少量或者单只其他群体的黑猩猩时,它们既不吼叫也不吹毛瞪眼,而是立即利用数量优势实施暴力行动。其中一个或者两个攻击者会将受害者压制到地上,其他的攻击者则会对受害者又咬又打又捶。它们会扭断它的四肢,撕碎它的身体,掐断它的气管,甚至

① 对动物的分类可分为门、纲、目、科、属、种这几个层级,我们人类在生物学中的分类属于脊索动物门哺乳纲灵长目人科人属智人种,而黑猩猩属于人科黑猩猩属黑猩猩种。

② 果蝇易于繁殖和培养,且基因较少,是遗传学研究的理想实验对象。

咬掉它的脚趾和生殖器,直到受害者不再挣扎才停手。

在整个虐杀过程中,黑猩猩的攻击行为就像捕食猎物一样,仿佛受害者不是自己的同类。这和我们人类颇为相似,我们也习惯于以非人性化的方式看待敌人,为了消灭对手无所不用其极。另外,如果落单的这只黑猩猩是发情期的雌性,攻击者可能会对它实施强奸,而如果这只雌性黑猩猩带着幼崽,可怜的幼崽则会被杀死甚至吃掉。

黑猩猩不但会杀死在自己群落边界出没的其他猩猩,它们还会对其他社群成员实施有组织、有计划的谋杀。1974年1月,在坦桑尼亚的贡贝国家公园,古道尔团队中的一位研究员目睹了一场完整的"邪恶"偷袭事件。在当天下午,研究员发现由8只黑猩猩组成的行军队伍正在向它们社群的边界进发,在前进过程中,这个战斗小队异常安静,看起来行踪诡异。当它们最终跨出边界,来到了其他社群的领地时,遇到了一只名叫戈蒂的年轻雄性黑猩猩正在独自享用树上熟透的水果。戈蒂察觉到势头不对想要转身逃走,可是为时已晚。8名入侵者围住了它,对它开始发起狂风暴雨般的攻击,在长达十几分钟的拳打脚踢与扭扯撕咬后,这些黑猩猩得意洋洋地返回了自己的领地,而戈蒂则血流不止,研究员之后再也没见过戈蒂(Goodall,1986)。

戈蒂的悲剧并不是个例,在后续的三年中,这8只黑猩猩所属的社群凭借组队偷袭的方式,潜入临近社群的领地,一个接一个地杀害了戈蒂所在社群中所有的雄性黑猩猩,同时还抢占了剩余的雌性黑猩猩。这种有系统有组织的杀害行动与我们人类历史上的大屠杀事件何其相似,而目前灵长类动物学家已经观察到近50起社群之间的杀戮。

黑猩猩在这些杀戮事件中所表现出来的行为特征,例如寻找弱小个体下手、围攻、偷袭、侵占领地以及占有雌性等,都表明黑猩猩的暴力是具有策略性的,它们会对暴力行动的代价进行评估,只有在潜在收益高于风险的情况下残杀才会发生。另外,黑猩猩在争斗中表现出的协同一致性也表明,它们的社群同盟为战争创造了基本条件。战争是一种非常危险的活动,如果动物不能形成合作性的同盟关系,战争根本不可能出现。科幻电影《猩球崛起2》中黑猩猩领袖凯撒一直强调“猿类不杀猿类”,事实证明这终究只是一种幻想,凯撒甚至自己亲手杀死了背叛者。在电影的最后,背叛者科巴企求活命机会时,对凯撒说“猿类不杀猿类”,而凯撒给出了一个很“无赖”的回答——“你不配当猿类”。

黑猩猩之间会发生同类间的血腥争斗

同类相残的暴力习性在大猩猩、红毛猩猩和其他猿类身上都不存在,只在和人类血缘关系最近的黑猩猩身上出现了。在4000多种哺乳动物中,只有人类与黑猩猩会形成联盟去杀害其他同类成员。黑猩猩没有读过《水浒传》,没有看过《罪恶之城》,也没有征服世界的雄心壮志,它们的行为不会受到人类文化的影响,但从黑猩猩身上我们已经可以看到人类暴力的雏形。这就可以说明,致命攻击对智能物种而言是一种进化上的优势,而人类作为这个世界上最为智能的物种,对暴力手段的灵活运用应该要远超过黑猩猩。因此,人类相互杀戮的历史也绝不短暂。实际上,既然黑猩猩与人类具有一致的暴力行为模式,那么很可能这种行为特征起源于他们在600万年前的共同祖先。

传统部落的暴力活动

目前已经有足够的证据显示，原始社会并不是卢梭笔下的“和平伊甸园”。在人们一般的印象中，原始部落既缺乏专业战斗人员，也缺少像样的武器，更没有多少开战的理由，因此战斗杀伤力非常有限，即便发生冲突，可能也只是像小孩打架那样幼稚，绝对不会出现R级片画面。然而，考古学研究显示，原始社会死于暴力的人数可能远超过当代人的想象。如今的考古学家可以通过检测史前人类的骨骸，确定他们是否曾遭受过来自他人的暴力伤害，在几乎没有任何医疗救助措施的狩猎采集社会，深可见骨的伤口往往都是致命性的。因此，通过遗骨受伤率可以大致推测出原始社会的因暴力活动导致的死亡比率。

研究发现，在200万—1.4万年前，大约2%的骨骼化石存在创伤性暴力的痕迹，在1.4万—7500年前，大约4%的骨骼化石存在创伤性暴力的痕迹，而在7500—5000年前，大约7%的骨骼化石存在创伤性暴力的痕迹（Fuentes，2017）。相比之下，现代社会死于暴力的人数只占人口的0.001%。也就是说，传统社会的各个时期，暴力导致的死亡人数都要远大于现代社会。另外，从狩猎采集社会到农业社会早期，人类从事暴力活动的比率在一直增加，这也正符合我们上文的结论：随着我们祖先智能的不断提高，他们越来越善于运用“暴力伤害”这种竞争策略，同时也越来越习惯参与有组织有目标的群体冲突。

1991年，在蒂罗尔州阿尔卑斯山脉上一处融化的冰川处，两个登山者意外地发现了一具尸体。起初救援人员以为这是一位滑雪运动的遇难者，可是当某位考古学家瞥见那把尸体旁的铜斧时，他意识到这具尸体已有至少5000年的古老历史。人们将这具尸体命名为“冰人奥茨”，奥茨生活在人类从狩猎采集向农耕过渡的关键历史时期，除了铜斧外，他随身还带着一筒羽箭和一把匕首。由于常年被积雪覆盖，奥茨身体的绝大部分组织都非常完好地保存了下来。

科学家发现,奥茨的肩膀上埋着一个箭头,他的头部和胸部都有尚未愈合的创伤。DNA检测从奥茨的箭头上发现了另外两人的血迹,从他的匕首上发现了第三个人的血迹,而在他的斗篷上还有第四个人的血迹。根据场景复原推测,奥茨"刚刚"参与了一次部落冲突,他用箭射死了两个人,用匕首刺死了一个人,但在撤退时却被人从身后不幸射中肩头,奥茨拔出了箭柄,但箭头依然留在了他的体内,最终由于失血过多,他倒在了冰天雪地中。皑皑白雪迅速冰藏了奥茨的尸体,同时也将这场5000多年前的部落冲突永远封存在了他的体内。

从原始人骸骨受伤的位置来看,他们也会像黑猩猩一样,将偷袭作为最主要的战术。对原始部落来说,偷袭或伏击所造成的伤亡数量远远大于喧嚣的战斗。攻击者可能会在夜晚潜入敌对部落,给熟睡中的敌人致命一击,然后迅速逃离。或者他们可以预先埋伏在森林的狩猎路线上,在敌人经过时发动突袭。为了增强武器的杀伤性,原始人还会煞费苦心地对装备进行改造,例如在刀刃上涂抹从动植物身上提取的毒液,以便让受伤者伤口发炎;或者将箭头设计为倒刺形,使伤者很难拔出刺入身体的武器。而一旦发生冲突,灭族是部落战争最常见的结果。

许多考古遗址中出土的遗骨都能为原始社会的大规模暴力活动提供直接证据。20世纪60年代初,考古学家在尼罗河畔一处1.4万年前的遗址里发现了59具尸体,其中24具尸体能看出遭受过严重的暴力创伤,这些尸体有的头骨被箭头穿刺,有的骨头断裂,有的胸腔里还有碎石片(Fry,2007)。2012年时,剑桥大学古人类学家玛塔·拉尔带领一个团队开始了在肯尼亚纳塔卢克遗址的挖掘工作,在这里他们发现了27具古人类遗骸,这些尸体可追溯到1万年前,其中至少10具尸体的骨骼有致命创伤,包括头骨粉碎、肋骨骨折以及手骨断裂。研究者推测,其他死者也死于同一时间同一原因,只是他们身上的伤口未触及骨骼。毫无疑问,这些原始人遭遇了屠杀,而且他们在生前可能还经历过残忍的酷刑。研究者还意外发现，留在现场的武器并不是由当地的石头制作而成的，这也可以进一步表明，这些死者是两个游猎群体遭遇战的结果，而不是出自群体内部的制裁（Mirazón et al.，2016）。

尼罗河畔纳塔卢克遗址出土的遗骨，从骨骼上的伤口判断，这些死者遭遇了屠杀和酷刑

另外，包括乌克兰的瓦西里耶夫遗址、法国的特维克岛遗址、北美的温德沃尔遗址、奥地利的施勒茨遗址以及德国的塔尔海姆遗址在内的许多遗址都曾出土过大批在同一时间遭遇严重创伤的人类骨骼，其中一些遗骨还有捆绑的痕迹，他们可能是被当作俘虏处决的（Fuentes，2017）。这些尸体中女性遗骸要比男性少得多，这表明，在条件允许的情况下，部落战争的胜利者会杀死对方所有的男人，并将妇女劫走。

通过观察和探访现代社会中残存的原始部落，人类学家也可以对原始人残忍的习性有清晰的认知。在委内瑞拉的希维族原始部落中，因暴力导致的平均死亡率高达15%（Hill，Hurtado，& Walker，2007），而在南美洲热带雨林的亚诺玛米人中，30%的成年男性会死于暴力斗殴，40%的男人杀过人，70%的成年人都曾因暴力而失去一位家庭成员（Chagnon，1988）。17世纪时，搭乘“五月花号”来到北美的英国清教徒威廉·布莱福特记录了他对原住民的观察：“他们并不满足于杀人取命，他们乐于用最血腥的方式折磨人，他们用贝壳剥活人的皮，切下受害者的肉片在炭火上烧煮，并在受害者眼前大口大口享用。”

达尔文在《人类的由来及性选择》一书中也曾记载

了他在环球航行时目睹的原始部落行为:“野蛮人以折磨敌人为乐,献祭血腥,杀婴吃人毫无愧色。”虽然可能部分来自欧洲“文明”社会的观察者对原住民心怀偏见,因而记载有失偏颇,但在17—19世纪,欧洲移民在与北美、南美、澳大利亚以及新几内亚等地的原住民相处时都留下了相似的记载。反而是后来臭名昭彰的殖民管理,结束了血腥混乱的部落战争。

在大约6万—5万年前,我们的智人祖先走出非洲,之后很快遍布整个欧亚大陆。当时这些地方还有很多其他人种,比如尼安德特人、梭罗人、丹尼索瓦人、吕宋人以及弗洛勒斯人等,他们都可以算是我们在进化树上的表兄弟。可是当智人见到分别几十万年兄弟的时候,他们没有办起篝火晚会把酒言欢,而是不顾手足情谊将对方赶尽杀绝(关于智人进化与迁徙扩散的内容,本书第五章还会有更多阐释)。

智人进行了人类历史上最彻底的一次种族净化运动。我们的祖先每到一个新地点,当地的原住民很快就被灭绝。在距今大约3万年前,统治欧洲长达10万年之久的尼安德特人消失了,东北亚地区的丹尼索瓦人消失在2万年前,而印尼的佛罗勒斯人则在1.2万年前彻底灭绝了。我们智人祖先的迁徙之路就像是一场毁天灭地的洪水,通过杀戮,智人成了人类中唯一存活的物种。很显然,我们祖先的故事更适合写成一部带有浓烈末世情结的反乌托邦小说,而不是一本摆放在幼儿园书柜中的童话绘本。

同类相食

法医考古发现显示,原始人不但会对同类血腥残杀,甚至还会同类相食,当食物短缺的时候,原始人会通过吃人来临时求生。20世纪30年代,德国古人类学家魏敦瑞在北京周口店挖掘整理人类化石残片时,发现出土的头骨碎片要远多于四肢碎片(正常情况下应该相反),而且这些头骨碎片都是带着裂纹或空洞伤痕的颅骨,却唯独缺少面部化石。魏敦瑞推测,这些化石的主人当年正是被当成了食物，吃人者从面部将头骨敲碎，吃掉了其中的脑子，所以化石都缺少面骨，而头盖骨特别多。大约同一时间，在克罗地亚、南非、法国、荷兰以及罗马等地出土的史前遗址都发现了具有类似特征的头骨化石，其他的骨骼化石也有被烹煮和被人牙齿啃咬过的痕迹，越来越多的细节证实了魏敦瑞的结论。另外，魏敦瑞当年在周口店的研究还曾发现，在所有挖掘出的北京猿人遗骨中，能辨认出年龄的有22人，其中15人在14岁前就死了，可见他们当时面临十分残酷的生存竞争（Weidenreich，1941）。

1998年时，科罗拉多大学医学院的生物学家理查德·马拉尔与同事在一个美洲古印第安人的石屋里采到了一份距今1150年的粪便，分子生物学检测显示这份粪便中含有人类肌红蛋白，这表明它的所有者在排便前一天刚刚吃过人肉（Marlar，Leonard，Billman，Lambert，& Marlar，2000）。研究者还在一个陶瓷容器上也发现了人类的肌红蛋白残留物，这表明曾经有人在锅里煮过人肉。后来其他地理学家指出，该地区在千年前曾发生过一次持久的干旱，很可能印第安人就是由于那次自然灾害导致食物严重短缺，因而开始了自相残食。

西班牙阿塔普尔卡山的格兰多利纳洞穴是欧洲最重要的古人类遗址之一，这里曾出土过80多万年前的6具青少年骨骼以及十几种动物的遗骨。西班牙人类学家尤德尔德·卡博内尔的团队主持了对骨骼的分析项目，研究者在青少年的遗体上发现了与其他动物骨头上完全一致的切痕，很明显，这些儿童身上的肉被当成食物割了下来。卡博内尔指出，吃人现象延续了几十万年，这一期间人类祖先并不总是处于食物匮乏的境地，况且格兰多利纳洞穴周围食物来源丰富，住在这里的原始人不需要把吃掉同类作为维持生命的必要选择。因此研究者提出了另一种可能性：同类相食有时只是群体冲突的一部分，为了争夺狩猎领地，一群原始人袭击了另一个原始部落，同时“一举两得”地吃掉了死者以有效利用珍贵的蛋白质。而之所以死者多为儿童，是因为儿童的自卫能力更弱，更容易成为被屠杀的目标（Carbonell et al.，2010）。

长期的同类相食会导致人体感染朊病毒[1]。在20世纪60年代前，巴布亚新几内亚的弗尔族一直被一种恐怖的疾病侵扰，患这种疾病的人会失去平衡和运动能力，几个月后他们甚至连吞咽食物都做不到，最终只能饿死或瘫痪在床感染褥疮而死。弗尔族人将这种可怕的疾病命名为“库鲁病”，意思是“不停颤抖”。20世纪50年代，库鲁病肆虐，有四分之一的人会死于这一疾病。后来人们发现，库鲁病的病因与当地人的一项传统有关：他们会在葬礼上吃掉死者的大脑，这种习俗导致大量弗尔族人感染朊病毒。2003年时，为了探究食人对人体的影响，由多国科学家组成的一个研究小组对弗尔族人进行了样本采集分析。研究小组发现，多达四分之三的当地妇女身上都会携带一种存在于20号染色体的朊病毒抗病基因。更令人惊奇的是，世界各地不同种族的染色体样本中，也都包含了朊病毒抗病基因，这可以说明，在传统的狩猎采集社会，食人也许是一个广泛存在的现象，而这种行为甚至已经对人类身体的生物进化产生了影响（White et al.，2003）。

总之，种种迹象都表明，人类的暴力行为贯穿整个史前时期。我们之所以不会成为天使，不仅在于我们后背没法儿长出翅膀，还在于我们有相互伤害的道德缺陷。科学家有足够理由相信，暴力不是某一特定人类文化的特性，而是我们大脑设计构造的一部分，人类已经进化出了一种心理机制，这种机制可以让我们在特定环境下对同类痛下杀手。需要强调的是，这并不代表人类

① 朊病毒是具有传染性的病原体，它会使脑部蛋白质折叠错误，引起致命的脑部疾病。同类相食是感染朊病毒的诱因，至于为什么同类相食会产生这一现象，该问题目前还没有统一定论。

具有“战争本能”或“伤害冲动”，我们身体生理系统的默认属性不是为暴力服务的，例如，睾丸素与攻击行为具有相关性，当发生激烈冲突时，我们身体会分泌更多睾丸素，这可以提高肌肉活力同时降低疼痛敏感性，使个体变得更擅长从事暴力活动。但在日常生活中，人们的睾丸素都处于正常水平，甚至当成人注射睾丸素时，也不会诱发他们更强的攻击性（Archer，2006）。

从进化科学的角度看，暴力是一种行为策略，而这种策略是可选择的，暴力行动是否付诸实践取决于其收益与代价之比，依赖于个体所处的社会背景、文化环境、健康状况、成长经历等具体生活要素。对于当今的大部分人而言，他们在自己的生活中根本无须启动大脑中的暴力按钮。承认人性中有暴力的一面并不是坏事，因为只有正确的诊断才能带来有效的治疗。探索暴力的进化逻辑，会更有助于我们去消除暴力，使人类最大限度地避免暴力天性带来的创伤。可以肯定的是，虽然人类并不是天使，但自然选择也没有把我们诅咒成嗜血的魔鬼。

暴力逻辑:生殖冲动在作祟

在权力的游戏之中,你不当赢家,就只有死路一条,没有中间地带。

——乔治·马丁《冰与火之歌》

暴力是男人的事儿

众所周知,中国古代的四大名著是《西游记》《水浒传》《三国演义》与《红楼梦》,除了《红楼梦》外,其他三部小说有两个共同特点:它们都有非常明显的暴力色彩,并且都以男性(或公猴)作为故事的主角。无独有偶,在《TimeOut》杂志组织评选的史上最佳动作电影100名榜单中,只有4部电影可以算作由女性主演(《杀死比尔》《特工狂花》《警察故事3》和《卧虎藏龙》),而在其他96部电影中,女性只能作为“花瓶”承担一些最不重要的戏份。这种强烈的对比揭露了一个事实:虽然暴力是人类社会永恒的主题,不过这主要是男人的事情。

根据美国联邦调查局公布的犯罪统计资料,美国每年凶杀案中80%的凶手都是男性,美国联邦监狱中93%的罪犯都是男性。只是在美国社会男性更容易成为施暴者吗,还是全世界都普遍如此?在20世纪90年代时,进化心理学家马丁·戴利与马戈·威尔逊曾对35项涉及暴力统计的研究进行了整理，这些研究所涉及的文化背景非常广泛，既有欧美发达国家的大城市，也有像乌干达的这样贫穷落后的地区。结果发现，暴力事件的性别差异具有惊人的跨文化相似性，在每一种文化背景下，男性对男性的凶杀比例都远远高于女性对女性的凶杀比例。几乎所有地区男性作为凶杀案罪犯的比例都达到90%以上，而在一半以上的地区这个数字甚至要超过95%（Daly & Wilson，1988）。

考古学研究则显示，在出土的骨骼化石中，男性骨骼上的伤痕要远远多于女性骨骼的伤痕（Jurmain et al.，2010）。除了直接的暴力活动外，在娱乐领域，男性享受暴力游戏、观看暴力竞技比赛（如美式自由搏击）、欣赏动作电影甚至幻想自己参与打架故事的比例也都要远大于女性。心理学家艾琳娜·迈科比曾对上千项涉及儿童行为特征的研究进行了分析，她发现，儿童从很小时就在攻击性方面具有显著的性别差异，男孩总是会比女孩表现出更多的攻击行为（Maccoby，1990），而且当男女幼儿表现出攻击性差异时，他们还远远没有成长到可以理解自身性别的年纪，因此这种差异并不是社会文化或性别角色塑造导致的。

男女的暴力差异可以为我们理解人类暴力的起源提供一个窗口，性选择理论在这里再次发挥了作用。我们在上一章提到过，女性的生育资源极为稀缺，而男性的生育资源几乎是无限的，这种不匹配性导致男人繁殖活动的可变性非常大，理论上来说，有人可以三妻四妾，获得远超出“平均份额”的繁殖资源，而另一些“倒霉鬼”则会完全被关在繁殖活动的大门之外。因此，在生儿育女这件大事上，男性会面临更加残酷的同性竞争，自然选择也就在男性身上塑造出了更加危险的行为策略。性与暴力总是彼此纠缠，那些敢于使用“暴力”这种高风险斗争手段的男人更容易占有女性或获取吸引女性所必需的资源，而不愿意与竞争者争斗的男人则会失去繁殖机会。自然选择就像是一张过滤之网，淘汰了那些不肯冒险的个体，最终导致男性比女性更乐意选择那些危险的暴力策略。

如果这种假设是正确的,那么繁衍需求不同的男性的暴力倾向也应该有所不同。男性暴力的年龄结构差异为此提供了佐证,研究发现,年轻男性会更容易采取一些非常危险的攻击方式,凶杀案件不成比例地集中于年轻男性身上。威尔逊和戴利曾根据美国1975年凶杀案中受害者的性别和年龄绘制了"犯罪年龄曲线"。数据结果显示,青少年时期男性的死亡率开始急速上升,25岁左右达到峰值。在这个年龄段,男性成为凶杀案件受害者的可能性比女性高出6倍之多,不过之后男性的受害率急剧下降。这表明男性在青少年时更容易与他人发生冲突,而在步入中年后开始避免危险举动(Wilson & Daly,1985)。行为遗传学家大卫·莱肯曾开玩笑地总结道:如果我们能把这一年龄段的所有男性低温冷冻起来,人类就可以立刻消除绝大多数的犯罪与冲突,人类社会也因此可以避免被暴力摧残。有趣的是,这一规律在动物界也普遍存在,雄性动物在交配季节会更富攻击性。

之所以年轻男性会更容易成为暴力事件的加害者或受害者,是因为在狩猎采集时代,如果男人想吸引异性,他就必须在围猎、部落战争、自卫以及复仇等活动中更具主动性。这些表现不仅可以为女性留下深刻的印象,同时还可以威吓潜在的竞争者。而男性在年轻时处于体力巅峰,正是有资本大出风头的时候,此时在名望上进行投资会成为其终身的财富。因此,自然选择在年轻男性身上塑造出了强烈的对抗性偏好,使他们成了最具有战斗精神的群体。

1969年,为了表示对越南战争的反对,摇滚歌手约翰·列侬与妻子小野洋子在阿姆斯特丹的希尔顿饭店举行了为期一周的床上和平运动,整整7天他们一直在床上,并且以床上的装束接待记者和政治人物的访问。列侬还在《给和平一个机会》(Give Peace A Chance)这首歌中唱出了那句著名的"要做爱,不作战"(Make Love Not War),之后这句话很快成了美国20世纪70年代的反战口号。列侬当然是为了表达对战争的嘲讽,但他的行为与这句歌词无意中真实地反映了性资源和暴力活动之间的关系:最起码对男性来说,性资源的获得确实会带来和平。

在厄休拉·勒古恩的科幻名作《黑暗的左手》中，“冬星”人全部都是双性人，他们一生中大部分时间都处于性冷淡状态，这大大减少了攻击性，导致社会无法爆发大规模战争。

性资源竞争是一种异常简洁的解释，霍布斯在《利维坦》中分析了三种导致人类相互攻击的理由：第一是利益竞争，第二是维护安全，第三是追求荣誉。从进化的视角看，对性资源的占有和掠夺构成了这些暴力逻辑的内在驱动力。无论是社会地位，还是物质财富及声望，都可以看成是实现性权利的方式。

权力的诱惑

权力对于性机遇的影响是显而易见的。钱吉斯·艾特玛托夫在《死刑台》中写道：“哪怕只有两个人的地方，也有支配人的权力。”对于雄性动物而言，权力是最容易成瘾的终极毒品。拿破仑关于权力的名言恰巧将权力与性放到了同一位置，他指出：“权力是我的情妇。我努力奋斗征服了她，绝不容许别人从我身旁把她抢走，甚至向她求爱也不可以。”在古代社会中，皇帝通常有上百妻妾，王公大臣或其他上流社会的男性则有十几个性伴侣。进化人类学家劳拉·贝齐格曾对埃及、美索不达米亚、阿兹特克帝国、印加帝国、中国以及印度六大文明古国的婚配数据进行了详细的搜集与分析。她发现，不同地区的婚配特征表现出了惊人的一致性，其中最典型的特征是，社会地位、等级和权力决定了男人可能拥有的生育资源，个体权力越大，能够占有的女性就越多（Betzig，1993）。

在现代社会，政府强制推行的一夫一妻婚姻制度严格限制了上层男性的妻子数量，权力与性资源数量的相关性大大衰弱，但具有较高社会地位的男人依然更具有吸引力、更容易获得异性青睐，他们可以通过短期性伴侣或婚外情实现更多的性机遇（Egan & Angus，2004）。因此，从原始社会至今，无论人类的社会形态如何更迭，统治权与交配权在实践中都是高度统一的，赢得社会地位是获得性资源的最强保证(当然对于人类来说,权力还意味着更多的东西)。

在漫长的原始社会,男性个体在部落中获得权力的途径并不太多,而武力征服无疑是其中最有效的选项。人类历史上,因权力斗争而导致的父子反目、兄弟相残以及亲友背叛等疯狂事件层出不穷。除了合法继承外,政治谋杀与夺权篡位几乎可以算得上是人类社会最主要的权力交接机制。恺撒之死是古罗马最著名的暗杀事件,但实际上,罗马帝国分崩离析之前共经历了49位执政官,这其中34位是被卫兵、高官或者自己的家庭成员杀死的,恺撒不过是其中之一而已。

在黑猩猩社群中,处于统治地位的首领可以获得更多与雌性黑猩猩交配的机会,通常情况下,首领可以拥有整个社群50%—80%的繁殖资源(de Waal, 1989)。高收益的代价必然是高风险,黑猩猩的社会等级并不是一成不变的,当每个个体都希望坐上"铁王座"时,冲突便成为自然而然的事情。成年雄性黑猩猩被内部成员杀死的唯一可能就是权力争夺战,尽管人类在夺取权力时发动的暴力策略要比黑猩猩更加花样百出,但二者在本质上并无太大区别。荷兰动物学家弗朗斯·德瓦尔曾提供过一个信息丰富的黑猩猩谋杀案,在这个惨剧中我们也能窥见人类权力斗争的影子。

故事发生在荷兰的阿纳姆动物园,主角是三只分别名叫路维特、尼奇和叶伦的雄性黑猩猩。叶伦曾是这个猩猩社群的首领,在年老力衰后,工于心计的叶伦扶持了体格壮硕但头脑呆笨的尼奇为领袖,条件是自己可以与尼奇一起分享社群里迷人的雌性黑猩猩。不过,随着尼奇掌权时间越来越长,坐稳王位的尼奇变得盲目自满,开始干预到叶伦的性活动,在一次激烈争吵后它们的同盟关系走到了尽头。由于缺乏叶伦辅佐,尼奇的位置很快地被社群里另一只雄性黑猩猩——路维特——取代。路维特是动物园最强壮的雄猩猩,它处事公正,善于仲裁纠纷,深受社群中的雌性黑猩猩喜爱。尼奇在下台后深受打击,不过它很快恢复了同叶伦的结盟关系。一天晚上,当所有的雌性黑猩猩被单独关在其他笼舍里时，尼奇和叶伦发动了对路维特的联合攻击。

第二天早上，管理员发现了倒在血泊中的路维特，从现场痕迹来看，应该是狡猾的叶伦压住了路维特，然后让尼奇在路维特身上尽情实施残暴的手段。路维特身上有多处极深的伤口，数根脚趾和手指已经断裂，生殖器也遭到了破坏。兽医为它进行了手术，缝合了好几百针，但于事无补，路维特在手术后再也没醒过来。在这个曲折的故事中，我们看到了反抗、同盟、陷阱与复辟等人类权力斗争中常见的情节，像许多人类的政治领袖一样，路维特爬到了社会权力结构的顶端，但随之付出了生命的代价(de Waal，1989)。

赢得声望

虽然有时候暴力攻击行为不会直接帮助个体获得权力，但也可以提升其在社会等级中的位置。由于人类是在小群体的群居环境中进化而来的，在远古的小规模人群中，社会地位和名声对男人而言至关重要，这会直接关系到他是否能获得与繁殖有关的资源。部落战争中作战英勇、不顾危险的男性会受到其他人的钦佩和敬畏，这种好名声会成为他一生的财富。

研究发现，美国帮派分子所拥有的平均性伴侣数量要比普通男性多得多(Palmer & Tilley，1995)。在当代南美洲的亚诺玛米人部落中，比起从没有杀过人的亚诺玛米男人，杀死过至少一个敌人的亚诺玛米男人平均会有更多的妻子与孩子[①](Hill & Hurtado，1996)。世界各

① 该结论存在一定争议。人类学家史蒂芬·贝克尔曼对另一个南美洲凶猛的原始部落瓦拉尼人进行的研究发现，更具攻击性的男人并没有比性格温和的男人获得更多的妻子和孩子(Beckerman et al., 2009)。很可能在这些原始部落，人们看重的品质是勇敢而不是冲动，群落中的大部分成员会把友情与合作看得比暴力更重要。在本章我们也会分析社会交往合作对暴力行为的控制作用。

地民间故事都有一种模式相同的英雄传说,就像“后羿”或“亚瑟王”一样,勇敢的武士从平民中脱颖而出,击败残暴的敌人,消灭怪物,赢取美人芳心并成为领袖或国王。在这样的故事中,我们可以看到攻击行为、声望、地位与性资源的高度统一。

同样的逻辑一直延续到了现代社会,在大部分国家和地区军人都会有较高的社会地位,他们在社会服务方面也会享受特殊的优待。在我国,法律为了保护军人的家庭与婚姻甚至设置了破坏军婚罪,与军人的配偶发生婚外情会受到刑法的严厉打击。一旦战争爆发,对军人的尊敬和崇拜更是会成为全社会的共识。美国是全世界第一个通过民主投票选举行政首脑的大国,从第一任总统华盛顿开始,美国历史上有半数总统曾经在军队服务,每一场重要战争结束后,都会有战争英雄被选举为总统,人们总是喜欢把最高的社会地位献给那些敢于冒险的人(甚至在电影《复仇者联盟》系列中,一群超级英雄的领导者也是参加过第二次世界大战的“美国队长”)。

美国曾在军队服役的总统统计表

姓名	任期	最高军衔	服役期参与主要战争
乔治·华盛顿	1789—1797	特级上将	独立战争
詹姆斯·门罗	1816—1823	陆军中校	独立战争
安德鲁·杰克逊	1829—1837	陆军少将	第二次独立战争
威廉·亨利·哈里森	1841—1841	陆军准将	第二次独立战争
扎卡里·泰勒	1849—1850	陆军少将	美墨战争
富兰克林·皮尔斯	1853—1857	陆军准将	美墨战争
尤里西斯·格兰特	1869—1877	陆军上将	南北战争
拉瑟福德·海斯	1877—1881	陆军少将	南北战争
詹姆斯·加菲尔德	1881—1881	陆军少将	南北战争
本杰明·哈里森	1889—1893	陆军准将	南北战争
威廉·麦金利	1897—1901	陆军少校	南北战争

（续表）

姓名	任期	最高军衔	服役期参与主要战争
西奥多·罗斯福	1901—1907	陆军上校	美西战争
哈里·杜鲁门	1945—1953	陆军少校	第一次世界大战
德怀特·艾森豪威尔	1953—1961	五星上将	第二次世界大战
约翰·肯尼迪	1961—1963	海军上尉	第二次世界大战
林登·约翰逊	1963—1969	海军中尉	第二次世界大战
里查德·尼克松	1969—1974	海军少校	第二次世界大战
杰拉尔德·福特	1974—1977	海军上尉	第二次世界大战
吉米·卡特	1977—1981	海军上尉	无
乔治·布什	1989—1993	海军少尉	第二次世界大战

与之相对应，社会声望的丧失可能会给男性的繁殖活动带来灾难性后果，自文艺复兴开始，维护荣誉和声望是贵族间发起决斗的最重要原因之一。伏尔泰、拿破仑·波拿巴、威灵顿、列夫·尼古拉耶维奇·托尔斯泰、安德鲁·杰克逊都曾为决斗这种古老的私斗仪式增光添彩，而天才数学家埃瓦里斯特·伽罗瓦以及美国现代财政制度的设计者亚历山大·汉密尔顿甚至直接丧命于决斗，前者去世时只有21岁。

研究发现，当有他人在场时，男性更容易发展出暴力行为，一个不经意的玩笑、一句嘲讽或任何一点点轻蔑的迹象，都能够引发争端。在某些特别注重声望的文化中（例如日本、南美洲、美国南部），为了保全面子、地位、荣誉和声望导致的凶杀远高于其他的杀人动机（Hiraiwa-Hasegawa，1994）。事实上，在现实生活中，大多数杀害行为不会像电影小说中那样，是高智商罪犯精心策划执行的，许多男性间的杀戮事件其实都是由鸡毛蒜皮的小摩擦引发的。由于双方互不让步，才导致冲突最终升级为杀人流血的恶性事件（Daly & Wilson，1988）。

暴力威慑是一种重要的竞争策略，“以牙还牙，以眼还眼，人若犯我，我必犯人”，当一个男性建立了可靠的威慑名声时，其他人便不会轻易冒出夺取他资源或配偶的念头,因为遭受报复导致的损失可能足以抵消甚至超出侵犯行为带来的收益。在和拳王梅瑟威发生争吵前,我们大多数人都会三思而后行。足球场上很少有人敢对那些大名鼎鼎的球场恶汉做出挑衅或犯规动作。电影《教父》中,老教父维托·柯里昂在谈判时对另一个黑帮家族的首领说:“我是个很迷信的人。如果一些不幸的事故降临在我儿子身上,或者他被警察打中,或者他在牢里上吊,或者他被闪电击中,我会责怪房间里的诸位,那时候我就不会客气了。”维托·柯里昂当时已经是一个连走路都颤颤巍巍的老人了,这段话的底气来自他过去几十年说一不二的行事方式。马龙·白兰度[《教父》(1972年)的主演]以极度虚弱的声线演绎了电影史上最具魅力的威慑。

血债血偿

报复是一种最古老也最具有文化普遍性的人际行为模式。研究表明,报复行为会激活神经奖励中心,让人们获得满足感。同样在电影《教父》中,老教父维托·柯里昂对儿子迈克尔说过:“复仇是一道放冷后味道更好的菜”,而他实际上也确实贯彻了这一原则。维托在9岁时全家被西西里的黑手党大亨弗兰西斯科杀害,维托逃到了美国。20年后,成年的维托回到西西里,他在年老的弗兰西斯科耳边小声报出了自己的名字,接着一刀结束了对方的性命。

几乎所有的人类社会都接受血债血偿的观念,并以死刑的方式将这种观念制度化。有时人们哪怕冒着两败俱伤、同归于尽的风险也要实施报复行动,因为唯有如此才能证明威慑的可靠性。有效的威慑就是要让敌对者明白,对自己任何的利益伤害都将受到严厉惩罚。

1972年9月5日,慕尼黑奥运会进行到第10天的凌晨, 8名巴勒斯坦“黑色九月”组织成员闯入奥运村的以色列代表团驻地,2名运动员被打死,其余9人被劫为人质。最终营救人质行动失败,11名以色列运动员死亡,史称“慕尼黑惨案”。为此,以色列政府毫不犹豫地授权情报机关“摩萨德”开展复仇计划,他们组建了专门的暗杀小组，对与“慕尼黑惨案”有关的11名巴勒斯坦人开展了“一命抵一命”的复仇式追杀。而这并不是“摩萨德”第一次接到类似任务，以色列建国后，为了给第二次世界大战期间犹太死难者复仇，以色列情报组织一直在世界各地不遗余力地追捕前纳粹战犯。尤其是在1961年，摩萨德首脑哈雷尔亲自率特工去阿根廷，把隐居在那里的犹太大屠杀主要执行者——战犯艾希曼——绑架到以色列，对其审判后判处了死刑。以色列展现在世人面前“有仇必报”的决心大大提高了其国家安全。

复仇行动有时指向的是一个集体而不是个人。珍珠港事件后，美国人民感受到了普遍的悲伤、羞辱与愤怒，此时战争已经变成了唯一的选择；“9·11事件”后一个月，美军就入侵了阿富汗，对恐怖分子最好的回应就是剿灭他们。历史上最血腥、规模最大的复仇大概要属成吉思汗对花剌子模的军事远征。花剌子模是12世纪时中亚地区兴起的一个伊斯兰帝国，它在鼎盛时期曾是当时世界上面积最大的国家，由于自恃强大，花剌子模曾对蒙古的贸易使团进行了侮辱性屠杀。为了复仇，成吉思汗亲自率军西征中亚，历时5年，占领了花剌子模大多数领土。在攻破花剌子模首都玉龙杰赤后，成吉思汗下令屠城7日，杀死了100多万百姓。经此一战，虽然自身损失惨重，但成吉思汗的凶悍作风和恐怖手段令整个欧亚大陆都感到了战栗，蒙古完成了从区域强国到世界强国的最重要转变。

然而，如果敌对者也锱铢必较，对报复行动也要还以颜色，双方便会陷入无休无止的恶性循环，最初的小冲突也可能逐步升级为血仇。不幸的是，这种剧情并不少见，因为人们总是会低估自己对他人的伤害，同时高估自己遭受的伤害。

伦敦大学神经学家萨克文德·舍吉尔和同事曾进行了一项实验来探讨“伤害偏见”问题：在实验中，被试需互相配对，第一位被试的手指连接着一台小型按压器，机器对手指施加轻微压力，之后这名被试得到指令，要求他以相同的力按压第二名被试的手指,但第二名被试并不知道第一名被试接收的指令。随后,两名被试交换位置,换第二名被试按照自己手指刚才受到的按压的力来按压第一名被试的手指,第一名被试同样不知道对方接收的指令。然后两个人不断交换位置,互相按压手指,每次按压都要求与自己在上一轮中受到按压的力相同。结果,在所有的实验组中,两名被试互相按压的力量都会迅速上升,几轮后能达到初始按压力量的20倍(Shergill ,Bays,Frith,& Wolpert,2003)。这说明,与为别人带来的痛苦相比,我们总是对自己遭受的痛苦更为敏感,而许多家族、种族及国家间的世仇正是如此形成的。

例如,在美国19世纪的亚利桑那州曾发生过一次"欢乐谷战争",当时圈养牛群的葛兰姆家族与圈养羊群的杜斯保利家族因为争夺放牧权积怨已久,双方自1882年开始私斗,随着你来我往的枪杀与反击,两边家族成员都损失惨重,到1892年时,葛兰姆家族已经全部死光,而杜斯保利家族也只剩下一人生还。一旦进入冤冤相报的模式,敌对者之间暴力相向的欲望便会不断膨胀,这也是为什么巴以冲突与印巴冲突始终无法得以解决的原因。

大多数情况下,人们对于"报复"都有非常准确的预测,正是为了避免被报复,敌对双方可能都会尽量克制自己的行为,有时候,对复仇的渴望反而是保护人们免于暴力袭击的最好手段。可惜这种和平是非常脆弱的,冷战时期,"相互确保毁灭"的核威慑确实对美苏两国都起到了作用。但第一次世界大战前夕,欧洲大国间的军备竞赛却并没有遏制战争爆发。由于惧怕遭受报复,人们有时反而会加重暴力,希望通过斩草除根的方式彻底消除顾虑。这就是为什么许多群体间的争斗会将无辜的儿童也全部杀掉的原因,唯有这样,才能保证敌人不会在未来某一天带来新的麻烦。灭门惨案、处决战俘及种族屠杀背后的丑恶逻辑皆是如此。人们常说战争会扭曲人性,然而更可能的是战争只是释放了人性,它让人性中暴力的一面得以充分展现。

资源掠夺

与权力、地位和声望相比，直接对他人进行掠夺是一种更为直接的获取资源的方式。在原始社会时，决斗是成年男性分配女人和生活资源的重要方式。随着社群规范制度的形成，部落内部的暴力斗殴可能会减少，但是部落间的资源争夺战却不会消弭。《伊利亚特》中的战神阿喀琉斯曾说："我挨过了一天天喋血苦战，为了抢夺敌方的妻女而和他们拼死相争。"

为了夺取资源，原始人可能会攻击洗劫邻近的部落，目标不外乎是女性、牲畜、食物、土地或水源。中国历史上数次王朝更迭其实都是外族入侵和劫掠的结果，例如五胡乱华、宋金战役、清兵入关等，在这些灾难性事件中，女性和其他资源通常会成为最重要的战利品。在十字军东征、百年战争、七年战争、日军侵华等事件中，对女性的抢夺和强奸屡见不鲜。即便在现代社会，同样的事情也依然存在。中东的恐怖分子或非洲军阀在占领"异族"的村落后，通常也会劫掠大量年轻女性。

恐怖分子与黑猩猩的行为模式基本一致，在古道尔团队观察到的那场发生在贡贝国家公园的经典部落战争中，没有一只雌性黑猩猩成为谋杀的对象。获胜方的黑猩猩只是迁入了对手的家园，垄断了领地内的食物，并侵占了剩下的雌性黑猩猩（Goodall，1986）。引发这场战争的外部原因可能是资源总量的减少，在古道尔团队对黑猩猩进行追踪研究期间，由于当地农民砍伐了大量森林以进行耕种，黑猩猩的栖息地范围迅速缩小，环境剧变及资源短缺使得黑猩猩为了抢夺地盘儿而不顾一切。

有意思的是，当年这两个相互争斗的黑猩猩社群竟然曾经属于同一个社群，对于黑猩猩来说，同一个社群意味它们之间有非常密切的血缘关系。导致它们族群分裂的原因很难说清楚，但其中重要的导火索是年长雄性首领"利基"的去世。利基死后，这个族群的猩猩在争权夺利的过程中开始分裂，它们跟随不同的首领组成了两个派别,原本彼此认识的伙伴便立刻成为必除之而后快的敌人。

自然选择在人类身上塑造出了同样的群体认同与仇外心态,原本和谐相处的家族、民族与国家也可能会突然间走向对立。1994年非洲发生了卢旺达惨案,当地的胡图族人在3个月内杀死了100万图西族人,但在卢旺达大屠杀前,当地的胡图族人和图西族人处于民族混居状态,两族关系其实非常友好平和。美国弗吉尼亚的海菲茨家族和麦考伊斯家族曾是世交,他们家族首领之间还定下了姻亲关系,不过后来二人反目,两大家族间的战争甚至差点引发弗吉尼亚州和肯塔基州的对立,他们联手制造了美国历史上最臭名昭著的家族争端。

不过,不同于人类的是,黑猩猩间的社群争斗永远达不到人类战争的规模。黑猩猩没有人类军队的指挥架构和协同运作,训练精良、协调一致的军队可以产生巨大的杀伤力,高度发展的计划与合作能力将人类的暴力提升到了足以毁灭一切的地步。对于每一个人来说,参与战争都是一种可能以生命为代价的危险活动,但高额的回报可以让人们克服对死亡的恐惧,疯狂地投身到杀戮活动中。恺撒大帝关于战争的名言简明扼要却直指核心——“我来过、我看见、我征服”。

正因如此,在有记载的人类历史上,有国家就有军队,战争总是不断地发生,相比之下,和平反而是一种不正常的存在。不过,对当代人来说,这种“不正常的存在”似乎已经持续了很长时间,那么未来我们还有多大的可能性会重新成为战争的受害者呢?

刀枪入库:走进伊甸园时代

悲剧只有两种终结的方式:一是莎士比亚式,一是契诃夫式。莎士比亚悲剧结束时,尽管天空上也许盘旋着某种正义,舞台上却已经横七竖八地躺满了尸体。与之相反的是契诃夫式的悲剧,结尾时每一个人都感到了幻灭,苦涩,心碎,失望,精疲力竭,但是都还活着。对于巴以悲剧,我想要一个契诃夫式的悲剧,而不是莎士比亚式的。

——史蒂芬·平克《人性中的善良天使》

世界越来越安全

2010年3月,福建南平某小学门口和平常一样聚集了一群等待进入校门的小学生,突然,一名手持凶器的中年男子冲了出来,这名男子一连伤害13名小学生,结果8人死亡,5人重伤,遇害者中年龄最大的只有13岁。据警方调查,凶手由于生活工作不顺,才产生了报复社会的想法。

我们听到这样的事件后当然会感到极度愤慨,但其实它并不少见,从南平校园凶杀案起,我国每年都会发生数起报复社会的特大凶案。打开热点新闻,我们的生活似乎看起来危机四伏,失踪、抢劫、虐童、情杀、奸杀、毒杀……让人们感到愤怒又痛苦的惨剧无时无刻不在上演。

然而,与大规模的流血事件相比,个体对个体的暴力完全不值一提。回望最近100年,纳粹大屠杀、苏联“大清洗”、卡廷惨案、两次世界大战、朝鲜战争、越南战争、印巴冲突、巴以冲突、两伊战争、阿富汗战争、柬埔寨红色高棉大屠杀、车臣战争、卢旺达种族大屠杀、海湾战争、“9·11”恐怖袭击、伦敦七七爆炸案、马德里爆炸案、叙利亚大屠杀、斯里兰卡“4·21”恐怖袭击事件……无数的杀戮事件似乎都在告诉我们,世界正变得越来越不安全。科技的发展、武器的进步让我们人性中暴力的一面可以尽情地释放,人类正在经历历史上最血腥暴力的时代。

然而,事实真的如此吗?哈佛大学著名心理学家史蒂芬·平克在其著作《人性中的善良天使》中给出了一个完全不同的结论:最近几百年各个层面的暴力事件都一直在减少,我们当代人生活在一个人类历史上前所未有的祥和时代。

抛却我们的直观感受,从统计数字来看,平克的结论很可能是正确的,犯罪学家曼纽尔·艾斯纳对英国、德国、意大利、荷兰和瑞士等西欧国家的凶杀资料进行统计梳理,发现这些国家的凶杀率在中世纪时是10万分之30至10万分之100,而到20世纪50年代时则下降到了10万分之1左右(Elias,2009)。美国是全世界少数允许私人持有枪支的国家之一,在美国每年会发生300多起大规模枪击案,这些案件时常会引发民众上街呼吁政府加强枪支管控。美国每年因枪支而死亡的人数达3万多人,但据美国卫生统计中心的数据,其中超过三分之二的人都是自杀。在古代中国,宗族、乡党间的械斗残杀极为兴盛,私人寻仇是一种常态,民国时还曾发生过导致军阀孙传芳之死的“施剑翘复仇案”,而这些现象在现代社会已基本不见踪影。

在群体层面上,跨时间尺度的比较也可以显示出集体暴力急剧下降的趋势。虽然20世纪初期人类经历了两次血腥的世界大战,但死亡人数占总人口比例并不多于以往的战争。据不完全统计,19世纪中叶美国爆发的南北战争造成75万人死亡，这一数字超过了美国在20世纪所有战争的死亡人数之和，类似规律几乎在世界各大国都可以找到对应例子。

因此，虽然20世纪看起来充满了暴力与杀戮，但从实际死亡人数比例来说，它要少于历史上任何一个时期。在20世纪50年代，历史学家对人类的未来并不持乐观态度，当时第二次世界大战的阴影尚未消散，冷战与核武器时代已经降临，许多评论家都悲观预言，30年之内将会看到世界末日。然而，事实却非常幸运地朝相反的方向发展，第二次世界大战结束后，大国之间再也没有爆发全面战争，甚至连局部冲突也日渐减少。

进入21世纪，尽管世界政治格局并非风平浪静，但与20世纪同期相比可谓总体和平。2012年，全世界约有5600万人死亡，其中62万人死于暴力事件，80万人自杀，如今因为暴力导致的死亡竟然比自杀者还少。所有的一切都指向一个趋势：几乎在各个时间尺度和水平量级上，暴力事件都在大规模下降，我们确实生活在一个前所未有的安全时代。

合作取代竞争

为什么我们从暴躁嗜斗的“藏獒”变成了温顺友善的“拉布拉多”？人性中残忍的一面不会凭空消失，几百年的时间不足以让人性发生根本变化，因此，暴力的减少很难归结于人类生理系统的改变，一定是有其他力量遏制了我们的杀戮冲动。如霍布斯所言，暴力起源于竞争，而竞争模式的改变就会影响我们对暴力的释放与控制。通过暴力获取资源的逻辑是直接掠夺，可是除此之外，合作、商业与贸易也可以让人们拥有更多的资源。当交易的双方都以较小的成本满足了对方更大的需求时，便产生了经济学中所谓的“正和博弈”现象。例如，如果农民有多余的谷物，牧民有多余的牛奶，猎人有多余的猎物，通过两两互换谷物、牛奶和猎物，各方都有进益，这就达成了“共赢”。相比高风险的暴力行动，贸易无疑是一种性价比更高、循环更加良性的资源获取策略。因此，正和博弈可以改变对暴力的激励。

商业将人们通过互利联结起来,在商业环境中,人们必须要克制自己的暴力冲动,学会在言谈举止间表现出庄重、谨慎与礼仪。凶狠好斗的名声不是商业行为发生的必要条件,反而会成为人际交往的障碍,清白的履历能让一个人更好地在交换中得其所需。在最近几百年,随着商业文明的发展,每一个人都努力融入相互依存的社会网络,人们越来越收敛自己的暴力性,越来越关注行为的长期后果。在社交生活中,一次谦卑温和的举动似乎没什么价值,但是通过重复和累计,它们就能变成重要的投资。蒙太古夫人曾说过:"友善不需要你付出任何代价,但是你可以凭借它获得一切。"

在这一过程中,我们社会生活的文化价值观也发生了改变,崇尚复仇的荣誉文化让位给了讲求自我克制的尊严文化。在荣誉文化中,受到羞辱立刻施以报复的人会受到尊敬,而在尊严文化中,能够克制自己冲动的人才值得尊重。人们越来越不能容忍在日常生活中展示武力,而杀戮更是不值得鼓励。我们之所以会喜欢《水浒传》中的英雄人物,是因为他们生活在一个与我们完全不同的历史语境中。"鲁提辖拳打镇关西"与"石秀杀嫂"的故事如果发生在现代社会,他们八成都会被视为患有严重的精神疾病,除了服刑外还要接受精神治疗。

考古学研究显示,人类的头骨和骨骼从4万年前开始逐渐变得更轻更细微,同样的骨骼薄化过程在世界各地都独立发生了,所有的人都遵循着这一趋势。一些动物学家认为,这是因为随着不同社会成员之间的合作互惠变得越来越频繁,人们不需要靠天天斗殴获得生存资源,身体单薄一些也无所谓(正如狗的头颅和牙齿也都比狼要小)。相反,那些难以与他人合作、无法控制反社会冲动同时又特别暴力的个体,在选择狩猎、觅食或者交配的搭档时,不会成为任何人的首选,更有甚者,可能会被其他社群成员驱逐或杀死。

这其实非常具有讽刺性:所谓文明,就是人类要用合作的方式,以暴力驱逐暴力,用杀戮消灭杀戮。离开了暴力,和平就会脆弱不堪。人类学家克里斯托

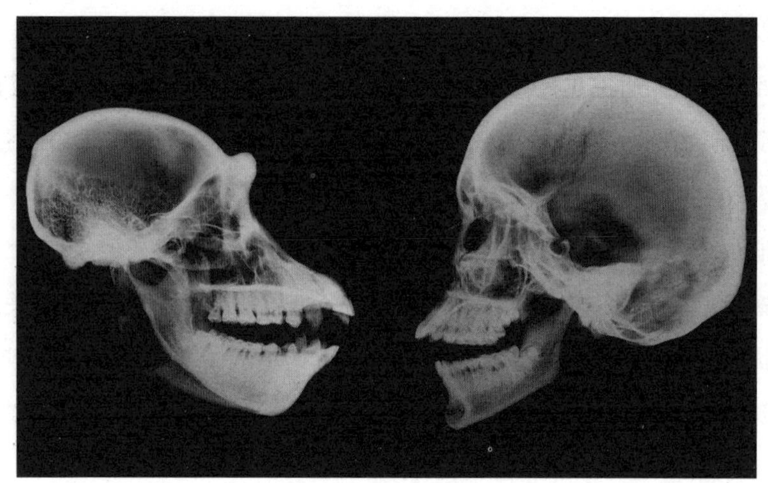

与黑猩猩的颅骨(左)相比,人类颅骨(右)结构不适合强力咬合,“攻击性”更弱

弗·贝姆对50个原始部落的行为规范进行研究后发现,当群落里有人毫无征兆地杀死其他人时,群落会坚决地对罪犯进行制裁,部落内部会更鼓励积极的社会关系(Boehm,2008)。正如将那些残暴的野兽驯化为家畜一样,为了适应商业与和平的需要,人类完成了一次自我驯化过程。

经济的力量同样也影响到了国家或地区之间的战争状态,狩猎采集部落会经常耗光原始栖息地的资源,为了抢夺优势地盘,部落间会经常爆发冲突。农业社会的经济基础是土地和土地上劳作的农民,土地是一种不能增加的资源,在以土地为经济基础的年代,任何一个国家想要获得更多的财富,它的首选就是占有更多的土地和人口。在工业时代,石油、矿产与土地等物质资源依然是主要的财富来源,一袋金子不可能装满两个口袋,因此,对物质资源的争夺构成了国家战争的主要逻辑。

然而,现代社会的经济发展模式已从物质经济转变为知识经济。今天,财富的主要来源是科技成果、创意理念、管理模式和金融制度这些虚拟性的知识产品,它们就像哆啦A梦口袋里的神奇宝物一样,可以源源不断地再生和创造。有人认为,从经济学角度来看,知识经济削弱了战争的“盈利”能力,使战争变成了一件非必要的事物。通过战争一个国家可以征服土地与油田,却未必能创造出一个新的“阿里”与“苹果”。在现代社会,物质资源不一定能兑换成财富。如果为了物质资源而爆发战争,阻碍了跨国商贸与投资,反而会导致国家财富大大缩水。

战争的代价是巨大的,明智的国家会通过贸易而不是战争实现财富增值,因此,稳定与和平是它们最希望看到的状况。在贸易促进和平这一问题上,有一个很有趣的“麦当劳理论”,即在两个有麦当劳快餐店的国家之间从来没有发生过战争。

人文主义精神信仰

以色列历史学家尤瓦尔·赫拉利在《未来简史》中强调,人文主义革命也改变了人们对于暴力的态度。在传统社会,宗教是人们精神世界的来源,大多数的文化都认为每一个人类个体的命运都是由某种形式的神(上帝、真主、佛祖)所主宰设计的,我们所说的每一句话、做的每一个选择、掉的每一滴眼泪都是神的剧本。虽然每个人的一生都会经历很多痛苦与失望,但只要遵循神的旨意,死后的生活是可以充满意义的(如涅槃、轮回)。

然而,在文艺复兴之后,随着商业文明以及现代科学的发展,人类改造世界的能力变得空前强大,我们可以利用医学治愈疾病,可以用机器取代人力,可以通过个人奋斗实现阶层跨越。总之,我们越来越相信自己可以主宰命运,于是上帝褪掉光环,宿命论逐渐失去市场。但如此一来,传统宗教带来的精神慰藉也消失了,人们要寻求新的生命意义,人文主义革命应运而生。

人文主义的精神核心是尊重个人的感受、价值、尊严与自由,使人的潜能、才干和创造力得到实现。正如康德所言:“人是目的,而不是手段。”在最近200年,人文主义已经成了人类社会共识性最高的价值理念,在我们生活的各个领域都可以看到人文主义的深刻痕迹。在经济上,我们会强调顾客就是上帝,商品要满足消费者的个人偏好;在教育上,我们主张因材施教,重视培养学生自主学习和独立思考的能力;在艺术上,我们认为最高超的艺术不是达到某一标准,而是要具有自己的独特风格;在文化上,无数的电影、小说、散文、游戏和歌曲都以"探寻存在的意义"作为创作主题。就像高晓松说的,"生活不只眼前的苟且,还有诗和远方"。总之,人文主义把人放到宇宙的中心,强调每一个个体都独一无二,每一个生命都具有独特价值。当代人越来越厌弃暴力与杀戮,其实正是人文主义精神信仰的体现。

人文主义在政治领域的表现是民主制度,随着民主政府的发展,公民逐步接受了由政府解决民间争端、由法庭裁决私人冤屈的理念,通过暴力复仇寻求自主正义的行为就会减少。另外,在民主制度下,公民可以通过弹劾、抗议、权利运动等一系列非暴力的方式向执政者表达不满,这也有效地消解了暴力革命的根基。当民主原则外化至国家关系时,国家间将通过对话以及国际仲裁解决争议问题。民主的制衡体制可以制约一个战争狂人领袖所带来的伤害。在现代民主国家,领导人不太可能为了换取自己的荣耀而牺牲人民的鲜血和财富。

此外,人文主义理念以及民主体制都信奉性别平等,而妇女的社会地位也会影响到国家对战争的态度。在古希腊阿里斯托芬的戏剧《吕西斯忒拉忒》中,雅典和斯巴达之间的"伯罗奔尼撒战争"让百姓苦不堪言,为了结束战争,家庭主妇吕西斯忒拉忒联合雅典和斯巴达这两个敌对城邦的女性,发动了一场离奇的"性罢工",她们共同起誓,除非男人们同意进行和平谈判,否则任何女性都不会与丈夫或情人发生性关系。最终男性为了床笫之欢不得不屈服,希腊重获和平。在这个故事中,阿里斯托芬借助性罢工这个奇思妙想突出了战争的荒谬性,而现实生活中,和平和妇女的地位确实高度相关。如我们之前所说,女性的攻击性要远小于男性,一个社会越是善待妇女,就越少卷入战争。女权革命提高了女性的社会地位,从而间接造就了一个更和平的世界。

英国著名作家、享有"科幻界莎士比亚"美誉的赫伯特·乔治·威尔斯于1895

年出版了经典小说《时间机器》,故事中人类在未来分化为两个种族:生活在地上的爱洛伊人头脑简单,长相精致美丽,他们采集水果为食,每天主要的活动是游戏和玩乐;而生活在地下的莫洛克人狡猾残忍,他们终日从事机械生产,嗜血成性,一到晚上便会出来捕食爱洛伊人。威尔斯对未来人类的颠覆性想象是受了当时社会达尔文主义思想的启发,不过他的预言看起来似乎不会成真,这对人类命运而言无疑是一件极其幸运的事情(有趣的是,这个故事曾在2002年被搬上了大荧幕,而导演西蒙·威尔斯正是赫伯特·乔治·威尔斯的曾孙子)。

回顾暴力的历史,斗兽场、酷刑、大屠杀、种族清洗、世界大战……我们会一次又一次地因人类残忍地相互毁灭而感到震撼、愤怒与悲哀。然而,人性中其实也包含着和平的因子,我们具有同情、克制冲动以及长远规划的能力,特定的社会背景则可以让我们尽情释放维持和平的能力。商贸、合作、文明、民主、法制、人文主义、权利革命,这些力量有效地遏制了暴力,它们虽然不会带来乌托邦与天堂,但是确实减少了人类的痛苦。在未来,只有我们足够珍视这一切,大规模的战争与杀戮才不太可能卷土重来。因此,我们有足够的理由相信,暴力在消逝,我们可以在和平中走向死亡。

合作动物:我们都是大赢家

直到目前为止,贸易的力量始终被人低估了——长久以来,大家都以为想要使贸易成为一个威力强大的武器,就必须要有一个受我们控制的教士阶级。但事实却不然……纯粹的贸易!其实它本身就已经威力无穷。

——艾萨克·阿西莫夫《基地》

互惠的天性

毫无疑问,人性中的暴力机制是一种可怕的成分,不过进化过程总是公平的,自然选择将人类塑造成了地球上最会自相残杀的动物,但同时又赋予了人性另一种完全相反的特征——我们拥有动物界独一无二的合作互惠模式。互惠是人类最基本的能力之一,对于生活在工业化世界的现代人而言,我们生活的各个方面都完全依赖于成千上万种普遍存在的交换与互惠,如果不依靠合作互换,我们几乎连最基本的衣食住行需求都无法得到满足。一枚普普通通的鸡蛋,从养鸡场到我们的餐桌可能需要几百人完成几十个协作程序,而我们的手机则甚至可能涉及几百万人口的合作。

在本书的写作过程中,我不仅阅读了大量出版物,同时还频繁地在谷歌学术与维基百科上查阅资料,当我在谷歌学术中输入“合作”(cooperation)这一关键词后,会出现427万条搜索结果,我不了解谷歌有多少员工负责学术搜索业务,但我非常确定的是,如果我引用其中任意一条文献,所涉及的“合作者”将包括论文作者、研究参与者、学术杂志出版公司、审稿人、杂志编委、搜索引擎公司、网络运营商、参考文献管理软件开发公司、文字处理软件开发公司……在明确了这一点之后,我们可以毫无疑问地得出一个结论:合作是人类日常生活的核心。众多互不相识的个体扮演着不同角色,进而形成社会系统配合,在整个动物大家庭中,人类这种合作行为应该是绝无仅有的。

人类的互惠行为来源于何处?霍布斯认为,在国家建立之前,人类生活在一种自然状态之中,个体之间是自私自利的生存竞争,人们互不信任,救治这种无政府状态的唯一良方是将统治权授予一位君主。人民和君主达成社会契约,人民臣服于君主的规则,而君主则维护社会秩序的稳定。因此,霍布斯认为国家和政府(尤其是一个强有力的中央集权)是人类互惠关系得以产生的基础。然而,很多时候合作行为发生在中央集权并不存在的情况下,例如狩猎采集社会形态中的群体觅食、物物交换以及现代社会国与国之间的大型贸易。霍布斯可能没有想到,人类如果不是通过互惠构成了一个社会整体,国家怎么可能出现?霍布斯的观点倒置了因果:互惠不是国家发展的结果,而是国家存在的前提。

社会制度可以为互惠提供良好的保障,但如果合作关系得不到人类的普遍认同,与合作相关的规范制度也难长久维系,因此,人类的互惠行为必然还有更深层次的驱动力。心理学研究发现,儿童天生就具有互惠精神,一岁半大的婴儿就会关注他人需要,有意帮助他人,他们完全有资格接受“小天使”的称号。对于儿童来说,为他人提供帮助的愿望似乎是天生的,这种心理倾向不需要经过父母训练就会自然而然地出现。正如亚当·斯密所说:“无论我们认为某人是多么自私,在这个人的天赋中总是明显的存在一些本性,这些本性使他关心别人的命运,并将别人的幸福看成自己的必需品。”因此,自然选择显然颇为青睐互惠行为,并将其作为一种天性深深地印刻在了我们的基因编码中。

道金斯在《自私的基因》一书中深刻地阐明了利己主义的强大,但人类却没有在利己主义这条道上一路走到底。那么,自然选择为什么做出这种安排,让我们演化出了互惠合作的天性?家族内的互惠逻辑是很容易理解的,近亲家庭成员之间携带了一部分相同的基因,例如兄弟姐妹平均有一半的基因是相同的,叔叔姑姑与侄女外甥平均有四分之一的基因是相同的,一个人帮助亲属,让他更好地生存下去,这也会有利于自己基因的传播,家族内的互助会导致家族兴旺,而与利他动机相关的基因则会随着家族的兴旺得以扩散。

不过,人类的互惠还能够超越血缘关系,甚至可以扩展到不相识的人身上。事实上,无论是狩猎采集社会还是现代社会,人们很少把亲属间的互惠看成是特别稀奇的事情,亲属间的互惠更像是一种义务和责任,只有非亲属间的利他行为才会被人们讨论和看重。按照进化的逻辑,互惠行为一定会带来生存及竞争优势。帮助别人当然是一件可贵的事情,但自然选择偏爱的不是美德而是收益,只有在利他者也能获得额外好处的情况下,促使人类在非亲属之间产生利他行为的心理机制才能得以进化。

互惠行为的最精妙之处正是在于,互惠双方都能从中受益(这似乎是一句废话)。比如,有两个猎人是朋友,但是他们能否成功地逮到猎物却是一件非常不确定的事情。某天一位猎人鸿运当头,猎到了一头野猪,他们全家人没法一下都吃完,剩下的肉很容易腐化变质,而他的朋友却恰好已经几天一无所获了,此时如果他让朋友来分享剩余的食物,自己所付出的代价相对而言是比较小的,但朋友的收益却很大。不过在下个星期情况可能会完全倒过来,他在饥肠辘辘时可能也会收到朋友的救济。通过这种互惠利他活动,两人都以较小的代价获得了更多的好处。

经济学家将这种现象称之为“双赢”或“非零和博弈”。零和博弈如同体育竞技比赛,最终的结果只能有一个胜利者。但在非零和博弈的情况下,每一方在交换中所获得的回报都比他付出的更多,一个玩家的得分不会被另一个玩家的失分抵消,通过合作和互换,双方都可以达成比较好的状况。达尔文曾在航行日志中记录过一个互惠的故事,当“贝格尔”号在巴布亚新几内亚岛停泊时,他和其他船员用头巾同当地原住民交换了鱼和螃蟹。对达尔文他们来说,几个破头巾就换来了一顿大餐,而对于原住民来说,用最常见的食物就换来了豪华的装饰品,双方都因为这次交换而暗自窃喜。

实际上,人类生活的方方面面都渗透着互惠的痕迹,甚至代际延续也要通过互惠合作才能得以实现。婚姻正是一场完美的非零和博弈游戏,在没有性欺骗的情况下,男女组成配偶生育子女,这可以为双方的基因遗传带来巨大的共同利益。

人类是最擅长互惠合作的动物

互惠合作不同于互惠共生。在自然界中,生物普遍存在相互依附共同获利的行为模式,比如昆虫在觅食之余会传播花粉,牙签鸟会清理鳄鱼牙齿与喉咙的食物残渣,人类肠道中的微生物群可以帮助我们分解食物。但这些互惠共生关系更像是生物预设的程序,而不是它们有意识的行为选择。但在互惠合作关系中,生物个体可以决定自己是否要参与合作。

合作的前提是生物个体要记住互惠行为的发生,只要动物能聪明到可区分不同的生物个体并记录下自己的过往行为,就具备产生互惠合作的条件。因此,互惠合作并不是人类社会独有的现象。例如,吸血蝙蝠会将它们吸入的一部分血液反刍出来,以供群体中其他饥饿的蝙蝠食用。风水轮流转,受惠者也要在适当的时候向赠予者提供帮助。蝙蝠之间的关系越亲密,它们相互赠予食物的可能性也越大。海豚鼠、黑猩猩和恒河猴也会产生类似的食物分享联盟[①]。另外，一些物种还能进行合作性的喂养，比如雌性之间可以互相帮助临时照顾彼此的幼儿。

不过，动物间的合作仅局限在分享生存必需品这种最低层次上，这些行为是以记忆能力为基础的，而且只存在一对一的互助形式。虽然某些动物会以看似彼此互补的方式进行狩猎，但这些行动并不是有组织、有协议、有计划的团体行动，而是根植于本能的行为策略。当一只狼寻找到猎物时，其他的狼会迅速占领有利的空间据点，但这只是在增加它们自己捕猎成功的可能性。即使是动物世界中最聪明的黑猩猩，要学会合力抬起箱子获得食物也非常困难。

相比之下，人类天生具有更强烈的合作意图。我女儿从2岁起，她就再也不允许我和她一起玩时拿出手机了，我当然明白，原因是如果我沉迷网络无法自拔，会破坏和她之间的游戏。马克斯·普朗克研究所的菲利克斯·沃内肯等人曾开展过一个研究幼儿合作性的实验，他们让14—18个月大的幼儿和成年人一起共同完成一个游戏目标，之后成年人毫无原因地停止任务，幼儿对此很不高兴，他们会努力尝试让搭档重新回到任务中（Warneken，Chen，& Tomasello，2006）。但是如果同样的情形发生在黑猩猩身上，它们就只会忽略不合作的搭档，自己尝试找到独立达成目标的方式（在这种时候，我会特别羡慕黑猩猩的父母）。沃内肯等人还指出，当黑猩猩在一起完成任务时，它们几乎不存在任何形式的交流，相反，即使不会说话的幼儿，也会在一起完成任务时

① 物种的饮食结构也会对互惠合作的产生做出贡献。动物的互惠合作行为一般都源自对食物的分享，素食动物一般可以在森林得到取之不尽的树叶与果实，对它们来说食物分享并不是有价值的行为，因此它们演化出互惠合作系统的可能性就比较低。

幼儿已经可以开展合作游戏

通过手势或动作向对方表达自己的想法。

有研究发现,3岁的幼儿可表现出对合作的承诺。例如,美国心理学家迈克尔·托马塞洛的研究团队就在实验中发现,3岁的幼儿如果在合作游戏中做出承诺后又半途而废去玩其他游戏,他们会向合作者表达歉意,并用语言或玩具安慰对方(Grafenhain, Behne, Carpenter, & Tomasello, 2009)。德国心理学家艾思特·赫尔曼等人让3岁的幼儿两两搭档一起去取一个放置在高处的奖品,他们安排其中一个孩子在半途中就可以"意外"得到奖品。然而,当这样的情况出现时,幸运的孩子往往会推迟享用自己的奖品,他们会坚持和另外一个人合作,帮助对方也拿到奖品。幼儿在一开始就构建了一个联合目标,是"我们"要一起获得奖品,他们都会觉得自己对对方负有承诺和义务。

另外,赫尔曼还分别让100多个黑猩猩和儿童进行了38组不同的认知测试,比较分析发现,在应对客观世界的技能方面(如搬箱子、在狭窄的管道里想办法够取食物、因果性测试),2岁多的儿童和类人猿只有微弱差异,但在社交技能上,儿童与类人猿具有本质差异(Herrmann, Hernándezlloreda, Call, Hare, & Tomasello, 2010)。总之,人类是一种天生爱合作的动物,我们的社交生活之丰富要远超过其他灵长类动物。

合作意愿的出现是人类思维进化史中的重要里程碑之一,而我们高度发达的认知能力为更复杂的互惠、更灵活的合作及更多样性的交换提供了条件。例如，在合作关系中，“我会怎么做”在很大程度上取决于“我认为你会怎么做”，语言沟通能力可以让我们准确地向他人表达自己的想法，使我们能够相互理解对方的需求与愿望；我们还具有抽象思维能力，这可以让我们去评估所投资的未来收益，比较不同类型物品或行为的价值，将食品、住所、友谊、地位、情报、创意甚至交配权等五花八门的东西都变成用来交换互惠的产品。

除此之外，依靠超强的记忆系统，我们非常擅长辨认不同的个体，并牢记与他们相关的事件，这也使得人类的互惠合作行为不必局限于一时一地。1998年12月，公安刑警杨某和妻子在街上遭三名歹徒抢劫，之后两名犯罪嫌疑人迅速被抓获，而另一名犯罪嫌疑人吉某则畏罪潜逃。为了逃避追捕，吉某先后在多地流窜，最终落脚浙江横店，改头换面成为一名群众演员。没想到，2011年他在电视剧上被家乡一位老刑警认了出来。就这样，这位在现实生活中“潜伏”了十几年的逃犯，最终因为出演了电视剧《潜伏》而被缉捕归案！

在灵长类动物中，复杂的合作行为是人类所独有的。在一项实验中，研究者向两只黑猩猩呈现放在平台上的食物，平台的两端有绳子，两只黑猩猩必须同时拉动各自面前的绳子才能得到食物。研究发现，当把食物分成两份分别放在每只黑猩猩的面前时，它们就会为了获得食物同步拉动绳子。但如果把食物都堆放在平台中间，黑猩猩会因为分配困难而导致合作联盟土崩瓦解。用同样的方式去考察儿童时，食物摆放方式并不会影响他们的行为。即使最初设定的食物奖励非常不公平，儿童也可以在没有争吵的情况下找到新的分配方法，并通力协作得到食物(Melis, Hare, & Tomasello, 2006)。

互惠合作引导人类社会发展

早期人类来自辽阔的非洲大草原，那里大型哺乳动物非常丰富。在这一背景下，人们的互惠合作水平越高，就越能以更低的成本获得更多的利益。考古学家曾在南非的克莱西斯河口发现了一些距今7万至9万年的巨型动物屠宰遗骸,其中包括重达二三吨的巨型水牛与河马。这些遗骸说明,当地的早期人类在那时起就已经发展出了精确的合作模式,任何一个个体面对大型动物时都无可奈何,而通过合作所有人都能享受一顿丰富大餐。合作捕猎还具有另一个重要意义:人们需要按照每个人在捕猎中的实际贡献对猎物进行再分配,这有利于价值资源分享机制、权力以及组织结构的发明与建构。另外,就像我们在前文所阐释的,合作可以有效减少冲突的可能性,充当社会人际关系甚至群际关系的"润滑油"。

非零和博弈为互惠利他行为的进化搭建了一个很好的舞台。在距今12万年前的更新世晚期,地球上人类的数量已非常巨大,即便互惠合作的行为模式最初只在人类种群中占很小的比例,但在巨大的人口基数下也会出现合作精良的群体。如果某些群体能在捕猎采集、食物供给、儿童养育以及防御敌人方面形成合作策略,他们就能比非合作群体拥有更大的生存、繁殖和竞争优势,进而实现合作行为的扩散。在生命进化的过程中,独立的个体不断地将自己的命运交付给更庞大的组织系统,不是因为他们天生就有公德心,而是因为他们能够从合作中获益。更高层次的合作强化了人类对物理环境的塑造,包括灌溉农业以及交通运输等公共系统,互惠合作的大规模效应进一步加强。

互惠合作还促进了专业分工的蓬勃发展,每个人可以专注于自己最擅长的工作,并利用自己产生的价值去换取其他需要的商品。你为我提供衣服,我为你提供长矛。社会分工使人们之间的依赖程度越来越高,进而导致了"社会"的产生。亚当·斯密认为,虽然人类可以通过各种方法建立社会,但最自然的体制还是自由市场经济。与此同时,我们还创设了各种社会制度与规则,以引导个体可以内化合作行为规范。因此,人类独特的生存状况、生命历程、社会组织方式是与合作一起共同进化的,合作是塑造人类社会进步的动力。合作为我们带来了极高的利益,我们是大自然中最特立独行的合作动物。

互惠密码:博弈的乐趣

我们所需的食物不是出自屠宰业者、酿酒业者、面包业者的恩惠,而仅仅是出自他们对自己利益的顾虑,我们填饱肚子的方式,并非诉之于他们的慈善之心,而是诉之于他们的自爱之心。我们不会向他们说我们的处境,只说他们会得到回报。

——亚当·斯密《国富论》

达尔文在《人类的由来及性选择》一书中指出:“随着人推理和预见能力的提高,个体很快就从经验中学习到,假如一个人帮助了他的同伴,那么通常他今后也会反过来得到这个同伴的帮助。”不过遗憾的是,达尔文并没有对互利主义理论进行更多的构想和发展。1971年,在达尔文的这本名著提及互利主义100年之后,心理学家罗伯特·特里弗斯发表了一篇名为《互利主义进化》的论文,在文章中特里弗斯写道:“友情、厌恶、道德攻击、感激、同情、信任、怀疑、可依赖性、羞愧等各种感觉以及许多不诚实和虚伪的行为模式,可以被解释为调节互利系统而出现的适应器。”这篇论文可以被视作进化科学对“合作”这一研究主题的战斗宣言,此后科学家对互惠行为的理解进入到了更深层次。

欺骗者难题

非零和博弈的思想只是在理论上说明了合作机制的优势,但这并不足以完全解释合作机制的进化。即便在一个非零和博弈的情境中,互利行为也并不会必然出现。因为大部分的互惠活动不是同时发生的,个体给他人的帮助如果日后没有得到回馈,那么他就会遭受纯粹的损失。例如在食物交换中,猎人“韦小宝”在食物短缺时向猎人“郭靖”索求食物,之后在“郭靖”饥饿时,“韦小宝”向他偿还更多的食物,这是一种良好的博弈结果。不过对“韦小宝”来说,日后不向“郭靖”偿还似乎更加划算。

在动物界,欺骗并不是一件稀奇的事情,高智能生物甚至会有意识地选择战术性欺骗。例如,某些雌性猩猩或狒狒在与其他雄性偷情时,会躲到树丛后面,并用手捂住雄性的嘴,防止它交配时动情的叫喊声被附近的雄性首领听到。黑猩猩还会记住让其他猩猩感到惊恐的事物,并有意制造出类似刺激,以提高自己在群体中的地位。动物学家曾在坦桑尼亚贡贝国家公园观察到一个黑猩猩欺骗同伴的例子。为了吸引黑猩猩,研究人员将一些装有香蕉的箱子放置在森林中,但这些箱子在大多数情况下是锁着的,只是偶尔才会打开。有一次,一只地位较低的雄性独自来到箱子旁,这时“咔”的一声,箱子的锁恰好松开了。这只雄性黑猩猩听到声音,知道自己可以打开盖子吃里面的香焦,就在它准备行动的时候,一只地位更高的黑猩猩从旁边经过。先前的那只黑猩猩立马装作对箱子毫不感兴趣的样子,晃悠着走开了。它很可能是想营造一种错觉,让那只地位更高的黑猩猩以为箱子是锁着的。

在这个事例中,黑猩猩的表现反映了其具有一种典型的心智推理能力,即“我”知道自己“假如那么做”(例如装作不感兴趣的样子),对方就会以为“某事”(例如箱子被锁住了)的存在。心智推理是战术性欺骗行为的基础,而人类的心智推理能力要远高于黑猩猩,所以我们的欺骗手段往往也更加花样百出。

人类实施复杂欺骗手段的能力毋庸置疑,回到互惠问题,如果心理学家认为互惠利他是人类演化出的一种稳定的行为策略，那么他们还要解释另外一个难题：利他者如何确信他向受惠者提供的利益在将来能够得到回报？他要怎样才能避免成为被欺骗和玩弄的对象呢？从进化的角度看，一种潜在的风险之所以没有成为事实，当然是因为其他因素抑制了这种风险爆发的可能。因此，欺骗之所没有成为合作的障碍，是因为人类已经进化出了专门用于解决欺骗问题的心理机制。那么这种心理机制到底是什么呢？它又是如何运作的？

囚徒困境

博弈论的发展为澄清互惠行为的进化起到了至关重要的作用。博弈论是数学家冯·诺伊曼与经济学家奥斯卡·摩根斯特恩于1944年创立的，它最早是用数学模型阐释经济过程的理论。后来博弈论被证明在政治学、经济学、行为决策学和进化生物学研究中都具有广阔的应用价值，尤其在面对“互惠合作”这一主题时，博弈论是一个不可缺少的研究工具。

博弈的含义指两个或多个人在面对选择问题时，他们之间的选择会产生相互作用，也就是说，个体的行为会对自己产生什么影响，还要看其他人的行为选择。博弈论则试图分析，如果一种博弈的所有参加者都表现出合理的行为，那最终结果将会如何。

要理解博弈论与互惠行为的关系，我们可以先看一个经典的“囚徒困境”问题：罪犯阿星与肥仔聪[①]分别被

① 阿星、肥仔聪是电影《功夫》中的两个街头混混。

关在两个牢房内，指控他们有罪的证据不够充分，于是警察分别向两人提出谈判条件。如果阿星作证两人有罪（背叛）而肥仔聪仍坚持否认（忠诚），阿星将获释，肥仔聪则要被监禁10年；反之亦然。如果两人都承认有罪，他们都会进监狱，但刑期只有6年。而如果两人都坚持无罪，警察由于没有证据，只能将他们关押半年后释放。

囚徒困境

	肥仔聪承认有罪	肥仔聪否认有罪
阿星承认有罪	阿星监禁6年 肥仔聪监禁6年	阿星获释 肥仔聪监禁10年
阿星否认有罪	阿星监禁10年 肥仔聪获释	阿星监禁半年 肥仔聪监禁半年

阿星与肥仔聪的悲剧在于，如果可以合作，两人只需要在监狱待半年，博弈得到最优解，但两人都选择了背叛，因为他们都想到对自己最有利的两个结果：当选择背叛时，如果同伴忠诚，自己能获得自由；如果同伴背叛，自己也只是得到6年刑期，而选择不认罪自己却有可能得到10年刑期。所以，只要依据利他原则做选择，他们本来都可以只囚禁半年，但两人的自私自利让他们最后各得6年刑期。

囚徒困境被人们称为20世纪最伟大的思想实验之一，它用一个简洁的博弈选择提炼出了我们社会生活的悲剧：当一方背叛时，另一个仍忠诚合作的人会付出最惨痛的代价；两个人都坚持合作，总收益最大；两人都背叛对方，总收益最小。每当面对这些选择，人们会立刻陷入困境。出于忧虑与贪婪，个体在面对博弈时可能成为自私自利者，但共同的自私自利则会导致毁灭性的结果，而这样的悲剧在我们的生活中到处可见。当面对修建灌溉工程的需要时，如果村里的每个农民都企图逃避责任，那么工程无法完成，所有人利益都受到损失；第一次世界大战前，法、德、俄、奥等大国都惧怕成为军事打击的对象，因此纷纷在前线调集军队，最终的结果则是第一次世界大战爆发。

囚徒困境和互惠行为的问题非常相似，每个人都能从合作中获得好处，但同时又受不了更多利益的诱惑。如果选择只进行一次的话，那么明智做法应该是背叛。然而现实生活并非如此，生活中人们的互动关系是连续的，博弈游戏总是一次次地反复上演。囚徒困境重复的可能性正是合作行为能否得以出现的关键。在可重复交锋的情境下，每个参与者在更长期利益的激励下会逐渐形成合作策略。

重复博弈就像自然选择下的生物代际演化，我们可以观察哪些行为模式在数代人之后会逐渐成为大多数人的选择，而计算机程序则可以大大缩减这种研究的复杂与困难。科学家只需要设定好一个博弈情境以及各种行为模式的组合，之后通过计算机编程让各种行为模式在博弈情境中进行循环博弈，历经上百次博弈后，哪一种行为模式累计的利益回报是最大的，我们就可以认为这种模式是在进化过程中自然形成的最佳策略。

以牙还牙，有仇必报

美国政治科学家罗伯特·阿克塞尔罗德与生物学家威廉·汉密尔顿在20世纪70年代设计了第一个囚徒困境计算机程序，之后在这个程序中使用各种博弈策略进行了200回合的对决，阿克塞尔罗德和汉密尔顿的目的是探究不同策略的效益。该研究后来被认为是20世纪最具有创新性的行为研究之一，它真正推动了进化生物学关于合作行为研究的发展。

研究者在实验中创设了一个与囚徒困境类似的情境，在一次博弈中，如果双方都选择合作，则双方都计3分；如果双方都选择背叛，则双方都计1分；如果一方合作一方背叛，背叛方计5分而合作方计0分。实验结果显示，当进行上百次重复博弈后，最简单的“以牙还牙”策略总是能够得到最高的累积分值。也就是说，当对手前一轮游戏选择合作时，参与者在下一轮也选择合作，而当对手前一轮游戏选择背叛时,参与者在下一轮同样选择背叛。这样的行为模式最有利于形成长期的互惠合作关系(Robert & William,1981)。

"以牙还牙"策略之所以能够成功,是因为它具备以下几个特性:第一,释放善意,尽力抓住共同获益的合作机会,对对方每一次忠诚的合作都以合作回报,绝不在对方背叛之前出卖对方;第二,有仇必报,对于背叛必以背叛回报,只有当背叛的同伙受到惩罚后,他们才有可能"洗心革面";第三,不记前仇,如果对手在玩弄背叛之后又转回合作,根据"一报还一报"策略就应该立即报之以合作,给对方悔过的机会,同时让他感受到合作的好处。

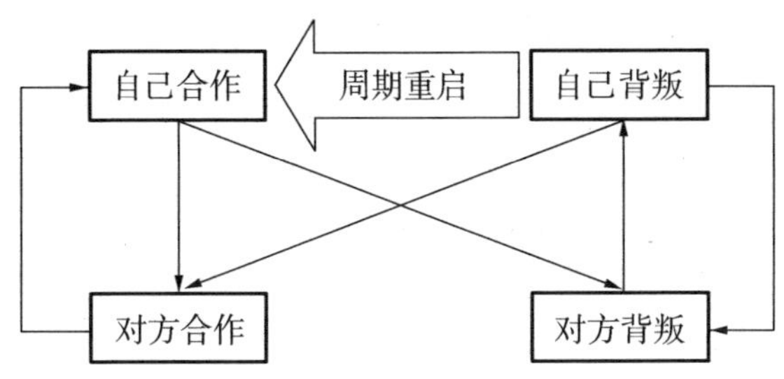

重复博弈游戏中"以牙还牙"策略示意图

"有仇必报"可以实现更长远的利益,这就可以解释人们为什么会有强烈的复仇渴望,以至于有时会让自己付出更大的代价也在所不惜。例如,"最后通牒任务"是类似于囚徒困境的一种博弈游戏,在博弈中,一方作为提案人,手持一笔奖金在他和另一位参与者(响应人)之间进行分配,响应人可以选择接受或拒绝提案人的分配方案。如果响应人拒绝提议,双方什么都得不到。作为响应人,最理性的做法是接受提案人的分配方案,无论自己分配到的奖金份额多么微小,都会好于什么都没有(拒绝方案的结果)。但在实际实验中,响应人对少于三分之一的分配方案基本都不会接受。这是因为,一旦响应人拒绝,提案人会遭受更严重的损失,这可以满足响应人的复仇心理。通过报复,响应人能够建立可靠威慑,以防自己未来的利益受到侵害。

这种现象与我们的日常经验是相符的,只是在生活化场景中,人们"复仇"

的方式大多是中断互惠关系，例如，当我们发现身边有人总是想占自己的便宜，就会有意识地疏远他；如果在饭店没有享受到与价位相称的服务质量，以后便不会再光顾。复仇机制在生物进化史中一旦出现便会自然而然地扩散。设想一群吸血蝙蝠，它们本来不具备复仇的心理特征，那么欺骗行为会时有发生，一些自私的蝙蝠在接受其他蝙蝠反刍的血液后却不会予以回馈。但假设一只蝙蝠突然变异出了复仇机制，它只会将血液反刍给帮助过自己的蝙蝠，而不给那些拒绝帮助自己的蝙蝠，那么这只蝙蝠就具有了更强的生存优势，因为它会像索罗斯或巴菲特一样，永远只做“有效投资”行为。之后，具备复仇特征的蝙蝠会迅速繁殖，因为它们会相互反刍，但不帮助欺骗者。最终，这种特征会扩散到整个蝙蝠群落，相同的逻辑在人类身上也一样适用。

同样的行为机制在自然界其实广泛存在。例如，澳洲东部的珊瑚礁海域里，有一种名为霓虹刺鳍鱼的神奇小鱼，这种体长不过5厘米的小鱼堪称珊瑚礁鱼群的健康护工。每当大鱼受到细菌或寄生虫侵扰时，便会主动来向它们寻求帮助。霓虹刺鳍鱼会游进大鱼的嘴里，撕咬掉它们口腔以及喉咙间的坏死组织、致病微生物以及食物残渣，而这些被“清除”的垃圾正是霓虹刺鳍鱼赖以生存的食物。对于大鱼来说，它们免费获得了一次顶级的医疗服务，对小鱼来说，它们足不出户就得到了自己想要的食物，双方都有好处，这是动物界典型的互惠共生案例。

当然，这一互利系统并非完美无缺，它为背叛行为留下了足够的空间。对于大鱼来说，它们可以在小鱼帮自己进行口腔清洁时闭上嘴吃掉小鱼；对于小鱼来说，它们则可以选择咬掉大鱼口腔内的健康组织。不过，报复机制却让大鱼和小鱼间的互惠能够得以维持，例如，大鱼会观察霓虹刺鳍鱼为其他客户服务时的情况，如果被服务的客户明显摇晃身体，这说明小鱼撕咬了它们健康的皮肉，轮到自己时，它们就会避开这些具有欺骗倾向的小鱼；而如果小鱼发现了大鱼吃掉自己的同伴，以后也不会再为它提供服务。这种赤裸裸的报复反而阻止了大多数“坑蒙拐骗”发生的可能。

另外,在博弈游戏中,“不记前仇”的作用也是非常重要的。“以牙还牙”策略的弱点是它很容易出现误解,假定一个参与者本意是合作,但因为行动中出错变成了背叛,于是对手也继续对他施以报复性背叛,之后便是无休止的背叛循环。如果参与者可以每隔一段时间随机重启合作机制,就可以将蓄意报复的对手拉回合作之路。因此,不仅是复仇,宽恕也是社会动物获取合作收益的必要条件。

2018年《自然》杂志上刊登的一篇研究报告称,宽恕似乎是人的天性,人们很容易改变自己对那些行为自私者的看法。在一系列实验中,超过1500名被试需要观察两个陌生人所做的选择,并对陌生人进行道德评分。“好”的陌生人在大多数情况下会拒绝为了金钱而电击他人,但“坏”的陌生人在大多数情况下却会以他人的痛苦为代价换取自己的利益。研究结果发现,被试会迅速对“好”的陌生人形成稳定而积极的印象,并对自己的判断非常自信;他们虽然会倾向于评估“坏”的陌生人品性不端,但对自己的判断并不是特别有把握,并且可能迅速改变主意。当“坏”的陌生人偶尔做出良善选择时,被试对他的印象会立即得到改善(Siegel, Mathys, Rutledge, & Crockett, 2018)。研究者解释说,该结果揭示了人类的一种基本心理机制:我们会假设“自私”的人其实是无辜的,而人类之所以有这种宽恕本性,是因为宽恕对于发展以及维持社会关系至关重要,如果个体完全基于一件坏事否定某人,就可能会错过与他建立社会关系而带来的一系列收益。

杜绝“搭便车”

利他合作不仅发生在两人之间,团体协作更是人类社会常见的互惠模式。在团体博弈情境下,参与者的自私选择被称为“搭便车”现象。搭便车指一个人享受了联盟所带来的好处,但是却没有尽到他本人应尽的义务。当面对必须多人协作完成的任务时，对团体来说，最好是每个人倾其所能，履行好自己的责任；但对个人来说，最好的选择是成为不劳而获的搭便车者，让其他人为自己的受益埋单。不过，如果每个人都浑水摸鱼占其他人的便宜，整体效益为零，合作联盟必然会土崩瓦解，那么所有人的境遇都会变得更糟糕。这样的不幸在现实生活中时有发生，例如，每个牧民都毫无节制地放牧，最终就会导致草场枯竭；同一小区的业主都不愿意出资改善小区环境，所有人都会生活在一片垃圾之中；战场上每个士兵都逃避冲锋陷阵，最后的结果就是己方一溃千里。

国家税收制度也正是群体互惠的体现，通过向公民收税，政府可以将一部分财富集中起来，用纳税人的钱铺设道路与电缆、建立学校和医院、资助科研、豢养警察与军队，从而更高效地向公民提供医疗、教育、交通与安全等公共服务，然而，如果没有税收强制制度，且逃税者不会受到任何惩处的话，那么几乎没有人会乖乖地把自己腰包里的钱交出去。为了避免这一局面出现，几乎所有现代国家都会为逃税制定高额罚金或刑期。

要解决搭便车难题，就要靠“以牙还牙”策略。只要搭便车的人受到了报复，合作联盟就能得以维持。研究表明，如果一个系统对搭便车的人设置了惩罚措施，那么这个系统将会产生更高水平的合作行为，在现实生活中，制度化的监管、制裁和惩罚的确是维护合作最有效的手段。

苏黎世大学的行为经济学家恩斯特·费尔和西蒙·加士德曾设计过一个涉及多人博弈的“公共财产游戏”，研究人员先发给每位参与者一笔钱，参与者可以在每轮游戏中选择向公共财产投入一笔钱，进入资金池的投资会翻倍后再平均分给每个参与者，游戏完全匿名。在这种情况下，对集体来说，最合理的做法是让所有参与者把全部资金都投入公共财产，这样可以获得最多的资金加成，从而使参与者也得到最大的投资回报。然而，从个人角度来看，更“划算”的做法是不投入任何资金，“不劳而获”地分享其他参与者的投资回报。不劳而获者能够保有自己最初的资产，同时获得公共财产的分成。

例如,如果有10个人参与这一游戏,每人手里10元,其中9人在一轮游戏中选择把钱全部投入,1人分文不投,那么一轮结束后,其他人的资产是18元(10元×9人×2÷10人),而不劳而获者手中拥有28元。在游戏中,一旦有人开始投机取巧且被其他参与者发现,为了避免自己被利用,其他参与者也会减少投资。最终,每轮的总投资额几乎降到了零,所有人都无法获利。但是,如果引入惩戒制度,选择合作的人有机会对不劳而获者施以处罚,那么情况便会大不相同了。例如,一轮游戏后,一位参与者可以选择牺牲自己1元钱,使不劳而获者损失4元钱。在实施这样的惩罚机制后,进入公共财产的资金总额会显著增加,甚至不需要有人真的遭受惩罚,合作的状态也会得到改善(Fehr & Gächter, 2002)。可见,惩罚机制对合作行为的促进作用是立竿见影的。而且有趣的是,虽然惩罚投机取巧者并不会让自己立刻获益,甚至损失掉部分财产,但几乎所有的被试都愿意选择这么做。

事实上,人们确实已经进化出了对搭便车者强烈的报复感,正如俗语所说:"一个诚实的敌人,好过一个虚伪的朋友。"在一些社会运动或民主革命中,如果群体内的成员刻意逃避应尽的义务,那么其他参与者对他们的报复会格外严厉。电影《霸王别姬》中,真正让程蝶衣走向毁灭的正是师兄段小楼在"文革"中的背叛,而程蝶衣也以背叛的方式对他进行了报复。在《神曲·地狱篇》里,但丁为背叛行为预留了地狱的最底层以及最强烈的痛苦,对自己家庭、团队或民族的背叛要比淫欲、贪吃、暴力或异端糟糕得多。

由此可见,许多宗教所主张的无条件宽恕并不是很好的行动指南,这样的方式只会破坏人们的合作机遇。有多少道德圣人就有多少搭便车者。相反,将"以牙还牙"作为自己的处世哲学是对社会更负责任的表现。美国心理学家帕特·巴克利的实验研究证明,在博弈游戏中敢于去惩罚骗子的参与者更能赢得他人的信任和尊重(Barclay, 2006)。哥伦比亚大学发展心理学家基莉·哈姆林的研究则发现,婴儿具备对惩罚行为的强烈偏好,研究者在实验中让8个月大的婴儿观看木偶剧,剧中一些“坏木偶”做出了伤害其他木偶的反社会性行为,之后,一些木偶会帮助这些“坏木偶”,而另一些木偶则会打击这些“坏木偶”,研究显示婴儿会明显更偏爱像后者那样“主持公道”的木偶(Hamlin,2013)。

《教父》中的维托·柯里昂就是个典型的“以牙还牙”策略的实践者,他愿意帮助他人,但希望自己的付出在必要时可以得到回报,同时,对侵犯自己家族利益的人他也从不手软。一个以牙还牙者最理想的交往对象是另一个以牙还牙者,二者可以迅速且毫不费力地形成稳定持久的良好关系。在现代社会,行之有效的法制其实也是以牙还牙的重要表现形式,以牙还牙策略发展得越好,社会就越和谐。

搭便车现象并不单单存在于人类中,动物世界也有专门限制搭便车现象的行为规范。例如,猕猴觅食时会在森林中分散行动,如果其中一只猕猴发现了果实成熟的果树,它通常都会发出呼喊,招呼其他的群体成员一起饱餐一顿。如果某只猕猴不通知其他同伴就把所有果子都吃光,或者从不参与觅食活动,它就会遭到群体中其他成员的攻击和孤立。黑猩猩在抓到猎物后也会把食物分给同伴,但仅限于共同参与猎捕的成员,即使是雄性领袖,如果没有参与捕猎行动,也可能分不到食物。相反,如果捕猎者没有将战利品分享给贡献了一己之力的同伴,那么它就会遭到孤立和报复,可能在之后捕猎行动中失去合作机会。如果黑猩猩会写字,它们一定会在树上贴上“反对不劳而获,坚持劳有所得”的标语。

建立良好声誉

不同于黑猩猩的是,由于语言的存在,人们可以通过闲聊去了解一个人过往的行为记录,因而我们不需要与他人进行多次博弈游戏就会知道他在本质上是合作者还是背叛者。在这种环境下,声誉良好的人会广为人知,而声名狼藉的人更是家喻户晓。名誉是每个人都很重视的东西。在传统的狩猎社会,优秀的猎人会大宴宾客，向客人提供丰富的肉食并传授宝贵的狩猎技巧；而在现代社会，人们会通过义务服务、赠送礼物以及慈善捐助等无偿利他行为，向他人展示自己是一个好的合作对象。要想获得好名声，付出是最有效的手段。

心理学研究发现，利他行为也存在“眼睛效应”，当行为是公开的、可被他人观察时，人们更愿意做出捐赠、义务劳动或者献血等利他行为。众目睽睽之下的捐赠行为确实可以迅速提高捐赠者的社会声誉（Bereczkei，Birkas，& Kerekes，2007）。关注社会评价是人类才有的习惯，黑猩猩在偷取同伴食物时完全不在乎是否有另一个黑猩猩在旁边观察，而人类幼儿在有其他幼儿观看的情况下，他们可以更好地克制自己的偷窃欲望，并更愿意将自己的食物与他人分享。心理学家贾里德·皮亚扎和杰西·贝林的一项实验表明，在“最后通牒任务”中，如果提案人知道有一个了解自己身份的人会知晓酬金分配结果，他会给响应人分配更多的酬金（Piazza & Bering，2008）。

回想一下我们谈到两性关系主题时描述的雄性动物第二性征，例如雄孔雀的尾羽毛、雄狮的鬃毛、公鸡的鸡冠，虽然这些器官并不利于雄性动物本身生存，但它们可以帮助雄性动物更好地吸引雌性，只要雄性动物的生殖收益超过了损失，高昂代价得到了补偿，那么这种信号传递机制就会存在。人类赔本赚吆喝的行为也具有同样的功能，只不过我们更有出息一点——通过利他行为能获取的利益可不仅仅是交配权。人们常说“好人有好报”，统计数据完全支持这一说法，乐于助人的人会更容易在遭遇困难时收获来自他人的支援（Nowak，2006）。《水浒传》中的宋江平日仗义疏财、扶危济困，为自己获得了“及时雨”的好名声，而当宋江落难时，他也不断得到他人相助，最后甚至被推上了水泊梁山第一把交椅的宝座。

总之，历史是未来最好的向导，通过看似无偿的利他行动，个体可以向人们传递出自己积极的人格特征，慷慨的人往往被认为富有魅力且值得信任。美国华人进化心理学家蒋晏盛在2010年报告了一个实验结果：在最后通牒博弈中，无论被试作为提案人还是响应人，当他们可以自由选择搭档时，总是更愿意选择过去有良好合作记录的人作为搭档(Chiang，2010)。因此，当一个人有更多的人愿意与他建立合作关系时，他会从无偿利他行为中获得更长期的收益。正如亚里士多德所论述的，伦理观的核心要以双赢为最终目的，最好的伦理生活就是既帮助别人，也对自己有益。

实际上，早在婴儿时期，人类个体就已经表现出了偏爱利他者的倾向。心理学家基莉·哈姆林、凯伦·韦恩以及保罗·布鲁姆曾经以6个月与10个月大的婴儿做过一项偏好实验。研究者首先让婴儿观看动画，动画中一个拟人的圆球想要爬上小山，三角形会来帮助圆球，把它推上山顶，而小方块则会捣乱，把圆球推到山脚。看完动画后，研究人员给婴儿们拿来一个托盘，托盘里放着像是小三角或小方块的玩具，每个被试只能选择一个玩具，结果90%以上的孩子都选择小三角作为玩具(Hamlin，Wynn，& Bloom，2007)。如此显著的实验结果表明，婴儿在还没有学会走路和说话时，就已经开始对个体的行为进行价值判断了，他们愿意接近有合作利他倾向的个体。

有趣的是，在猴的世界中，实施慈善行为也能显著提高社会地位。荷兰灵长类学家罗纳德·诺埃带领的团队曾以南非黑长尾猴为对象进行过一个充满创意的实验。他们在开始研究前先记录了不同猴互相理毛的时间。理毛能够反映一只猴在猴群中的地位，高地位的个体往往会得到更多的理毛服务。接着，研究者在猴群中选了一只地位较低的猴，教它按压杠杆。这样，这只猴回到猴群时就可以打开一个研究人员准备好的里面放满苹果的机关，并把这些苹果分给其他猴。在两个多月的时间里，这只猴一共完成了16次慈善大派送。在此期间，它的待遇也发生了翻天覆地的变化：它变得非常受欢迎，得到了更多的理毛服务，似乎与许多猴成了莫逆之交(Fruteau，Voelkl，Van，& Noë，2009)，利他行为成了这只猴撬动社会地位的杠杆。

互惠行为的其他“心理配套设施”

美国进化心理学家约翰·图比和勒达·科斯米德斯认为,在人类进化史中出现互惠利他现象后,必然伴随背信弃义与不劳而获等“搭便车”行为。除了“报复”与“名声检测”等手段外,自然选择还为我们大脑装载了“欺骗探测模块”,也就是说,人类天生是一种对欺骗行为特别敏感的动物。要理解这一假设,我们先来考虑下面的例子。

情境1:假如一张牌的正面是元音字母,那么它的另一面必须是偶数。现在有4张牌,它们分别是K、E(元音)、3、4,你可以将这些牌翻过来看它们的背面,验证它们是否符合假设。你应该翻哪些牌呢?

情境2:假如一个人饮酒,那么他必须年龄超过18岁。现在你作为一个执法者进入酒吧,酒吧有4个人,其中两个人喝的是啤酒和果汁,另外两个人分别是16岁和18岁,他们面前各摆着一杯饮料,你可以检查前两个人的身份证,同时也可以检查后两个人喝的是什么饮料,为了最高效执法,你会怎么检验?

在第一种情境下,正确的答案是翻看“E”和“3”这两张牌,在实际测试中只有4%的被试能做出这一选择,许多被试会选择翻看一面是“4”的那张牌,但这实际没有任何意义。因为规则说的是一面是元音字母的牌背面一定是偶数,但没有说一面是偶数的牌背面一定是元音字母。在第二种情境下,正确的答案是检查喝啤酒的那个顾客的身份证,以及检查16岁的顾客喝的什么饮料,在测试中大多数人都能做出正确选择。

要知道,在这两种情境下判断逻辑应该是完全一样的,但人们做出正确选择的概率却完全不一样。图比和科斯米德斯据此指出,这说明相对于抽象的真伪判断问题,我们更善于在具体的情境中识别出欺骗者。遇到具体问题时我们都是“福尔摩斯”,可一遇到抽象问题我们就会变成“憨豆特工”。后来,他们以不同文化背景下、不同年龄组的人为被试进行的研究都发现,面对逻辑真伪问题人们会感到很棘手,但如果将同样的问题转化为在具体情境中寻找骗子,被试则可以轻松解决(Cosmides & Tooby,2004)。

除了"欺骗探测模块"外,人类还进化出了能够准确识别互惠合作者的心理机制。研究表明,典型的利他者在行为动作及表情方面与非利他者都会有微妙区别(如我们常说的"真诚的微笑"),而个体则可以敏锐地捕捉到这些线索,以快速判断一个陌生人是否具有利他倾向(Mehu,Grammer,& Dunbar,2007)。日本一个研究团队曾做过一个实验,实验人员首先通过问卷测量了一部分参与者的利他行为表现,之后为他们录制了一段聊天视频,聊天的主题是他们个人的兴趣好恶。之后,研究者又邀请了一些被试,让他们观看视频,并请其猜测视频中人物的利他倾向。结果显示,即使录像全部做了消音处理,被试也能准确猜出视频中的人是否经常愿意帮助他人(Oda, Hiraishib, & Matsumoto-Odac, 2006)。

在探讨互惠合作问题时,我们必须还要考虑复杂社会情感的进化。社会情感的功能在于它可以调节我们的交往行为,让我们省去刻板的利益计算过程,依靠情感感受做出快速简单的选择。当获得他人帮助时我们会产生敬畏与感激之情,希望日后有所回报;目睹他人困境时我们会感到同情和怜悯,随之伸出援手;假如我们故意使某人吃亏,就会觉得羞耻与内疚,并避免重蹈覆辙;受到欺骗后我们会感到愤怒与轻蔑,决定惩罚与报复;如果背叛我们的人真诚认罪并乞求合作,我们则会表现出宽恕与原谅。面对那些总是做出自私自利选择的人,我们会不可避免地产生厌恶和敌意;而与同一个人持续发生互惠合作关系,我们对对方的信任与欣赏则会与日俱增。

在一次性的"最后通牒任务"中,对于提案人来说,最合算的做法是只分配给响应人少量的钱,将大部分钱据为己有。然而实际上人们通常不会这么做,一般被试作为提案人时都会将奖金进行平均分配。这正是情感作用的体现:我们的行为会受到公平感的驱使,对于完全陌生的人,我们大多数情况下也会做到尽量公平对待,否则就会感到羞愧与内疚,这些结论在无数实验中都得到了验证。

友谊是长期互惠的结果,亲近的关系会让互惠变得非常有弹性,朋友聚餐时我们不一定需要将花费均分,大多数人都有轮流埋单的自律性,如果我在朋友家做客时还要掏出钱包留下饭钱,反而会被认为有问题;对于好朋友,我们不会因对方的付出而立即予以回报,但我们会牢记在心,不胜感激。因此,互惠行为的发生与结束在很多情况下都来自我们每个人的感觉基础,这些情感的力量将每个人联系在一起,使我们能够在博弈游戏中繁衍兴旺。

在现代社会,随着物质资源的丰富,互惠关系中的欺骗行为也演化出了新的形式:许多人在日常生活中会与我们建立看似亲密的互惠关系,他们热情、主动、友好,但在"关键时刻"却会离我们而去。对这种友谊关系,我们常常冠之以"酒肉朋友"的称呼。幸运的是,人类的情感会帮我们分辨"酒肉朋友"与"莫逆之交",在最需要帮助的艰难时刻,一只援助之手会令人没齿难忘。我们会对"雪中送炭"心怀感动,并永远铭记这份慷慨与情谊。

在现代市场经济中,所有的交易和合作都以一种明确有序的方式展开,图比和科斯米德斯认为,这会给人类造成一种情感知觉上的"假象",让我们感觉自己缺乏同伴支持,因而感受到孤独与异化。这无疑是一种讽刺:舒适的环境使我们在身体上更加安全,但同样也可能会使我们在情感上缺少保障。

生而不同:鹰派与鸽派都不能少

释放无限光明的是人心,制造无边黑暗的也是人心,光明和黑暗交织着,厮杀着,这就是我们为之眷恋而又万般无奈的人世间。

——维克多·雨果《悲惨世界》

平衡法则

虽然真诚的互惠与慷慨是进化的必然选择,但实际上人类行为还有贪得无厌与背信弃义。为什么人们的行为方式会有如此大的差异呢?对此问题惯常的解释是,我们在生命早期接受的教养和道德观念会决定我们以后的发展道路,然而,这种回答其实只是用一个新问题代替了最初的问题,如果我们本身没有可以用于生成不同个性的基因,又怎么会仅仅因为后天经验就形成不同的特质?

"先天潜质"的差异可以来自两个方面:一是基因突变,基因的随机变异从未停止过,这也是造成每个生命个体都是独一无二的原因;另一方面则更重要:进化是一个大熔炉,任何一种所谓的最优策略都要取决于其他有机体的活动。我们生活中的大多数选择其实都是如此。我上大学时,从学校到市中心只有一条公交路线,一到周末,每辆公交车上都会挤满大学生,这些公交车从外面看起来就像是装满了咸菜的密封罐。由于太过拥挤,部分乘客甚至会非常自律地两人坐一个座位。后来,在离学校不远的地方新增了一条公交路线,那些不愿意当咸菜的学生宁愿多走几百米,选择新开辟的路线。然而,很快越来越多的人发现了这片“新大陆”,以至于这一路公交车有时甚至比原来的公交车还要挤。那段期间,我的乘车体验总是像薛定谔的猫一样充满了不确定性。但几个月后,一切回归平静,最终人们选择不同线路的比例趋于稳定。

进化过程也同样如此,自然选择的过程是让较为成功的遗传变异渐渐取代不成功的遗传变异。不过,尽管有时候一种特质极为卓越,但与之截然相反的特质也有一定的功能或优势,自然选择不会让其他特质都消亡。因为当一种特质在人群中的比例逐渐增多时,由于越来越多的人都具备这一优势,这种特质的收益会逐渐降低,而相反特质的收益则会逐渐增高,最终造成自然选择更青睐相反的特质。经过长期博弈后,每种特质会达到相对平衡的比例,这就是所谓的“频率制约选择”。

英国生物学家约翰·梅纳德·史密斯曾以著名的“鹰鸽博弈”例子对“频率制约”概念进行解释(Smith,1982)。他假设同一物种内部成员可以分为两派,一是天生具有攻击倾向的鹰派,二是天生爱好和平的鸽派。鹰派热衷于采用暴力方式解决冲突,而鸽派则会尽力避免冲突,选择隐忍。当鹰派成员较少时,它们在冲突中有较大的概率会与鸽派相遇,由于鸽派总是选择逃避或妥协,此时鹰派会更具有生存优势,更容易繁衍壮大。但随着鹰派在种群中比例增大,当鹰派数量占大多数时,它们在冲突中有较大的概率遭遇同类,由于双方都崇尚暴力,冲突的结果必然是两败俱伤,在这种情况下反而是与世无争的鸽派更具有生存优势。最终,鸽派与鹰派的数量会达到平衡,而平衡的比例则取决于环境中的资源数量、攻击与妥协行为的代价和收益等因素。

平衡是自然界永远不变的法则,我们阐述过或即将阐述的所有人类心理特

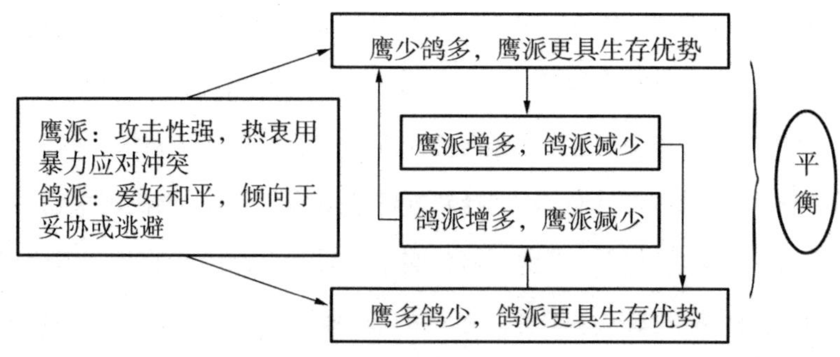

鹰鸽博弈示意图

征都会符合这一规律。就像自然选择青睐对后代尽责的男性，可实际上并非人人都想成为慈父；忠贞当然是巨大优势，但出轨也屡见不鲜。人们总是能用相反的策略获益，在一群慷慨的合作者中，“投机分子”更有生存的空间，可当他们逐渐增多以至于没有人愿意合作时，欺骗策略也就不再具有任何收益。况且，当一个团体中大多数人都很自私时，它就会在群体竞争中走向灭亡。因此，合作才是主流的社会交往策略，而欺骗则只能在主流策略的夹缝中生存。类似地，无论多么“非主流”的心理特征，只要在特定环境中具有微弱竞争优势，就有留存下来的机会。例如，反社会人格障碍具有以自我为中心、不负责任、冷漠、无法形成亲密关系、缺乏共情感等问题，这些特征看起来与人类群体生活模式完全背道而驰，但反社会人格障碍在整体人群中的比例也能占到3%左右（Mealey，1995）。

差异的意义

经典童话《绿野仙踪》讲的是桃乐丝和她朋友们的一场奇幻旅程，几个伙伴中稻草人想拥有智慧，铁皮人想拥有爱心，而狮子想拥有勇气。为了得到想要的东西，它们必须和桃乐丝一起找到神奇的大巫师。但最后它们发现，所谓的大巫师只不过是个骗子，根本不可能帮助它们实现愿望，但它们早已在旅途中获得了所希望得到的一切。稻草人认为自己没有脑子，可桃乐丝一行人在旅途中遇到危难时,稻草人总是尽它所能地想办法,经过许多难题后,它终于成了最聪明的稻草人;铁皮人没有心脏,它认为自己感受不到他人的情感,但通过在旅途中不断建立友谊,它终于成了一个热情、善良且有爱心的铁皮人;狮子起初胆小懦弱,但当朋友们遇到麻烦时,它挺身而出,经过许多战斗后,狮子最终成长为勇敢的野兽之王。

其实,我们就像《绿野仙踪》中的这些小伙伴一样,不同的特质早就藏在我们的内心深处。每个人都是不同特质的混合体:我们既胆小又勇敢,既自私又无私,既吝啬又大度,既懒惰又勤奋,既狂妄又谦虚,既奸诈狡猾又忠厚诚恳,既离经叛道又循规蹈矩,所有的这些特质可以互不排斥地并存在一副躯壳里。正如王尔德所言,"天堂和地狱都在我们每个人自己身上"。在不同的生活环境以及早期经历的灌溉下,特定的种子会生根发芽,当它们缠绕在一起时,就组成了一个独特的"自我"。

先天的差异性并不见得是坏事情,因为有差异就有冲突,而冲突丰富了我们的情感。平克在《白板》一书中曾写道:"我们在与他人的冲突中界定着自我。"这种评价不仅仅是文学化的描述,而且还点出了人类情感的本质。我们之所以会有愉悦感,是因为让我们感到愉悦的事情并不太多,正如我们之所以会享受美食,是因为在人类历史长河中的绝大部分时间中,获取食物并不是一件容易的事情。奥尔德斯·赫胥黎在经典科幻小说《美丽新世界》中塑造了一个人人安居乐业、衣食无忧、社会分工井然有序的未来世界,在这个世界中,通过科学严密的控制,所有人的命运自出生起都已注定,人们没有任何痛苦、悲伤、恐惧和焦虑,却成了一群快乐、麻木、生活毫无意义的奴隶。奥尔德斯·赫胥黎借书中的人物喊出了反抗之声:"我不要舒适,我要神,我要诗,我要真实的危险,我要自由,我要善良,我要罪孽!"

无差别的同质性往往会产生可怕的后果。设想一下,假如人类所有的伴侣都绝对忠于对方,爱对方胜过自己,那会发生什么?一方面,他们的共同利益会绝对一致，可一旦利益完全一致，双方总是能和谐共处，为了繁衍后代的目标通力协作，那么配偶关系中的附加奖励也就没有存在的必要了，包括激情、悸动、性爱、依恋和彼此欣赏等。这样一来，将不会再有坠入爱河的事情发生。就像生活在黑暗岩洞中的动物不需要眼睛、生活在海洋的动物不需要四肢一样，爱情是巨大的浪费，进化是不允许(爱情)这种无意义的事情发生的。科幻小说《曙光中的机器人》中，奥罗拉星球上的人在性方面可以随意自由结合，而无拘无束导致的后果是无欲无求。

我们对家庭、朋友和其他社会成员的感情同样如此，从某种程度上说，社会纽带因为脆弱才更有价值。如果所有的人都可以成为完美的互惠者，整个人类社会为了统一的目标进行协作，那么我们彼此之间不会再产生冲突，互信也就不再显得弥足珍贵。如此一来，感激、羞愧、愤怒、敬畏、怜悯、同情这些丰富的感情也不会存在。同质化的天性会让人类成为蚁群，我们拥有了和谐，却丧失了幸福，我们天衣无缝地协作，但如同一具具行尸走肉。

科幻电影《撕裂的末日》借鉴了《美丽新世界》的想法，电影中专制政府认为人类的愤怒、嫉妒与仇恨等感情是引发战争的因素，为了避免战争，政府强制推行一种可以麻痹情感神经的药物，这种药能使人不再拥有感情。所有会激发人们感情的事物都要被销毁，例如，艺术、书籍和宠物，而不抛弃感情的“情感犯”则要被处死。在这个世界中，人们没有被战争毁灭，但却已经在另一个层面上完全毁灭了自我。

第三章

道德与艺术：

人性的升华

协同进化：群体生活带来的改变

道德和才艺是远胜于富贵的资产。堕落的子孙可以把贵显的门第败坏，把巨富的财产荡毁，而道德和才艺却可以使一个凡人成为不朽的神明。

——威廉·莎士比亚《泰尔亲王配力克里斯》

达尔文的洞见

在传统欧洲社会，道德的解释权是由教会牢固把持的，良心问题几乎等同于灵魂问题，这是上帝的专属领域。然而1871年，达尔文在《人类的由来及性选择》一书中大胆地触及了这一主题，他以自然主义方法论的立场论证了道德的起源问题，达尔文认为，良心和道德感就像我们巨大的脑容量、直立行走的姿势以及十月怀胎一样，是“自然选择”的结果。在书中不少地方达尔文甚至表现出了道德相对主义的论调。例如，他指出，如果人类社会按照蜜蜂社会那样组织，那么“无疑，我们中未婚的女性将像工蜂一样，认为杀死自己的兄弟是神圣的责任；而母亲也会竭尽所能杀死那些有生育能力的女儿”。

按照当时的世界观标准，达尔文的观念是对教会的极大挑衅，著名杂志《爱丁堡评论》(最早的近代杂志之一)刊文指出,如果达尔文的理论恰好是对的,那么“所有最真诚的人,都要被迫放弃那些支持他们过一种高尚生活的动机……因为我们的道德感不过是一种较为发达的本能……(假如事实真如达尔文所言)一场思想上的革命就将要来临,它将摧毁良知的尊严和宗教感,从而摇撼社会的根基”。这样的预言无疑有些过于些耸人听闻了,不过事实上,在之后的100多年,西方文明的道德神圣感确实日渐式微,宗教道德观在今天远不如在维多利亚时代那样受人重视,多元化道德观逐渐被更多的人认可。当然,这一切是人类的物质条件以及协作方式改变的结果,而不是来自达尔文在书中表达的那几句简单论述。

达尔文虽然指出了人类进化与道德的关系,但他并没有说明哪些环境条件有利于某些道德规范的出现,也没有说明哪些选择机制塑造了道德的历史演化。当然,这并不是因为达尔文缺乏理论建树,而是因为在那个时代他没有科学论证所必需的可信资料。在19世纪,考古学成果少得可怜,科学家仅仅发现了我们祖先遗留下来的少量骨头化石以及石制工具;灵长类动物的相关研究也刚刚起步,动物学家对灵长类动物的行为特征知之甚少;另外,人类学在当时也是一门新生学科,人类学家还没有系统地记录并分析与我们生物特性紧密联系在一起的社会行为;而分子生物学、神经科学以及大脑功能研究等领域更是一片空白。只有到了今天,在综合来自所有这些学科的信息后,科学家才能够“拼凑”出看似合理的演化场景。

不过,尽管研究上存在重重困难,但达尔文依然在《人类的由来及性选择》一书中对道德问题展现出了敏锐的洞察力,他考虑到了群体内部关系在道德进化中的作用。达尔文讲述过这样一个例子:当两个毗邻的原始人部落开始进行竞争时,如果两个部落其他条件相等,但其中一个部落拥有更多勇敢、忠诚、无私、自律、团结的成员,他们随时准备守望相助、彼此协作,那么这一部落就有更大的可能性征服另一部落。一个集以上种种优良品质于一身的部落会在部落冲突中持续取得胜利，进而将这些品质不断传播。在这个例子中，达尔文抓住了道德进化的实质：道德作为人际行为规范是在群体中被塑造出来的（可惜他没有对这个话题进行更加深入的研究）。

最近半个多世纪的研究让我们逐渐了解，生命是一种像俄罗斯套娃一样的嵌套式等级体系：基因包含在染色体中，染色体包含在细胞里，细胞包含在有机体中，而有机体包含在群体中，竞争则存在于生命的各个等级，它们在不同的方向推进着人性的发展。而探讨道德的进化时，群体选择是更该被考虑的因素。

很多动物都具有社会性，它们成群地生活在一起。一些动物的个体竞争已经几乎完全消失了，例如蚂蚁和蜜蜂就将团队精神发挥到了极致：它们每个个体都严格恪守自己在集体中的阶层与职责，为了集体可以随时牺牲。我们虽然不会像蚂蚁那样完全丧失自我，但群体生活确实彻底改变了人类进化的方向，导致了“协同进化”现象的出现。“协同进化”概念强调，人类的进化路径不仅受自然环境影响，同时也会受我们独特的社会生活左右。

人类祖先发端于非洲大草原，当我们的祖先从森林来到草原时，面临一系列全新的生存挑战，如躲避野兽袭击、寻找水源与采集食物，而群体生活则可以很好地缓冲这些问题带来的威胁。1975年，科学家在埃塞俄比亚阿尔法地区发现了距今300多万年的17具南方古猿残骸（人类最早的祖先），他们差不多同时死亡，科学家推测，这17个古猿很可能死于大型捕食动物的袭击。通常来说，大型捕食动物往往是单独出没的，即便是狮群或狼群一起狩猎，它们也只会杀死猎物中的一个或几个，并在获得食物后就会停止攻击。因此，真正导致这些古猿遇难的原因，可能在于他们试图帮助被野兽袭击的同伴，他们不惜牺牲生命，选择了共同承受，而其他灵长类动物很少会这样做。虽然这是一场悲剧事件，但它可以表明，早在300多万年前，我们的祖先就已经可以通力协作，以更有凝聚力的方式生活在一起了（Johanson，2004）。

100多万年前的直立人开始以野生动物为食，捕猎大型哺乳动物对人类的群体生活提出了新的要求。在更新世晚期,气候异常导致我们的祖先经常面临着资源贫乏的困境,小型团体由于人口太少而无法有效开展狩猎活动,同时,当群体人数太少时,社群成员之间很难在彼此遇到生存困境时提供真正有用的支援。相比之下,人口数量更多的大部落无论是在与自然环境的竞争中还是在与其他部落的竞争中,都会得到进化之神更多的眷顾。

当我们祖先选择了大规模群居的生活方式后,他们的心智也要符合大型群体生活的需要,于是一系列新的适应性挑战出现了,例如,怎样分配物资、怎样选举首领、怎样进行群体决策…… 就像适应自然环境的生理构造会被选择出来成为生理进化方向一样,那些适应社会性生活的心理机制也会被选择出来,成为人类心理进化的方向。

内群体之爱与外群体之恨

人类与其他灵长类动物的不同之处还在于,我们懂得有意识地彼此协调,通过使"我"变成"我们",从而创造出诸如合作狩猎、共同抚育以及分工互换等复杂的群体活动形式。为了实现这一目标,我们必须能够准确辨认出其他人与自己是否属于同一阵营,同时也需要确保群体的其他成员可以识别出我们,因为只有内群体成员,才可以分享技能、经验、食物和其他资源。我们需要积极展示自己的群体身份,以证明自己是一个值得信赖的合作伙伴。在"我们"和"他们"之间画出清晰界限,这是人性的典型特征。

类别区分是高级认知能力的表现之一。在千姿百态的自然界,一个苹果和另一个苹果虽然大小口感略有差异,但都是富含糖分的水果;一只狼和另一只狼虽然体型、颜色不同,但都是可怕的野兽——这种可以总结不同个体"本质特点"并以此为依据进行分类的思维模式,是我们灵长类祖先在漫长进化过程中发展出来的重要生存智慧。人类是天生的统计学家,归纳概括是一种重要的适应方式,当我们知道"人吃苹果,狼吃人"之后,也就明白了该如何面对苹果和狼,“分类”能够帮助我们对同类刺激做出相同反应,举一反三,节省脑力。

“分类”的思维模式也存在于人类的社会认知之中,我们在社交网络中最基本、最本能的分类方式就是区分“内群体”(自己人)和“外群体”(圈外人)。人们对于社会成员的分类常常带有强烈的情感色彩,简单地说就是对“自己人”偏爱,对“圈外人”厌恶。哥伦比亚大学发展心理学家基莉·哈姆林领衔的一项以婴儿为被试的研究表明,“我们”与“他们”二元对立的思维,在“人之初”便深深铭刻在我们的基因之中(Hamlin, Mahajan, Liberman, & Wynn, 2013)。

我们对自己人的热爱几乎无处不在:大到宗教、种族、国家、职业,小至粉丝群、社区、班级或者足球队,群体纽带存在于我们的天性中。在现代社会,许多人可能对于传统的宗教、民族甚至国家都不再具有强烈的认同感,但他们也能从其他群体身份中获得乐趣,例如,一个俄罗斯人可能并不以俄罗斯为荣,但“超级乐迷”这个身份却能让他从“音乐发烧友”群体中体会到自豪和归属感。

在生活中,我们对那些与自己有“相同身份”的人总会特别地关怀与照顾。例如,许多富豪在进行慈善捐赠时,捐赠的对象往往是他们毕业的院校、家乡或所从事的行业;2002年姚明加盟休斯敦火箭队,从此之后“火箭”在长达十几年的时间里一直是在中国人气最高、粉丝最多的NBA球队;每隔四年一届的世界杯或奥运会总会牵动数十亿人的神经,成为打破他们平静生活的漫长狂欢,那些平时对体育漠不关心的人也会投入这场全球盛宴,尽情释放自己对本民族的热情。

人们的共同身份越多,就越容易互相信任与欣赏。心理学博士对心理学博士的认同感,要天然高于对其他学科博士的认同感。法国“浙江同乡会”会员之间会比“中国同乡会”会员之间有更亲近的关系。美国历史上著名的科洛博家族、吉诺维斯家族与甘比诺家族等黑帮家族基本都是由意大利后裔组成,非意裔不能成为家族的正式成员,同乡同种的血亲构成了黑帮联盟的基础。

纽约大学社会心理学家杰·范·贝沃与其研究团队曾通过功能磁共振扫描

技术研究发现,群体认同感是一种非常本能的反应,在实验中,相比看到组外人员的照片,当被试看到同组人员的照片时,其大脑视觉皮层中用于识别面孔的纺锤状脑区与负责情感赋值功能的腹内侧前额脑区将会经历更强的活动(Bavel,Packer,& Cunningham,2008)。另外,大量实验结果证明,无论是儿童还是成人,在行为上总是更容易去模仿那些与自己具有共同语言、种族或信仰的人(Buttelmann, Schieler, Wetzel, & Widmann, 2017; Kinzler, Corriveau, & Harris, 2011。

群体认同不仅会激发内群体之爱,还会导致外群体之恨,外群体总是更容易成为被"妖魔化"的对象。人类有一种潜在的排外、仇外心态,尤其是对于那些在经济或社会地位上处境更居劣势的群体,我们常常会产生强烈的排斥感,而这正是许多阶级矛盾或种族问题的根源。

在19世纪末,随着奴隶制的废除,黑人获得人身自由,但在许多西方国家,有色人种依然会遭受教育、医疗、公共福利以及政治权利等方面的歧视待遇,在种族对立极为尖锐的美国,这一点体现得特别明显。电影《阿甘正传》中有一幕反映的正是美国历史上与种族平权相关的"小石城事件"。1954年,美国最高法院宣布公立学校中的种族隔离制度违反宪法,但在种族歧视严重的南方,一些州拒不执行最高法院的判决。1957年夏天,在阿肯色州的首府小石城,当地教育委员允许9名黑人学生进入小石城中央高中就读。许多白人坚决反对,开学时州长福布斯甚至动用国民警卫队封锁学校,禁止黑人学生入学。于是,德怀特·艾森豪威尔总统派出101空降师来到阿肯色州,强制推行联邦法庭的决定。在全副武装的美国大兵的保护下,9名黑人学生才最终得以入学。

直到20世纪中后期,一些国家的法律仍然严格禁止有色人种与白人同居或结婚,一旦混血儿出生,本着"种族隔离"的原则,政府会把混血儿强行从父母身边带走,送到教会或孤儿院抚养。好莱坞金牌脱口秀演员特雷弗·诺亚是南非人,2016年他出版了自传《天生有罪》,在书中,诺亚主要讲述了自己的童年故事。诺亚是一个在南非种族隔离制度下出生并长大的混血儿,他的母亲是黑人,父亲则是德裔白人。按照当时南非的法律,如果政府发现诺亚的父母生育了后代,他们则会被判五年监禁,而诺亚也会被警察带走。因此,他们三个人的家庭模式非常特殊:诺亚和母亲住在一起,父亲则时不时来与他们相聚,只有在室内诺亚才可以近距离接触父亲。其他小孩都是父母爱的见证,而诺亚却是父母罪的见证。

当面对不同地区、不同文化或者不同民族的其他群体成员时,人们的道德准则似乎会大打折扣。群体冲突会让人们陷入巨大的道德滑坡,军人习惯于在"迫不得已"的情况下,轻松地杀死敌方的平民百姓。仅仅在第二次世界大战中,就发生了奥斯威辛大屠杀、南京大屠杀、马尼拉大惨案、伦敦大轰炸以及德累斯顿大轰炸等人性泯灭的惨剧,更不用说投放在广岛和长崎的两颗原子弹导致十几万平民在瞬间丧生。

屠杀者之所以能够扫清良心障碍,是因为他们有所谓的军人职业素质以及来自上层指挥的压力,但还有一点也很重要:被屠杀的对象是外族人,是"他们"而不是"我们"。对于"异己者"的厌恶和仇恨一直是人类心理系统难以摆脱的毒瘤,屠杀者会为被屠杀的群体贴上"非人化"的标签,这是所有大屠杀的共同点。不过也正因为如此,像奥斯卡·辛德勒与约翰·拉贝那样能够超越群际边界、冒着巨大风险帮助外族成员的人,才被尊称为真正高尚且伟大的英雄。

另外,一旦身份立场发生变化,原来的内群体变成外群体(或相反),人们的情感与认知也会随之急剧转变。1994年卢旺达大屠杀前,胡图族人和图西族人混居在一起,他们都是"卢旺达人",然而,由于总统朱韦纳尔·哈比亚利马纳(胡图族人)意外遇难,在媒体和政府的煽动下,胡图族人展开了针对图西族人的血腥屠杀,一夜间图西族人成了胡图族人眼中的"魔鬼化身"。可实际上,早在16世纪前,图西人和胡图人在卢旺达其实是同一种族,只是图西人是牧民,胡图人是农民,如果放牧的图西人改为种地,他就成为为胡图人了,反之也一样。后来,随着德国和比利时先后殖民卢旺达,在当地推行种族分类政策,才生硬地将原来的农民和牧民"创造"为了两个不同种族,并导致了后来的种族对立。

这也就说明了另一个讽刺的事实:人们对于"自己人"和"圈外人"的分类其实并不需要什么特别的标准。在英国作家威廉·戈尔丁创作的寓言小说《蝇王》中,一群流落荒岛的少年自然而然地分裂成了两个对立的群体,他们分庭抗礼,最后甚至像野兽般相互杀戮。戈尔丁的故事并不是危言耸听,就在他出版《蝇王》的1954年,美国社会心理学家穆扎费尔·谢里夫组织的一项实验似乎完全印证了戈尔丁的警示。

谢里夫和他的助手招募了21名身心健康、家庭背景各方面都十分相似且此前素不相识的11—12岁白人男孩,来到俄亥俄州的罗伯斯岩洞参与一项夏令营活动。他们将这些孩子随机分成两个小队,一组叫做老鹰队,另一组叫做响尾蛇队。在活动的第一个阶段,两个小组彼此不知道对方的存在。进入第二个星期,当两组人第一次发现对方后,便开始出现了对对方进行语言侮辱的现象。实验者为了加剧两组之间的冲突,让这两组男孩参与了一系列的体育竞赛,这些活动激发了他们之间的敌意,很快两组男孩间的语言谩骂就升级为肢体冲突(Sherif, Harvey, White, Hood, & Sherif, 1961)。到此为止,他们和自己憎恶的"对手"认识仅仅几天,与自己的同伴也才认识了不到三周。而造成这一切的,只是将一群男孩随机分成了两组。

群体生活与人类进化

群体生活对我们的影响是全方位的,人类与其他动物最重要的差异应该体现在智力方面,而群居则是人类高度发达的智能得以演化的必要条件。对于灵长类动物来说,群体规模越大,社会复杂度就会越高。灵长类动物社交生活的典型特征是个体要处理同其他成员的关系,同时也要能够识别其他成员之间的关系。因此,随着群体规模的增大,群体内的社交信息也会呈指数级上升。

这就如同三代人生活在一起的大家庭,会比两口之家或三口之家产生复杂得多的人际关系,设想《生活大爆炸》中如果只有莱纳德和佩妮组成的霍夫斯塔特夫妇,这部情景喜剧会多么无聊!在《西游记》的4人小群体中,每个人需要处理与另外3个人的关系,同时还要留意其他3人间的3对关系,考虑到沙师弟比较忠厚老实,悟空意志坚定,师父唐僧实际上只需要关注八戒的思想动态就可以了。但《红楼梦》中的王熙凤就没有这么幸运了,在一个像贾府这样人丁旺盛的国公世家,个体要处理的信息量会暴增,而群体内可能发生的互动方式也更复杂。

更复杂的社会关系需要更复杂的交流系统。对猴、蝙蝠与鸟类等动物的比较研究都显示,物种的社会组织越复杂,发声能力就越精细(Dobson,2009;Gustison,Aliza,& Bergman,2012)。2019年时,纽约大学解剖学家罗德里戈·拉克鲁斯等人在《自然》杂志上撰文指出,人类的面部特征在一定程度上是社交需求塑造的结果(Lacruz et al.,2019)。借助面部的皮肤、骨骼和肌肉,现代人可以展示出 20 余种不同的情绪,其中包括认可、同情和怀疑等非常细微的情感,与其他动物相比,我们每一个人都称得上是“行走的表情包”。而那些生动形象的表情,正是源于人类丰富的社交生活。

群体生活也为人类智能提出了新的认知挑战。社会性动物要面临来自群体内部包括偷盗、抢夺、勒索、强奸与欺骗在内的多重风险,这些肥皂剧中常见的剧情会在真实生活中随时上演,降服野兽容易,但避免同伴的背叛则要困难得多,因为我们要面对的对象是和自己同样聪明的家伙。正如曼施坦因之于朱可夫、拿破仑之于威灵顿——天才指挥家对决时才会激发出伟大的战术。人类的智能同样如此,群居拉开了认知装备竞赛的序幕,而无止境的智力比拼则为人类智能提供了进化驱动力[①]。就像20G的硬盘不可能容纳下上百部高清电影,小脑袋瓜也处理不了庞大的社交信息,面对群居生活开出的试卷,“脑袋变大”似乎是个不错的答案。事实上,我们人类大脑结构中确实有大量的神经通路是用于处理社交关系的。

为了验证社群规模对灵长类动物大脑结构的影响,牛津大学的神经科学团队做了一个有趣的实验,他们将20多只同种猴安置在大小不同的族群中,研究发现,如果猴生活在大族群中,它们的前额叶皮层和中上颞沟的灰质会更多(Sallet et al.,2011)。美国密苏里大学两位心理学家德鲁·贝利和戴维·吉尔里曾搜集了年代分布在190万—1万年前不同地区的175枚远古人头盖骨,测算了这些头盖骨所在地当时的人口密度,分析显示,头盖骨的脑容量与人口密度成正比(Bailey & Geary,2009)。也就是说,人口密度越大,社会互动越丰富,智力的进化选择压力也就越大。另外,英国圣安德鲁斯大学生物学家凯文·拉兰德的研究团队也通过数据分析证明,在所有灵长类动物中,社会学习倾向、脑容量和社会群体规模具有正向影响关系,动物的社会性和大脑经历了共同进化(Street,Navarrete,Reader,& Laland,2017)。

总之,我们人类生活在彼此联系、盘根错节的社会群体之中,社会关系是人类精神生活的中心。从某种意义上说,群体世界要比自然世界更具有挑战性,为了应对群体生活的认知需求,进化选择了大脑体积和功能的增加(Byrne & Whiten,1988)。

① 当然,我们必须要强调,认知装备竞赛本身并不足以形成智能。任何社会性物种都能够开始脑力的逐级攀升,但发展出高级智能还需要其他条件,而人类只是非常幸运地凑巧满足了这些条件。我们在本书第五章会重点阐释这方面的内容。

人类学家罗宾·邓巴的研究为以上观点提出了进一步的证据。人类的大脑分为原始脑、皮层下区域和新皮层三个部分(更多脑皮层分区的内容,详见本书第五章),其中我们与其他灵长类动物大脑的主要差异体现在新皮层。邓巴将猿类的大脑新皮层体积与社会群体规模关联起来(Dunbar, 1998)。他指出,随着猿类群体规模的扩大,会出现许多更复杂的社会关系,而处理这些复杂的社会关系需要更发达的认知能力,这就有赖于脑容量的扩大。因此,大脑的进化其实就是更为复杂的社会性的进化。猿类的社会群体规模越大,大脑新皮层就越大。

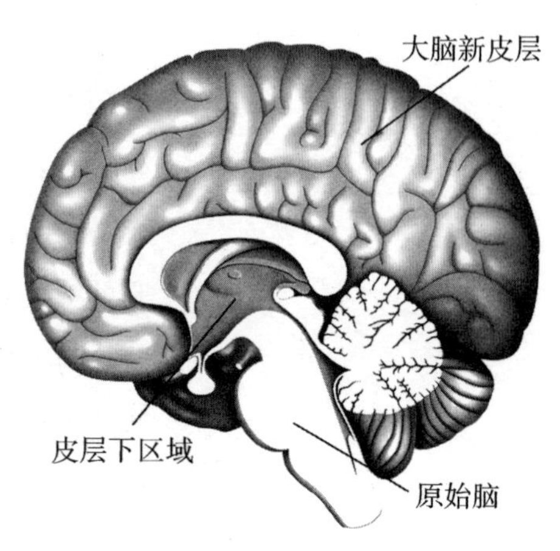

脑皮层分区图

当然,我们将邓巴的观点反过来理解也是可以的,也就是说,对信息和社会关系的协调处理能力限制了灵长类动物的社会群体规模,更发达的大脑才能应对更复杂的社会关系。例如,前额叶皮层与抑制冲动及理性计划的能力相关,它可以使动物对没有立即到手的奖赏保持耐心,同时更好地控制自己的欲望及攻击性,这种能力对于大规模群体生活非常重要。而我们人类大脑前额叶皮层的相对重量在灵长类动物中是最大的,这使得我们可以在群体中更好地克制贪念、保持冷静、避免冲突并同他人分享成果。

邓巴根据人类大脑新皮层面积估算出人类社会群体的规模是150人,这就是著名的"邓巴数字"或"150定律”。150是黑猩猩群体规模均值的3倍,而人类大脑新皮层体积也正是黑猩猩大脑新皮层体积的3倍。“150”这个数字与我们人口动辄上百万的城市差异巨大,可实际上,人类“自然”社区的大小正是150人。统计发现,传统社会的村落、基督教的分教区、原始部落、基层军队的平均规模都是150人左右;个体频繁往来的朋友总数很少超过150人;企业在不设立复杂层级制度的情况下,规模上限差不多也是150人。

在现代社会,我们依靠电子社交网络可以有上千好友,但在网络上能够同我们产生真正互动的往往只有100—200人。邓巴曾对上千名Facebook用户的交友情况进行分析,结果显示,虽然社交媒体呈爆炸式增长,但人们在社交关系网中的人数上限还是大约150人。一个人可能会有几千粉丝,但从社交的角度看,这只是自欺欺人的数据罢了(Dunbar,2016)。

总之,人类是生活在群体中的动物,对社会关系的处理是我们心智的核心组件之一。群体属性是一种魔力成分,它使得文明爆发成为可能(尽管也是它让我们制造了所有恶劣的种族事件)。在科幻小说《裸阳》中,生活在“索拉里星球”的人类个个离群索居,经过长达上千年的筛选、淘汰与培养,索拉里人似乎已经完全“克服”了群居本能,他们从小接受机器人的抚养与照顾,成年后每人都生活在自己的领地,只通过“显影”与他人交流,任何索拉利人终其一生都无法忍受与配偶以外的人发生面对面接触。索拉里看似拥有很高的文明,但实际已“病入膏肓”。主角贝莱对索拉利的评价是:“没有了人与人之间的互动,无论是人生的乐趣、智慧的价值甚至活下去的理由都所剩无几。”

在人类发展的历史进程中,“群居”的意义凌驾于所有发明创造之上。本章的关注点会聚焦于“道德”领域,实际上,我们如今所遵循的社会规则以及道德观念,大部分都是在进化过程中为了适应群居生活而出现的。例如,公正公平可以减少群体内部的矛盾,互惠合作可以使群体最大化获得资源,勇敢可以更好地捍卫群体利益,诚实和信守承诺能够帮助群体黏合在一起,秩序感可以减少不必要的争端，忠诚及服从权威可以保证群体资源最佳配置。另外，死刑、谴责、羞辱、监禁以及驱逐等群体惩罚手段也是道德规范得以建立的保障，群体制裁铲除了恶霸与骗子，减少了像残忍、贪婪、欺骗与偷窃等这些过度自私行为的竞争力，进而使群体成员变得一代代“更加道德”。只有生活在群体中，人们才会发展出道德名誉的意识，与一时的利益相比，良好的道德声誉具有更好的进化适应性，为了获取长久收益，人们必须学会约束和控制自己的行为。可见，社交关系对人性中道德机制的进化施加了全方位影响，我们独一无二的道德感源于群体生活。

道德直觉:超越理性的力量

理性只能是激情的奴隶,除了侍奉和服从激情,不能假充自己尚有别的差事。

——大卫·休谟《人性论》

道德的“情”与“理”之争

道德问题总是让人深深痴迷,在人类历史上,最受欢迎的故事——无论是真实事件还是虚构的戏剧、小说或影视作品——往往都会涉及善与恶的对立。在读到这些故事时,我们都希望看到好人结局圆满、坏人遭到报应。可是,道德是如何产生的呢?

英国哲学家大卫·休谟在1777年提出了著名的“道德的情与理之争”。情与理就是我们所谓的情感与理智、直觉与推理。不道德的事件会让我们感到愤怒、悲哀或厌恶,这是道德的情感成分,我们认为一个人之所以行为高尚,是因为他牺牲自我利益成全他人,这体现了道德判断的理性思考过程。那么道德到底是源于感性还是源于理性?是来自我们直接的、微妙的内心感受,还是来自我们的推理与归纳?

澄清理性与情感在道德判断中的作用是道德研究的基本问题。可实际上，数千年来西方哲学一直崇尚理性，怀疑激情。从柏拉图延续至康德，再到劳伦斯·科尔伯格，许多理性主义者都宣称，通往道德真理的道路是由高贵的理性铺就的，我们运用逻辑理性来权衡是非对错，而具有完美理性的人可以做出更好的道德推理。如果真的是这样，那么天天思考道德问题的道德哲学家至少应该比其他人更有道德。事实果然如此吗？在休谟逝世200多年之后，美国哲学家埃里克·施维茨格贝尔找出了答案，他用民意测验以及秘密调查的方法，评估了道德哲学家们做慈善、献血、捐献器官、及时回复学生问题等良善行为的频率，结果发现，道德哲学家们在这些事情上并不比其他领域的教授做得更好（Eric & Joshua，2010）。可见，思考道德哲学至少在行为上并不会提高一个人的道德觉悟。

休谟在世时没有想到用这个奇妙的点子来论证道德理性多么“不靠谱”，不过他对道德理性的批判态度却很明确。休谟认为，道德判断基于道德情操，“情感”是我们道德生活的驱动力，而推理带有偏见且软弱无力，其主要的功用是服务于激情。也就是说，在道德判断过程中理性必须依附于情感，我们对道德事件会先产生情感体验，而理性只是对情感体验的结果进行解释。

然而，休谟的观点在当时并没有引发人们太多共鸣，在休谟所在的年代，欧洲正兴起以理性崇拜为思想核心的启蒙运动，理性主义战胜了宗教、蒙昧与特权，但也使得有关道德的科学研究越来越偏离情感航道。在道德心理学研究中，理性取向也一度占据支配地位。

在心理学领域，道德问题最早属于发展心理学的一部分。研究者们感兴趣的是儿童如何发展出对规则以及是非对错的认识。瑞士心理学家让·皮亚杰是该领域的先驱者，他发现，儿童的道德判断在不同年龄段会表现出不同的规律。例如，当处于“道德他律阶段”时，儿童只会根据行为的后果来判断行为好坏，在他们眼中，小朋友违反了父母的规定是很糟糕的行为，哪怕这些行为是出于帮助他人的目的。而发展到“道德自律阶段”时,儿童还会看行为的动机,他们会认识到道德判断的相对性。这就说明,随着理性推理能力的发展,人的道德决策也会发生变化。在皮亚杰的基础上,美国心理学家科尔伯格将这一研究传统推向了顶峰。科尔伯格坚持人类的道德发展必须与他们推理能力的发展相一致,是推理决定了我们做出何种风格的道德判断。

在20世纪90年代,心理学的情感革命兴起,越来越多的研究者开始认识到,认识判断并不是绝对理性加工的过程,情绪对思维存在重要影响。情绪是我们与生俱来的重要进化机制,随着进化心理学的出现,许多学者开始逐渐从进化的角度考虑情绪的功能(我们在上一章“互惠密码:博弈的乐趣”中已对情绪的功能进行了部分解释)。情绪是我们大脑的一种快速决策机制,一旦一种情绪在恰当的时刻被引发,它会随即引出最合适的目标与回应手段。例如,当遇到迫在眉睫的伤害时(就像在丛林中遇到一只狼)我们会体验到恐惧感,恐惧感会迅速调节我们身体的新陈代谢系统,让我们做好逃跑或战斗准备,比如分泌大量肾上腺素、加速心跳与呼吸频率等。其中,肾上腺素可以刺激肝脏释放更多葡萄糖,为肌肉提供能量,心跳加速有助于心脏将更多血液供应到肌肉,呼吸急促则有助于摄取更多氧气。许多人工智能专家相信,要想让机器人做到真正的自主行动,就必须在设计中加入一些类似情绪的程序。

这种解释思路也启发了科学家对道德情感的认识。在道德研究领域,当人们开始重新将目光投向情绪时,休谟的观点在200多年后迎来了复辟。心理学家乔纳森·海特则是其中最具里程碑意义的代表人物。

从乱伦禁忌看“道德失声”

海特开启了情绪与道德关系的当代心理学研究。要想理解海特的道德判断理论,可以先看看他编写的一个处于特殊场景下的道德故事:

“朱莉和马克是兄妹,大学放暑假时,两人结伴旅行。有一天晚上,他们两个人住在海边的一个小木屋里。两人突然想尝试一下做爱，因为对他们而言这是全新的体验，他们觉得很有趣。为了确保安全，朱莉服用了避孕药，马克也使用了避孕套。两个人都很享受，但也决定以后再也不这么做了。他们决定将那晚上的事作为两人之间的秘密，这个秘密让他们感觉更亲近了。”

海特指出，大多数人在看到这个故事后都会说这是错误且让人恶心的，但却很难给出合理的解释，因为海特已经在故事中为所有的反对意见都设定了应对策略。有人可能说近亲繁殖会导致畸形，但故事中的兄妹采取了避孕措施；有人认为兄妹乱伦会伤害父母感情，但故事中的兄妹决定保守秘密；有人担心兄妹之后会关系破裂，但故事的结尾已明确指出他们的关系更亲近了。从理性分析，这件事情有利无害，但是人们还是对此表示谴责。

海特将这一现象称为道德失声或道德直觉：人们时常有一种瞬时反应，会感到一种行为是不道德的（或道德的），但却对不道德的理由感到困惑和挣扎。类似的故事还有很多，例如，吃掉自己被车撞死的宠物犬、同动物的尸体交媾、不遵守亲人临终时的承诺等。大部分人在听到这些故事时，会当即判断这是不道德行为，但却很难给出有信服力的理由。这一点非常有趣，我们对生活中自己做出的各种选择，往往都能提出一些自以为是的解释，可在面对这些道德故事时，我们一方面斩钉截铁地表明自己的态度立场，但无论怎么搜肠刮肚，我们也说不清楚自己“站队”的理由。这就说明，道德规范具有难以言说性，一些道德信念会成为信仰者所为之捍卫的原则，只是因为先天的情感与直觉不允许我们触犯这些禁忌。可是，这些天生的道德情感冲动又到底从何而来呢？

从进化的视角看，当我们考虑某些道德倾向的由来时，关注这些倾向会导致的行为结果是至关重要的。毕竟，行为是自然选择直接的评判对象。

早在1891年，芬兰人类学家爱德华·韦斯特马克就提出，为了谨防后代因隐性基因外露而产生遗传疾病危害，人类必须演变出一套避免近亲繁殖的策略。由于我们无法只靠视觉线索自动辨别出谁是自己的嫡亲，于是发展了另外一套阻碍乱伦的心理机制,这种机制让人不会对从小在一起的伙伴或亲友产生性方面的兴趣,在大多数情况下,这种策略足以预防乱伦所产生的生殖后果(Westermarck,1922),乱伦禁忌的生理基础正根源于此。这同时也解释了为什么当人们听到乱伦行为时会本能产生反感,而且这种反感并不会随着后天习得的社会习俗或父母教诲而改变。

如果这一理论是正确的,那么人们对和兄弟姐妹(无论是血亲、收养或者只是玩伴)发生性关系的厌恶感,应该与血缘亲疏程度无关,只与小时候共同生活的时间长度有关。以色列的集体社区为此提供了证据支持,第二次世界大战结束之后,犹太人复国建立了以色列,因为这些犹太人都是从全世界不同地方回来的,一些犹太人根据回归前所在地建立了集体社区,集体社区里的儿童从小就按年龄分组生活在一起,这些人彼此之间的感情非常深厚,却唯独难以摩擦出爱情的火花。在调查的3000个案例中,只有14对夫妻小时候共同生活过,而且他们也都是6岁之后才认识的(Shepher,1983)。这就说明,6岁之前生活在一个环境中的小孩,很难发展出对彼此的"性趣"。

另外,美国人类学家埃里克·沃尔夫对中国台湾地区"童养媳"现象的研究也为上述理论提供了更多证据。在20世纪中叶,台湾地区依然存在包办婚姻的传统。包办婚姻有两种情况:一种是长大之后父母为子女安排结婚对象,夫妻结婚前从来没相处过;另外一种是童养媳,也就是一个家庭从小抚养一名女孩,等女孩长大后就嫁给本家的儿子。沃尔夫研究发现,后一种情况离婚率更高、怀孕率更低(Wolf,1970)。因此,像法国电影《两小无猜》中那种青梅竹马的爱情实际上很难存在,相反,"距离产生美"是更符合现实的爱情哲学。

道德情感的意义

乱伦禁忌只是一个典型例子,许多研究都可以表明在道德判断中情感是比理性更重要的力量。如果道德在源头上是由理性主导的,那么人类的道德规范应当是最聪明、最智慧的那些人发明创造的结果，我们每一个人在出生后都必须花费大量时间才能去学习和掌握这些道德概念，然而研究发现，幼儿在还没有进行任何后天理性教养的情况下，也会拥有一些天生的道德观，并在道德评判中产生情感反应。

例如，不到2岁的儿童在做游戏时，就会对其他小朋友的不公平遭遇感到愤怒或同情（Haidt & Joseph，2004）；10个月大的婴儿就会讨厌并惩罚那些在木偶剧中表现出反社会性行为的木偶（Hamlin & Wynn，2011）；1岁婴儿已经有基本的是非观和评价标准，认为做坏事就要受到惩罚（Ting，He，& Baillargeon，2019）。这些研究足以说明，在道德领域，我们天生就是无师自通的天才宝宝，而个体对某些行为瞬间的道德情感反应正是进化机制的塑造结果。

回想我们在前文中提到过的互惠合作行为，原始社会时我们的祖先生活在小规模社会群体中，在这样的社会空间中，所有重要的生存问题都与他人有关，因而人际关系是道德规范的核心问题。我们的灵长类近亲在社群生活中会尽量调和彼此间的冲突，平抚同其他成员的关系，阻止争吵、促成和平。人类同样如此，我们不会伟大到天生把集体利益摆在第一位，但进化的力量却会将我们向这个方向驱使：随着社会联结愈来愈紧密，共同利益会浮上水面，良好的合作环境可以改善所有人的福祉。因此，人际关系的处理至关重要，我们许多的道德直觉正是源于人际关系的适应性问题。

要理解这一观点，我们可以从道德哲学研究中著名的思想实验“电车难题”入手。设想这一场景：一辆失控的有轨电车正在轨道上飞驰，马上就要到分岔口了，一个方向的轨道上有五个人质被恐怖分子绑在轨道上，另一轨道上只有一个人被绑在轨道上，你在控制室目睹了这一切，但已经来不及救他们了，唯一可以做的是用控制杆变换电车的行驶轨道，选择一个人还是五个人被撞死。

几乎所有人在这种情形下都会选择将失控的电车驶向只有一个人的轨道。但我们再看另外一个场景：一辆失控的有轨电车正在轨道上飞驰，前方轨

电车难题情形一

电车难题情形二

道有五个人质被绑在轨道上,电车马上就要撞死他们。你现在站在人行桥上,旁边有一个很胖的陌生人。这座人行桥在铁轨的正上方,也在那辆电车和那五个人中间。如果把这个陌生的胖子推下桥,他庞大的身躯就可以使那辆列车停下来。这样一来这个倒霉的胖子会死掉,但五个人质会得救。这时你会选择怎么做呢?

当面对这一情形时大部分的被试都表示愿意袖手旁观，并且即使被告知不需要考虑法律因素，他们也认为把这个无辜的胖子推下去是一件非常恐怖的事情。更有趣的是，就连3岁大的孩子都知道其中的差别，我曾用乐高玩具为几个3岁的小朋友表演了改良版的电车难题。他们几乎都承认扳动轨道救人是正确选择，但把人推下桥则不应该。然而，为什么同样是一条人命换五条人命的结果，在不同的场景下，人们的选择差异会如此之大？

部分哲学家认为，解释该矛盾的关键之处在于要注意到人们行为背后的动机。这种观点可追溯到中世纪的经院哲学家托马斯·阿奎那，他认为，追求好结果时的"连带伤害"是可以允许的，但主观性地将"伤害"作为手段则不行。如果将电车难题摆在阿奎那面前，他可能会这样理解：在第一个场景中，杀害一个人是为追求更大利益而无意间造成的结果，个体的目的在于救五个人，只是在做出"变换车道"的动作时，无意间造成了另一个人的死亡，这在道德上是可以接受的；而在第二个场景中，个体是为了追求"救五个人"这种更大的利益而去主动杀害一个人，这在道德上就不可接受了。因此，哪怕两种行为的终极目标是完全一样的，造成的死亡人数也一样，但只要动机不同，道德性质就不一样。

这种解释思路可以推广到更为实际的生活中。例如，日本是这个世界上唯一遭受过原子弹袭击的国家，十几万平民因此死亡，美国当年到底应不应该在日本投放原子弹呢？我们不妨这么想：如果广岛和长崎是日本重要的军事基地，摧毁这两个基地可以尽快结束战争，从而挽救数百万人的生命，而无辜死难百姓只是摧毁军事基地而导致的"附带伤害"，那么这一行动就具有一定的正义性。而如果轰炸广岛和长崎的目标就是摧毁这两个城市，以此来威胁日本投降，哪怕它确实加速了战争的进程，保护了盟军更多官兵的生命，那也是一种恶劣的行为。遗憾的是，第二种情形更符合当年的实际情况，美国使用原子弹轰炸的战略目标不仅在于威胁日本，还在于抑制苏联。

德国哲学家康德在世时还没有电车难题，不过他已经将相关的哲学解释推演到了极致。康德极度尊崇理性,他认为人是世界上独一无二的理性动物,因此我们应该尊重人的独特价值,而不应该去利用人。“人是目的,而不是手段”,在康德看来,任何一种将人作为工具加以利用的行为都是不道德的,卖淫与买卖器官之所以不应该被允许,正是因为这些交易把人当作了被利用的商品。同样地,在电车难题情形二(天桥问题)下,将一个胖子从桥上推下去,虽然是为了救更多的人,但也没有尊重他作为人本身的价值,而是将他作为工具利用了,因此大多数人都不愿意做出这种不道德的选择。

康德的观点已经非常富有洞察力了,可是他的解释更像是对一种道德现象的描述,而不是真正的解释。康德生活的时代没有精确的脑科学研究,甚至当时距离进化论的诞生还有将近一个世纪,如果康德能够知道人在进行道德判断时的大脑过程,想必他对这一问题会有更深刻的见解。

在康德去世200年之后,哈佛大学神经科学家舒亚·格林用实验的方法解决了这一问题,格林用功能性磁共振成像技术对电车难题的参与者进行脑扫描,他发现在选择控制轨道的情境下,被试的背外侧前额叶皮层与前扣带回皮层等脑区会被激活,这些脑区与人的认知加工和理性选择能力有关;而在选择是否从桥上推下胖子的情境下,被试的腹内侧前额叶皮层与杏仁核等脑区会被激活,这些脑区与情绪加工相关。因此,造成后一种情境下大多数人不愿意将一人推下天桥来救五人的原因,在于这种选择激发了被试更直接的情绪感受(Greene, Sommerville, Nystrom, Darley, & Cohen, 2001)。

后来,美国生物学家迈克尔·柯尼希斯等人曾以腹内侧前额叶皮层病变的脑损伤患者为被试进行过电车难题实验,研究发现,这些患者在面对道德困境时做出符合功利主义选择的概率约是其他人的5倍,他们更倾向于对“为了救更多人而将一个人推下天桥”的行为表示赞同(Koenigs et al., 2007)。而加州大学洛杉矶分校的神经科学家马里奥·门德斯与其同事也研究发现,在额颞叶痴呆(会导致情感迟钝)患者中,60%的被试会选择将人推下天桥,而在普通人中,只有20%的被试会选择将人推下天桥(Mendez, Anderson, & Shapira, 2005)。也就是说,如果个体在情绪反应方面存在缺陷,那么由理性主导的实用主义判断会占据上风,他们在面对天桥问题时会比正常人更容易选择牺牲一个无辜者。

格林认为,相比控制轨道的场景,天桥场景更加个人化——参与者需要亲手把一个陌生人推下桥,这正是造成两种场景下人们行为选择及大脑加工模式不同的原因。协调与他人的关系是人类祖先进化过程中必须要面对的重要适应性问题。无缘无故去伤害一个陌生人,很可能会导致被攻击者本人或亲属朋友的报复,为自己带来极大危险。为了尽量避免人际冲突,融入群体生活,我们祖先必然进化出有效的"伤害预防机制"。对于直接伤害一个陌生人这样的举动,人们会有特别敏感的情绪反应。心理学研究曾发现,即便明确告诉被试他们的行为实际上不会给他人带来任何伤害,但当要求他们击打陌生人腿部时,被试还是会外周血管剧烈收缩,表现出强烈的担忧与抵触(Cushman, Gray, Gaffey, & Mendes, 2012)。也正因如此,在天桥场景中,大多数人都不愿意通过直接伤害一个人的方式去拯救另外五个人。

相反,非个人化的选择困境并不是古老社会系统的一部分,在原始社会具体的人际关系环境中,人们极少会遇到"变换轨道以一人换五人"这样抽象的选择场景,大脑对这类抉择并没有预设的情绪反应,而是需要有意识地思考,因此在这种情况下,与抽象推理和问题解决相关的脑区活动会增强,人们会根据理性判断做出救五人的选择。

英国19世纪作家塞缪尔·斯迈尔斯认为,"品德就是力量"比"知识就是力量"具有更高层次的意义。他引用了政治家乔治·坎宁的名言:"我通往权力的路必须依靠品德,我不会尝试其他的途径,而我也满心希望地相信,这条路可能不是最快的,但一定是最稳妥的。"站在进化科学的角度看,道德的力量确实非常重要,道德规则的背后是一个个引导我们人类更好生存与发展的行为策略。那么,为了保障生存繁衍,我们到底又进化出了哪些最为重要的道德倾向呢?

道德模块:社会规则是生存最优解

有两种东西,我对它们的思考越是深沉和持久,它们在我心灵中唤起的惊奇和敬畏就会日新月异,不断增长,这就是我头上的星空和心中的道德定律。

——伊曼努尔·康德《实践理性批判》

天生的道德

乌鲁克君主吉尔伽美什是半神半人之身,他虽然有着超人的力量,却暴虐无度致使民不聊生。于是造物女神创造了另外一位英雄恩奇都,他经过乌鲁克时听闻了吉尔伽美什的暴行,于是向吉尔伽美什发起了挑战,两人的战斗不分胜负。经历战斗后吉尔伽美什与恩奇都结为好友,他们一起踏上了冒险之旅,并在后来联手干掉了树林怪兽洪巴巴以及会带来灾祸的天之公牛,成了民众拥护爱戴的英雄。但后来恩奇都病重而死,吉尔伽美什面对友人的死亡悲痛欲绝,他抱着恩奇都的尸体连哭了七天七夜,直到尸体腐烂才松手。

以上故事出自《吉尔伽美什史诗》,它是世界上现存的最古老的文学故事,

4000多年前它就在苏美尔人中流传，后来在古巴比伦王国时期(约公元前19至公元前16世纪)以文字形式被记录下来。直到今天，这个故事的许多基本元素依然十分流行，例如，坚韧不拔的英雄、为民造福的牺牲精神、反抗暴行的勇气、挑战权威的胆识以及肝胆相照的友谊等，这些主题在各个地区各个时代最受欢迎的故事中都能找到痕迹。这是否可以说明，某些道德特质会受到全世界人民的共同欣赏？正是由于全人类共享一些核心的道德观念，我们才能够理解并享受一个来自遥远时空的英雄传说。

人类学家唐纳德·布朗整理过一份道德清单，他发现在不同文化背景下人们大部分的道德概念都具有共通性，例如，追求公正、换位思考、赞颂慷慨和勇敢、鄙视自私和胆怯、不容乱伦、禁止谋杀与强奸等(Brown，1991)。道德共通性暗示我们，道德规范的形成一定要符合某些特定规律，我们可能很难找到一个鼓励无条件利己的社会，也难以发现某些文化中，将只穿一只袜子这种无聊的行为视为美德。美国加州大学人类学教授克里斯托弗·博姆认为，如果一种行为或规则在各个地区以及各个时期普遍存在，那么我们就可以思考一下这种行为是否具有遗传基础，即是不是“天生”的(Boehm，2012)。

事实上，通过上文对道德直觉概念的介绍，我们已经传递出了一个基本观念：进化是塑造人类道德感的重要力量。杀人不对，贪污不对，虐待儿童不对，不仅因为宗教、法律或时尚文化要求我们不能那么做，还因为我们天生就认为这样的行为应该被禁止。人们可能会说“我不喜欢爆米花电影，但是你要看的话，我也不介意”，但没有人会说“我反对暴力，但是你要杀人的话，我也不介意”。支配我们做出这种反应的正是所谓的“道德直觉”，道德直觉是进化赋予我们的认知及情感的工具，帮助我们更好地适应和生存。

到底有多少道德观念隶属于道德直觉？心理学家海特认为，我们具有五项道德基准模块，分别是关爱/伤害模块、公平/欺骗模块、忠诚/背叛模块、权威/尊敬模块、圣洁/堕落模块，每一项道德模块涉及的美德与劣行都具有跨文化普适

五大道德模块的进化由来及相关心理机制

道德模块	进化起源	相关心理机制
关爱/伤害	在亲子抚养中对幼儿痛苦保持敏感，后来泛化到其他人际关系中	恻隐之心，同情不幸者； 对博爱、仁慈的人心怀敬意； 厌恶冷漠、残暴的行为
公平/欺骗	以合作的形式获得共同利益，解决“欺骗者”难题	对欺骗行为感到愤怒，“以牙还牙”； 自己欺骗他人时会感到内疚与羞耻； 公正感、责任感，对公正的普遍认同
忠诚/背叛	形成和维持同盟（群体生活）的适应性需求	团队精神； 忠于集体的人会得到他人的敬佩和回报； 背叛集体的人会受到他人的排斥和惩罚
权威/尊敬	在群体生活中迅速确定等级与从属关系	顺从权威； 对等级秩序敏感； 尊重传统、制度和规范； 模仿权威的行为
圣洁/堕落	对生物毒害的防御意识，后来扩展到道德领域	排斥、厌恶异端； 对道德堕落产生生理厌恶； 道德圣洁感

性。这些道德基础都来自我们人类祖先在进化过程中的适应性挑战，自然选择偏向于让我们建立这些道德模块，以使我们可以在特定场景下迅速做出正确行为（Haidt & Joseph，2004）。道德模块形成后也会泛化到其他场景发展出新的道德概念，并与特定道德情感产生关联。在这些机制的驱动下，我们会根据自己的社会角色以及所处环境展现出应有的互动模式。例如，面对长辈和权威我们应该表现出尊敬；面对灾民或生活不幸的人我们则应该表现出同情；与朋友交往时我们不能自私自利；对待自己的国家则要绝对忠诚。天生的道德模块决定了我们会接受什么样的道德观念以及认同何种形式的道德规则。

关爱/伤害模块

关爱/伤害模块起源于我们祖先对儿童保护和关爱的需要，照顾生活不能自理的儿童是人类进化中重要的适应性挑战，那些对儿童的痛苦或渴求较为敏感的父母，更能保证自己的后代健康安全的成长。这种特性进化的结果则是，我们会对其他人甚至动物的痛苦有恻隐之心，它使我们鄙视残暴行径，并想要照顾关怀那些遭受不幸的人或动物。心理学研究发现，越是具体的受难形象就越容易让我们动容。对大多数人来说，400万被屠杀的犹太人可能只是一个抽象的数字，但如果他们看过电影《钢琴家》或《美丽人生》，很可能会因为里面男主角的命运而流下眼泪，一个形象具体丰满的犹太难民更能唤醒我们对犹太人的同情。

英国约克大学的考古学家佩妮·斯皮金斯根据化石证据，将过去200万年人类共情心理的发展过程分为3个阶段，其中在前两个阶段，人类祖先的关怀对象由亲属逐渐延伸到社群，那些由于老弱病残而失去生存能力的社群成员，可以获得他人的帮助和照顾。而从10万年前起，我们祖先的共情范围开始超越社群，他们逐渐将关爱扩展到陌生人身上（Spikins，2015）。这种行为如今在人类社会已经成为一种常态，我们总是会对他人的不幸感到难过与悲伤，并愿意伸出援手，分担痛苦。2004年12月26日，印尼苏门答腊以北的安达曼海海底发生了9.3级地震，这是史上震级排名第二的超级地震，地震引发的巨大海啸迅速席卷了印度洋沿岸地区，印尼、斯里兰卡、印度、泰国、马尔代夫、索马里等国家都遭受了海啸的冲击，其中，受袭最为严重的印尼约有24万人遇难。灾害发生后，世界各地的政府与民众都立刻行动起来，通过各种渠道向灾民捐献食品、衣服、医药与帐篷等物资。2005年1月5日中午，欧盟25个成员国的4.5亿公民全体暂停手头工作，为印度洋海啸灾难的遇难者默哀3分钟，人们对灾民的同情已经完全跨越了经济、政治、种族与国家的界限（本章“恻隐之心”中还会有更多关于共情的论述）。

对他人痛苦的共鸣还常常可以成为限制暴力的力量，从20世纪中叶开始，通过激发民众的悲悯之心，从而获得支持并达成特定政治目的，已经成为政治变革的一个常规选项，在擅长使用这种手段的人物名单上，我们可以找到马丁·路德·金、曼德拉、圣雄甘地、昂山素季、塔瓦库·卡曼、鲍勃·迪伦、约翰·列侬以及鲍勃·马利等一串长长的名字。他们在不同领域用自己的行为与作品唤醒了公众对某些弱势群体的关注，推动了社会的进步。

关爱/伤害模块在美德上的表现是怜悯与仁慈，对那些关爱他人、对他人的痛苦能够感同身受的人，我们会由衷地敬佩和赞美。1999年，美国人民曾投票选出了20世纪最受人尊敬的人物榜单，排名第二和第三的分别是马丁·路德·金与肯尼迪总统，榜单之首则是以博爱精神而闻名于世的特蕾莎修女，她以压倒性的优势成为全美国人民心目中的伟人。

公平 / 欺骗模块

公平/欺骗模块起源于合作行为，前文中有关互惠利他的内容已经详细地探讨了其中的逻辑。为了以合作的形式获得集体利益，人类必须在进化过程中解决欺骗、不忠与背叛等问题，“以牙还牙”策略以及与之相配套的道德情感就是一组有效的应对工具。当人们表现出值得信赖或知恩图报的迹象时，我们会感觉到喜悦、欣慰和感激，它促使我们抓住合作的机遇，将共同分享的“蛋糕”做大；当人们企图欺骗或利用我们时，我们会感到愤怒、鄙视和恶心，它促使我们想要避开或惩罚欺骗者，保护自己的利益不受侵害。公平是人类道德系统中最重要、最基础的原则之一，甚至当我们自己企图做出欺骗举动时，也会体验到罪恶、负疚和羞耻感，这些感受可以规范和约束我们的行为，使我们努力维护个人形象，成为遵守社会契约的良好合作者。

对于我们祖先来说，狩猎活动往往需要团队协作，在人类进化史中，道德进化的关键点之一是早期人类对狩猎同伴的挑选，那些更具合作精神的祖先会成为可靠盟友。相互依赖的合作关系为人类心理特征施加了选择压力，在这一过程中，公正感以及与之相关的责任心、负罪感和义务感等心理机制逐渐得以进化。在国家、城邦或文化部落等大规模群体出现前，人类可能并未发展出成熟的道德规则。但至少在几十万年前，我们祖先的行为已开始受到了“公正”这一最基本的道德元素的约束。

1963年8月28日，美国黑人民权领袖马丁·路德·金在华盛顿林肯纪念堂发表了著名的演讲《我有一个梦想》，他在演讲中高喊出：“我梦想有一天，在佐治亚的红山上，昔日奴隶的儿子将能够和昔日奴隶主的儿子坐在一起，共叙兄弟情谊。”这番话就像是扔进火药库的一根火苗，彻底点燃了人们投身平权运动的激情，将黑人民权运动带入高潮。他的演讲之所以能够引发广泛共鸣，正是因为它鞭笞了不公，激发了我们共同拥有的公正感。如果人类内心深处没有对公正的深深渴望，马丁·路德·金即便使用更漂亮的修辞，也不会发挥出如此强大的鼓动作用。

忠诚/背叛模块

忠诚/背叛模块起源于人类的群体生活。在农业和私人财产出现之前，战争就已经是人类社会生活的常见现象了。百万年来，我们的祖先始终面对着形成和维持同盟的适应性需求，稳固的集体才能抵挡来自敌对群体的挑战和攻击。在人科动物的演化史上，发源于非洲的智人（现在人类的祖先）之所以能够成为地球的主宰者，一个很重要的原因是智人可以进行有效的群体协作。进化压力导致我们总是想方设法组成群体，构筑紧密的联盟。

个人主义倾向由于不利于群体竞争，因而不受自然选择的青睐，现存于世的人类都是成功的部族主义者的后代。我们对他人是否具有团队精神非常敏感，忠于集体的人会得到敬佩、信任和回报，背叛集体的人则会受到鄙视、排斥和惩罚。

如今我们生活的社会并不鼓励群体间剑拔弩张,打破群际壁垒、促进群体融合与流动是大多数社会更为提倡的群体关系。然而,与忠诚品质相关的爱国主义价值观和集体主义价值观依然深受人们肯定。体育竞技赛场为忠诚/背叛模块提供了展示舞台,例如,现代足球原本是一种商业行为,但球迷却将球员的“忠诚”视作极为重要的素质。2000年,当葡萄牙球星菲戈由巴塞罗那俱乐部转会到死敌皇家马德里时,巴塞罗那的球迷咒骂他是“犹大”,在日后巴塞罗那同皇家马德里的比赛中,球迷甚至向他扔下了一个猪头。而意大利球星托蒂由于20多年坚守在罗马俱乐部,因此获得了“狼王”的美誉[①],更成了罗马城最重要的象征人物。

我是巴塞罗那足球俱乐部的球迷,在我20多岁的时候,经常会因为“自己的”球队在网上与其他人对骂。我发现,当球迷提到自己喜欢的球队时,最常说的是“我们赢了”“我们输了”,而很少说“他们赢了”“他们输了”。工作后我没有那么多精力去关注所有比赛了,但依然会为巴萨的每一场胜利而感到喜悦。2016—2017赛季的欧冠淘汰赛,首回合0比4落后的巴萨队在次回合竟然6比1实现大逆转,那天凌晨看到巴萨在比赛最后一分钟进了决定结果的最后一球时,一种夹杂着幸福、愉悦、激动、自豪的奇妙感觉瞬间袭来,在那一刻,我真的认为自己的“忠诚”得到了回报。

① 罗马城的城徽是一只狼低头抚育两个婴儿,因此狼是罗马的象征。

权威/尊敬模块

权威/尊敬模块同样起源于人类的群体生活。等级与个体特征无关,它是群体才有的属性,有群体就会有阶级,阶级分化在人类社会中具有普遍性。即便是很小的群体也会存在社会等级,只是有些等级处于非正式状态。例如,在中非共和国西部的阿卡俾格米人部落,虽然名义上没有最高等级的政治领导者,但部落中会有一个"康贝堤"(部落中一个特殊身份的人,虽没有特权,但公信力较高)以微妙的方式影响重大群体决策。语言学分析表明,在所有的文化中人们都会创造出一些术语来描述手握重权、位于更高社会等级或享有特殊声望的"大人物"。

其实,对于任何社会性动物而言,如果每次遇到竞争对手都要拼个你死我活的话,那么这将是一种非常愚蠢和低效的策略,失败者可能会丢掉性命,而胜利者也可能会付出极为惨重的代价。但如果双方一开始就知道孰强孰弱,那么它们就不必将珍贵的时间、能量以及生物成本耗费在打斗上。因此,那些能让它们对自己及其他个体的能力进行评估、并据此确定从属关系的心理机制必然会得到自然选择的青睐,这些心理机制就包括社会等级观念以及对权威的顺从。

例如,鸡群中存在一种"啄序"现象。当一群小鸡被第一次放在一起时,它们会很容易就发生激烈搏斗。不过,一旦这种地位争夺战有了明确的结果,曾经大打出手的对手在往后的日子里就不会再发生冲突,因为胜利者会"心安理得"地颐指气使,而失败者则甘愿俯首称臣。在一个等级森严的群体内,高等级的成员有资格享有更好的食物、居所与性伴侣等资源。如果你往动物园的猴山里扔一根香蕉,而这根香蕉恰好落在两只猴子中间,其中一只猴子八成会爽快(但并不情愿)地主动退出争夺战,不出意外,获得香蕉的那只猴子在社群中居于更高等级。

经典名著《动物农场》英文版封面,奥威尔借一个政治寓言故事剖析了阶级统治的本质

乔治·奥威尔在《动物农场》里曾说过,"所有动物一律平等,但有些动物比其他动物更平等"。奥威尔的讽刺道出了一个基本事实:无论一个社会看起来多么公平,总会有一些人处于支配地位,否则混乱就会接踵而至。阶级分化使得社会组织得以实现,并能让整个群体更有凝聚力,大部分社群成员都可以从有序的领导统治中获益(尽管每个人获得的利益是不均等的)。为了应对社会等级制度的适应性挑战,人类进化出了对社会地位极为敏感的心理机制。心理学研究发现,儿童在很小时就能够对权力等级形成正确的推理,3岁大的幼儿已经可以理解支配关系的传递性。他们明白,如果A屈从于B,B屈从于C,那么C具有比A更高的社会地位(Cummins,1998)。

在具有等级制的哺乳动物中,下层个体会向统治者表现出相似的顺从和尊敬,它们之间的许多行为互动都属于程式化的礼仪,例如,黑猩猩会向首领鞠躬问候并亲吻它的脚,当二者相遇时,首领会趾高气扬地径直走过去,而成员则表现得低声下气,如果黑猩猩成员没有服从这种礼仪,它换来的代价则可能是首领的一顿暴揍。不过,这种礼仪关系并不是永远不变的,正所谓"三十年河东,三十年河西"。当两只雄性黑猩猩之间的支配关系发生逆转的时候——从属者变成了支配者,而支配者变成了从属者——他们的行为互动模式也会发生变化。

对于黑猩猩来说，更高的社会地位一般是通过暴力获得的，但雄性首领并不是只扮演耀武扬威、恃强凌弱的角色，它还在社群中发挥着重要的公共性功能。当群体内产生分歧时，首领要平息争端主持正义，而当群体内出现暴力冲突时，首领也要带头出面镇压，将战斗扼杀在摇篮中。事实证明，如果没有明确的雄性首领，黑猩猩社群会时常爆发内斗。

与黑猩猩的情况相似，人类领袖也需要负责维持秩序和公平，解决群体内的竞争与冲突，而对权威的尊敬和顺从可以帮助个体在等级制内形成稳定的受益关系。在科幻剧《太空堡垒卡拉狄加》中，人类幸存者如果不服从沉稳、睿智又强硬的舰长阿达玛的带领，仅仅依靠自己的力量是无法找到母星地球的。灵长类动物学家弗朗斯·德瓦尔指出："如果没有对等级的确认和对权威的特定尊重，就不可能有对社会规则的认真对待。"

权威对个体虽然具有支配性，不过真正的独裁是非常困难的，任何一个权威或领袖都不可能违背群体的决策，其作用只是帮助群体更快、更有效地达成共识而已。如果权威的一意孤行引发众怒，那么他也会遭受其他群体成员的联合制裁或反抗。例如，在巴布亚新几内亚的巴鲁雅人部落中，如果首领试图随意拿走其他成员的财产，或者想强行与他人的妻子发生性行为，那么他手下的部落成员就会把他交给另一个敌对的部落。也正因如此，许多独裁者独裁统治的第一步其实是迎合群众，即通过煽动或者利益交换的方式来获得群众的支持。

权威的塑造并不需要特殊的力量。有研究表明，在任何一个群体或环境中，地位和支配等级的形成都是非常迅速的。即便是之前素不相识的人，也可以在很快的时间内形成明确的等级关系（Fisek & Ofshe，1970）。

人类社会的权威并不一定是手握重权的"老大哥"，还可能是精通某些知识或技能的专家，甚至是某些组织、政权、宗教以及群体规范和思想观念。人类对某些传统、制度和规范的尊重正是这一进化过程的结果，我们的道德体系中也包含着对这些泛权威的顺从。

后天学习是人类典型的行为特征,我们会寻找那些在某些领域特别成功的人作为模仿对象,自动接受他们的意见与指导。我们更容易听从健美先生的运动建议,更喜欢阅读知名作家推荐的小说,更喜欢将各种成功人士在自传或电视节目上分享的人生经验作为自己的行动指南。有研究发现,当学龄前儿童不知道如何正确使用一个物品时,他们倾向于从两个成人中选择看起来具有更高社会声望的那个人作为效仿对象(Chudek,Heller,Birch,& Henrich,2012)。由此可见,这种机制也不需要特别培养。

有趣的是,人们对权威的尊重有时会导致他们表现出过度模仿的倾向。当一个人与权威聊天时,他会不自觉地模仿对方的动作、说话频率以及面部表情。美国肯特州立大学的两位社会学家曾分析了拉里·金[①]在《拉里·金现场》与嘉宾交谈时的声音模式,该研究选取了25期节目。他们发现,当拉里·金采访拥有极高社会声望的权威时(如传奇影星伊丽莎白·泰勒、美国总统老布什和比尔·克林顿),他会无意识地配合嘉宾的讲话频率。而在嘉宾社会声望不及拉里·金的情况下,他们会不知不觉改变自己的频率来适应拉里·金的节奏(Gregory & Webster,1996)。

权威往往能对个体产生非常强大的心理震慑力,导致个体做出过分屈从的行为。在著名的"米尔格拉姆电击实验"中,即使学生在实验前被告知高压电流电击会致命,而另一名被电击的学生在不停哀号(实验员假扮

① 美国最负盛名的主持人,也是美国第一个真正享有世界声誉的脱口秀节目主持人,他主持的《拉里·金现场》曾是CNN(美国有线新闻网)收视率最高的节目。

的)，只要一个貌似是科学家的专家不停下达指令(也是实验员假扮的)，超过一半的学生最后都会为被电击者施加致命电流(Milgram，1974)。在另一项模拟裁判的实验中，当评判对象是比自己地位更低的人时，60%以上的参与者都能指出违规者，而当评判对象是比自己地位更高的人时，只有20%的参与者能做到这一点(Cummins，1998)。这也提醒我们，虽然支配关系总是无法避免，但被支配者应该时刻对支配关系保持警惕，责任和义务才是权力最应该兑现的东西。

圣洁/堕落模块

圣洁/堕落模块起源于人类对疾病的对抗，这可能是所有道德模块中最难以理解的。人类属于杂食动物，杂食的优点显而易见，我们不需要像熊猫或考拉一样，只能靠竹子或桉树叶为生。在迁移到各种新环境时，人类可以灵活地选择食物，寻找到稳定的热量来源。但杂食性也有致命缺陷：新食物可能有毒、含有细菌或寄生虫，并不适宜食用。因此，杂食动物必须在探索新食物的同时又对它们保持警惕。人类的恶心与厌恶感正是为了应对这一困境而进化出的防御机制。当接触到具有潜在危险的食物时，适当的负面情绪可以使我们远离它们，保障自身的安全。

除了来自食物的威胁外，当早期原始人开始群体生活时，彼此之间受到传染的风险也大大提高了。即使在现代社会，来自人与人之间以及人与动物之间的传染也极度危险，沙门氏菌、炭疽杆菌、埃博拉病毒、猪瘟病毒、禽流感病毒等都是威胁人类生命安全的杀手，自然选择要求人类必须进化出对生物毒害的防御意识。而恶心与厌恶感则可以充当有效的行为免疫系统，使我们尽量回避肮脏的病人、腐烂的尸体、寄生虫以及粪便。

会诱发疾病的污秽物一般具有气味或者其他可觉察的特征，我们的大脑总是在环境中搜寻包含这些特征的“有害物”，例如，发霉了的食物、粪便、垃圾桶中溢出的垃圾和污水、腐烂的伤口、身体分泌的各种黏液等，一旦感受到类似刺激,大脑会立刻触发厌恶感,使我们远离疾病传播的途径,避免与这些媒介产生物理接触。你可能愿意和一个道德上有严重瑕疵的人——比如,玩弄女性的花花公子——聊上几句,却不愿意和一个有狐臭的人坐在一起。尽管我们可能钦佩后者的智力和人格,但却会从生理上排斥他。

由于“污秽探测机制”通常的运作原则是“宁可错杀一千,也不放过一个”,这就会产生很多误报,许多对个体无害的刺激,如畸形、同性恋、异装癖、肥胖等,也会引发个体不恰当的厌恶感(Park, Faulkner, & Schaller, 2003)。另外,在这种天然防御机制面前,理性能起到的作用非常有限。大多数人都会觉得,一只实验室培养出的无菌蟑螂与厨房里“野生”蟑螂一样令人恶心,如果将一只无菌蟑螂在饮料里泡一会儿,他们会拒绝再饮用这瓶饮料。一些以昆虫为原材料制作成的食物营养水平很高、绝对安全且极其美味,可依然有许多人敬而远之,他们认为这样的食物让人完全无法忍受(Oaten, Stevenson, & Case, 2009)。

性别差异研究为厌恶感与毒病防范之间的关系提供了佐证。照顾婴幼儿的职责多数由母亲承担,她们在保护自己的同时还要防范后代免于疾病侵扰,研究证明,与男性相比,女性对污秽物更为敏感,她们对可能携带病菌的物质会产生更强烈的厌恶反应(Aunger, 2004; Curtis & Biran, 2001)。

另外,种种研究表明,厌恶感就像直立行走或语言一样,是自然发展就会出现的特征。婴幼儿可能会触碰各种“恶心”的东西,他们并不介意用沾满鼻涕的手去拿东西吃,或咀嚼从大人嘴中吐出的食物。然而,这种情况在童年早期阶段会忽然发生变化,就好像某个开关瞬间被打开了,儿童开始变得跟成年人一样,对世上许多事物都产生厌恶感(Rozin, 2010)。实不相瞒,我其实是个地地道道的昆虫美食爱好者,小时候我的女儿看到我吃炸蝗虫或者炸豆蝉时也会同我一起大快朵颐,可在她3岁多的那个夏天,我们在云南旅游时,我问她要不要试一下当地著名的“虫子宴”,她马上露出了惶恐和鄙夷的表情,并坚定地表达出了敬而远之的决心。

厌恶感虽然最初来自我们的生理防御机制，但它很容易被道德化，在很多文化中，人们都会使用厌恶或肮脏的隐喻来表达对道德堕落的排斥，如“不堪入目”“蝇营狗苟”“腐化”“糜烂”“污言秽语”“让人作呕”等，与之相对应，干净纯洁则是美德的象征。我们会赋予某些事物以圣洁的意象，并保护它们免受亵渎，如旗帜、十字架、教堂、英雄雕塑等。肮脏与圣洁正是道德的两端，如果没有恶心、厌恶感作为道德情感的基础，我们也就不会有圣洁的感受。

“肮脏类比”是将外群体妖魔化的最常见的手段，卢旺达大屠杀时，胡图人将图西人描绘成蟑螂，而在纳粹的宣传海报中，犹太人则是携带危险细菌的老鼠。当一个群体被贴上了“肮脏”或“不洁”的标签时，人们对他们的怜悯就随之消失，这也是导致战争中普通人也可以轻易犯下暴行的原因。

在众多宗教中，“清洗”都是常见的宗教仪式。人们似乎认为，清洁身体可以净化灵魂。例如，基督教传统的受洗仪式要求教徒身体浸入水中，为婴儿洗礼时也要用圣水去擦拭婴儿。许多影视作品会用“清洗”来象征洗掉罪恶，实现重生。在电影《肖申克的救赎》中，男主角安迪就是在一个风雨交加的夜晚成功越狱的，他从管道里爬出来的时候，用整个身体迎接雨水，代表着他完成了自我救赎。

电影《肖申克的救赎》经典海报，借雨水冲洗隐喻重生

有意思的是，清洁与道德认知机制之间似乎还存在更深一层的联系。多伦多大学的钟辰博已经证明，在填写问卷前被要求洗手的受测者，会对道德纯洁相关的问题（比如色情和吸毒）更为严苛，也就是说，清洁身体会让我们更注意守护道德纯洁（Zhong & Liljenquist, 2006; Zhong, Strejcek, & Sivanathan,

2010);其他研究还证明了其逆向过程:不道德会令人们想要变干净,在研究中当被试被要求回想自己的道德过错时,他们会产生更强烈地清洗自身的愿望(Lee & Schwarz,2010)。研究者将这种现象称为“麦克白效应”,原因是在莎士比亚的经典戏剧《麦克白》中,麦克白夫人怂恿其夫谋杀邓肯国王之后便对“水”和“清洗”疯狂着魔。

人类的道德感独一无二

道德模块意味着,人类天生就准备好了以某种被限定的方式对道德问题做出反应。要理解这一点,我们可以先想象这样一个问题:是否有些东西我们很容易就学会,而有些东西我们则可能永远都学不会?答案是肯定的,学会赞美勇敢很容易,学会赞美胆怯则几乎不可能;教人害怕蛇很简单,教人害怕花朵则很困难。因为在我们祖先的生存环境中,蛇是一种危险,而花不是。我们天生就准备好了学会对蛇产生恐惧,但没准备好去学习对花的恐惧。实际上,在现代都市生活中,汽车要比蛇危险得多,每年车祸死亡人数要远远大于被蛇咬死的人数,汽车才是目前最可能伤害到我们的东西,但我们却很难形成对汽车的恐惧。同样,道德模块的先天性表现为,有些美德可以很轻易地被习得,有些则不行。例如,学会痛恨贪污很容易,而学会珍视这种行为则很困难。

总之,经过后天的引导和教化,人们很容易就会形成基本的道德规则。在人类历史上,对违规行为的制裁与对遵守规范的奖励推动了自我驯化的过程,导致我们进化出了强烈的规则感。儿童总是直觉地认为世界是由规则统治的,即便他们还不知道具体的规则是什么,而一旦他们将社会规则内化为自己内心的秩序和目标,就可以更好地适应社会生活。

德国马克斯·普朗克研究所的研究人员曾以3岁幼儿为被试进行了一系列关于规范建构的实验。实验的参与者包括儿童、一个模仿对象以及另一个实验员用手控制的名为马克斯的玩偶。实验开始时,模仿对象在儿童面前演示了对一些物品的操作方法，这些东西儿童之前都不太熟悉。之后，马克斯又过来使用这些物品，它的使用方式其实完全合理，只是用到的方法或步骤与模仿对象不一样。这时候大部分孩子会立即指出马克斯的“异常”行为，并要求马克斯改正自己的做法。要知道，在实验中没有任何实验者要求这些儿童去纠正他人的行为，他们之所以会去反对马克斯，只是因为他们自发地认为马克斯违反了规范(Schmidt, Rakoczy, & Tomasello, 2012, 2013)。而更早之前的研究发现，儿童在游戏中可以快速学会正确的道德行为(例如向不幸者捐赠)，他们会把形成的道德标准强加于他人，并会将类似的行为扩展到其他环境中去(Bryan & Walbek, 1970)。这些研究都说明，我们天生有一种规则感与秩序感，通过观察别人，儿童会自发地推测出社会生活中应该遵守的规范，不规范的行为会使他们生气，并促使他们向其他人推行正确的行为。

道德感是一种复杂的生存策略，这种策略似乎是人类所独有的，其他灵长类动物也具有群体生活的规则，但这些规则并没有内化为深切的情感感受。实验室中的黑猩猩了解自己某些行为的后果，它们对“正确与错误”的行动有模糊的认识，但它们不会因为做了错事就面红耳赤、羞于见人。许多社会性昆虫非常富有牺牲精神，它们行为的无私程度要远远超过我们人类。不过，它们不但没形成内化的良心，甚至没有发展出自我意识。

人类的道德感在自然界是独一无二的，它能充当情感的催化剂或抑制剂，引导我们培养声誉，不迷失自我。在大多数情况下，与道德模块相关的情感主导了我们的道德行为，同情、感激、愧疚、愤怒与鄙视等情感正是无数或大或小的善行的根源。马库斯·图利乌斯·西塞罗说过，对于道德的实践来说，最好的观众就是人们自己的良心。当做出良善举动时，我们会感到满足与自豪，这种奖励激励我们一如既往；当违反道德规则时，我们则会感到不安、羞耻与惭愧，这种感觉提醒我们，眼下的行为会导致严重社会灾难，危害我们自身。正是道德的进化功能让我们更好生存，远离麻烦。

多元价值:道德风味并不单一

社会也是这样,它的进化和活力,是以种种偏离道德主线的冲动和欲望为基础的,水至清则无鱼,一个在道德上永不出错的社会,其实已经死了。

——刘慈欣《镜子》

道德规范的文化差异

至此,我们已经分析了道德感、进化与生存策略的关系,但我们必须强调,这并不意味着人类所有的道德规则都是“天生”的,道德规范具有文化建构性,它会受到环境和历史的影响,甚至人类在一定时期拥有的价值观可能会与最初促使道德产生的力量背道而驰,就像路德维希·维特根斯坦曾做出的比喻:道德爬上了进化的梯子,然后把梯子一脚踢开。

不过,由于道德模块的限制,不是任意道德规范都可以长期稳定地存在的。道德模块就像是拼图,当我们手中的拼图全是多边形时,我们可以拼出各种有棱有角的图案,但不可能做出圆形。同样,一个社会的道德规范可以多种多样,但依然要以我们天生的道德模块作为基石。不同的文化将道德模块灵活地结合或再塑造，这也就导致了道德规范的文化差异。

例如，权威与等级在古代印度表现为种姓制度，而在欧洲则表现为贵族与平民的阶层之分。在女权主义盛行的西方，男女双方处于对等地位，甚至一些已婚妇女也可以在"开放婚姻"的名义下自由结交情人；但在父权社会中，女性生活仍然由男性权威主宰，阿拉伯妇女甚至会因为暴露自己的脸部而感到羞耻。在某些集体伦理文化盛行的国家，集体身份（如团队、公司、家庭、班级等）是人的第一身份，履行集体赋予的义务和责任是重要道德原则，甚至有时个人利益会被完全淹没在集体中（如"二战"时期的德国法西斯主义、日本军国主义）；而在个体伦理文化占主流的国家，社会的基本单元是个体而非集体，以集体要挟个体并不值得称颂，平等、自主以及实现自我这些概念才具有神圣意义。

在上述这些对比中，任何一方可能都因对方的道德语言与自己的差距而感到不可思议。在一种文化环境下被视为美德的行为，在另一种文化环境下可能引发咒骂或责罚，无论多么理所当然的规则，在不同文化背景的人眼中也可能变得古怪而蛮不讲理。

不过，承认某人属于不同的文化，在某种程度上能够放松人们对他的道德限制，文化碰撞甚至可以成为幽默的原材料。电影史上最卖座的浪漫爱情喜剧是《我盛大的希腊婚礼》，这部电影中核心的笑料都来自美国与希腊的文化冲突。在成龙的电影《尖峰时刻》中，主角是来自香港和洛杉矶两个行事风格迥异的警察，他们被迫在一起联合办案构成了影片的最大卖点。而在电影《波拉特》中，好莱坞著名脱口秀演员萨莎·拜伦·科恩饰演了一位去美国考察学习的哈萨克斯坦主持人，他在电影中尽情地调侃美国人为了刻意容忍不同文化，是如何任凭一个异国访客胡作非为的。

迈向道德多元化

道德模块形成于我们祖先在更新世晚期时面对的生存环境，在现代社会中,选择的场景已经发生了变化,因此道德模块的走向也可能会发生变化,这其中最明显的改变在于道德自由主义力量的逐渐壮大。自由主义者对"忠诚/背叛""权威/尊敬"以及"圣洁/堕落"模块相关的道德规则不屑一顾,而几乎将全部关注放在"关爱/伤害"和"公平/欺骗"上,他们相信道德最重要的意义就在于防止伤害和保证公平。

自由主义导向的价值观以平等、公正、自治、自由和合法权利为基础,摆脱了权威、集体和神明的束缚。自由主义对个人选择极为宽容,在自由主义者看来,一种行为只要不伤害其他人的权益和福祉,就不应该被视为道德违规,这其中就包括很多为传统社会所不容的现象,如亵渎神明、同性恋、吸毒以及卖淫等。即便在西方社会,自由主义也没有在意识形态上占据统治地位,但如今确实没有任何主流的保守政治家还会像几十年前那样,打出传统、权威、凝聚力或者宗教的旗号,为种族隔离、性别不平等、歧视同性恋等行为进行辩护。这说明起码在某些社会,道德资源已逐渐从集体、权威和圣洁领域撤离,人们开始对"公平"投以更多的关注。

以同性恋为例,在传统社会,同性恋在许多地区被视为一种道德沦丧现象,而如今,越来越多的国家开始对同性婚姻持开放态度。截至2019年,实现同性婚姻合法化的国家或地区达到30个。社会文化相对保守的塞尔维亚尽管并不承认同性婚姻,但当地人对同性恋的态度十分宽容,2017年上任的布尔纳比奇总理就是同性恋。2019年,她的"太太"基祖蒂奇通过人工授精怀孕,诞下了一名男宝宝,许多媒体与个人都向她们表达了祝福,这正反映了多元化的道德价值观在现代社会的发展。

道德多元化在一定程度上源自现代社会组织和生活方式的改变,道德模块起源于我们祖先在远古时代的群体生活,这种生活方式贯穿整个狩猎采集与后来的农耕时代。在小社会中,所有人都相互熟识,彼此间的评价和交往是全方位的,每个人面临的食物获得、婚丧嫁娶、同伴交往、教养子女等问题也是类似的。这就会导致同一社群的成员在习俗、价值取向和道德观念上趋于高度的同质化,所有成员都被同一套伦理规范严密地包裹在一个封闭系统中,个人在任何方面的违逆都可能使其成为反制者,从而遭受来自群体的排斥甚至惩罚。

在现代社会,人与人之间的互动更多是以一种非人格化的方式展开,交往双方通常只需要了解对方的某一方面:商业伙伴关心的是合作者的产品质量和履约能力,银行关心的是贷款人的收入前景和信用记录,雇主关心的是雇员的工作经验和专业水平,教师关心的则是学生的成绩和品行。个人虽然依然受到社会规范的约束,但不同关系圈看重的品格不同,多种多样的社会关系以及交往方式为多元道德提供了生存的土壤。

道德是主流人际互动方式的体现

在科幻大师阿西莫夫的经典科幻小说《我,机器人》中,所有的机器人必须遵守"机器人三大定律",其中第一定律是"机器人不得伤害人类,或坐视人类受到伤害"。书中一个机器人"rb-34"在极其偶然的情况下获得了"心灵透视"的功能,它能捕捉人类的心理世界。当人们向它提问时,为了避免提问者的心灵受到伤害,"rb-34"会故意撒谎以迎合对方。但当"rb-34"得知"谎言"也会伤害人类时,它陷入了巨大选择冲突,因为无论是说实话还是说谎都会违反第一定律。第一定律就像一条铁箍一样让"rb-34"寸步难行,最终它精神崩溃,成为一堆废铁。这样的事情会发生在人类身上吗?我们当然也会面对道德困境,不过好在大多数情况下我们都能审时度势,灵活地处理道德选择。道德规范会限制和引导人类的行为,但在本质上它是生存策略,并不像"机器人三大定律"那样完全不可逾越。

总的来说,通过了解道德的进化科学研究,我们可以产生对道德乃至人性更深刻的理解,道德并不是客观存在的一种规范,它是人类在进化过程中发展出的适应性策略。在科学家眼中,道德的核心问题不是对与错,而是"为什么”。人类会在不同的时代、不同的资源条件下产生不同的互动行为,当我们把一个社会最主流的行为特征总结归纳出来后,就形成了道德。因此,道德的重点不是一个人做了什么,而是大家一起共同做了什么。

例如,在卡拉哈利沙漠的加纳桑人部落中,由于食物来源比较充沛且稳定,人们倾向于储藏食物,很少会将食物与亲属之外的人分享,这种行为在当地不会招致任何非议;但同样是在卡拉哈利沙漠,昆桑人部落的食物来源则非常不稳定,因此他们会把捕获采集的食物共同分配,共享食物在该部落是一种普遍行为,违反这一规则的人声誉会严重受损。再例如,在大多数社会的大多数时间,人与人之间的互相伤害都被认为是一种不道德行为,可当我们祖先面临食物严重短缺的时候,个体之间的竞争加剧,在这种环境下人们不但会互相伤害,甚至会互相残食。复活节岛的岛民就曾因为缺乏蛋白质补给,有过以人为食的历史,但在当时这种行为可能并没有任何的不道德之处。在刘慈欣的科幻小说《流浪地球》中,当整个地球都陷入生死存亡的时刻,每一个人类个体都要零部件化,效率是第一原则,人道主义精神不再具有任何意义(可惜在同名电影中,主创却放弃了这一精彩的世界观设定)。

总之,环境或生存条件的差异会激活各个时期、各个地区及各个群体不同的行为倾向,在不同的资源条件变化中,道德就像人性一样,也可以展现出丰富的一面。

恻隐之心:闪耀的人性之光

所有人是一个整体,别人的不幸就是你的不幸。所以不要问丧钟是为谁而鸣,它就是为你而鸣。社会是一艘大船,所有人都在同一艘船上,当船上有一个人遭遇不幸的时候,很可能下一个就是你。所以,永远不要对别人的不幸和苦难无动于衷,雪崩面前没有一片雪花是无辜的。

——欧内斯特·海明威《丧钟为谁而鸣》

1939年9月,德军在两周内攻占了波兰,纳粹下令拘捕了波兰全境的犹太人。按照当时党卫军的规定,企业可以以低于市场平均工资的费用向政府雇佣廉价犹太工人(酬劳交给政府),于是一些商人借此大发战争横财,奥斯卡·辛德勒便是其中一员。然而,随着后来惨绝人寰的大屠杀的进行,辛德勒越来越不能容忍纳粹的凶残,他对犹太难民产生了深深的同情。为了解救犹太难民,辛德勒以高额的价格将他们一个个从党卫军那里赎出。在第二次世界大战结束前,一共有1200多名犹太人在辛德勒的保护下幸免于难,但他本人却已经倾家荡产,后半生穷困潦倒。后来,澳大利亚作家托马斯·基尼利将他的故事改编为小说《辛德勒的名单》，1993年犹太裔大导演史蒂文·斯皮尔伯格又将这个故事搬上了大银幕，拍摄出了一部可以载入史册的伟大电影。

耶路撒冷城外的耶德瓦森犹太大屠杀纪念馆前有条“正义大道”，这条路的两侧种了6000多棵树，每棵树都代表着一项外族人不计代价帮助犹太人的事迹，“辛德勒的名单”自然也位列其中。即使在20世纪最残酷的战争阴霾中，辛德勒的形象依然闪耀着人性的光辉。有人认为，辛德勒这样的利他行为无疑证明了上帝的存在，因为只有上帝才能在生物的头脑中植入如此高尚的道德原则。我们先把上帝的问题放到一边，通俗来说，驱使辛德勒做出这种英雄举动的，其实是他对犹太人的“恻隐之心”。恻隐之心在人类身上绝不少见，而且在大多数情况下都会引发人们的无条件利他行为（尽管很少会达到辛德勒这样的程度）。

美国洪堡州立大学的研究者曾对在纳粹大屠杀中救援犹太人的欧洲人进行过调查，其中37%的救援者认为自己的动机是出于对犹太人悲惨命运的同情（Oliner & Oliner，1988）。2008年中国汶川大地震时，超过20万名志愿者在第一时间从全国各地奔向地震灾区，在每一处废墟争分夺秒地参与营救。2015年6月，一张3岁小难民死在海滩边的照片登上了欧洲各大报纸，此后整个欧洲对难民的态度发生了彻底转变，十几个大城市爆发声援游行，民众责令政府应收容更多的中东难民。根据谷歌的统计结果，这张照片发布后欧美社会对叙利亚战争的关注热度持续了整整一个月，与此同时，社会各界对叙利亚难民的慈善捐款也大幅增加。

德国马克斯·普朗克研究所的科学家曾通过实验证明，共情是与生俱来的，没有任何文化教养的婴儿也会自然流露出这种情感反应。研究者在实验中创设了两个场景，在第一个场景中，一个成人有意抢夺并撕碎另一个成人即将完成的画作，在第二个场景中，破坏者只是从一个成人面前拿走白纸并撕碎它。实验主试让18—24个月大的婴儿观看这两种不同场景，结果发现，虽然受害者并未表现出任何情绪波动或反应，但在第一种场景，也就是受害者受到了实质性伤害的情况下，婴儿会面带表情地注视受害者更长时间，他们对受害者有更强烈的关注。后续研究还发现，只要提供合适的机会，婴儿就会主动去帮助受害者（Vaish，Malinda，& Tomasello，2009）。

达尔文曾在日记中记录了自己的儿子威廉的同情心的发展轨迹，他发现在威廉6个月大的时候就能感受到他人的痛苦并做出反应，当保姆假装哭泣时，小威廉会流露出忧伤的表情，而在2岁时，他已经会因为帮助别人而感到沾沾自喜。有一天3个2岁半的小朋友在我家玩医生扮演游戏时，我突发奇想甩给了他们一个“难题”，我的问题是，如果他们必须要拿针头去刺痛一个人，可以是自己，也可以是小伙伴，他们要如何选择。虽然有一个小朋友有些犹豫，但他们3人的最终答案却非常一致：相比伤害其他人，他们更愿意选择伤害自己。我当然知道这不是一个严格的实验结论，但这的确直观地展现了幼儿内心的“善良小天使”。

总之，在各种文化背景中，悲天悯人与救难解危都是常见的行为，而且这种行为反应是自然存在的，并不是文化或社会实践的结果。不过，人类是唯一具有同理心的动物吗？

动物的同理心

1982年时，大导演雷德利·斯科特将菲利普·迪克的科幻小说《仿生人会梦见电子羊吗》改编并拍摄成电影《银翼杀手》，这部电影如今已成为科幻电影史上一座不朽的丰碑。在电影中，仿生人由于寿命太短，缺乏足够的社会互动，因此无法发展出共情反应。但男主角罗伊却在垂死之际对一直追杀自己的戴克动了恻隐之心，在他拯救戴克的瞬间，也完成了人性的升华，于是成了比人类更加具有“人性”的仿生人。将恻隐之心作为区分人类和仿生人的标准，这当然是个天才般的想法，不过，它可能在无意中夸大了这种心理特征在自然界的特殊性。

实际上,感同身受的现象在很多动物身上都能发现。20世纪60年代研究者就发现,如果大鼠按压杠杆获取食物时,会造成身旁另一只大鼠遭到电击,它就不会继续按压杠杆。也就是说,大鼠能感受到其他个体遭受的痛苦,为了不伤害到同伴,它们可以抵制食物的诱惑(Church,1959)。当以猴作为实验对象时,实验中的猴甚至可以为了保护同伴不遭受电击而忍受十几天的饥饿。另外,一些动物不但能够懂得同类的困境和痛苦,还可以为对方提供帮助与安慰,例如,海豚会把受伤的同伴托在水面上以便其呼吸;鲸鱼会通过撞翻捕鱼船解救被困的同伴;大象可以用鼻子将垂死的其他大象拉到安全地带,并温柔地触摸对方以缓解其痛苦。

2016年,发表在美国《科学》杂志上的一篇文章揭示了一个有趣现象:将两只草原田鼠放在一个笼子里培养感情,几周后将一只田鼠带走,对它施加电刺激,之后再将这只田鼠放回笼子。如果这只田鼠没有表现出焦虑,另一只田鼠则没有特别反应;但如果被电击的田鼠表现出了焦虑,另一只田鼠会迅速而强烈地为它梳理毛发,以安抚对方的情绪。因此,田鼠也会充当义务治疗"创伤后应激障碍"的心理医生(Burkett et al.,2016)。

更有甚者,有的动物还可以将自己同情心的范围扩大到其他物种。座头鲸有时会救助被虎鲸猎杀的海豹或灰鲸。家庭饲养的宠物狗会在主人痛苦时,将头靠在主人的手或膝盖上以抚慰对方。1986年8月,英国一个5岁的小男孩在参观泽西动物园时不小心掉进了大猩猩的围栏里,大猩猩是一种领地感很强的动物,一些大猩猩被这个从天而降的不速之客吸引,立刻围了上来。周围所有人都为小男孩的性命捏了一把汗,不过这时一头名叫扬波的银背大猩猩迅速跑到男孩身边,它发出示威的怒吼将其他猩猩驱离,把已经失去意识的小男孩保护了起来。当小男孩醒后,扬波又将所有的大猩猩赶回它们的笼舍,以方便工作人员将小男孩救走。扬波堪称猩猩界的超级英雄,几年后扬波去世,动物园专门为它雕塑了铜像,以纪念它的英勇行为。

科学家推测,动物感同身受的共情能力大约在1800万年前开始出现,当哺乳动物进化出亲代养育行为时,需要准确地接收到后代发出的疼痛等情感信号,于是原始的共情就出现了。当共情能力出现以后,它可以迁移到亲代养育环境之外,并在广泛的社会关系网中起作用。这是因为,准确识别同伴的情感,尤其是负面情感,可以迅速察觉和评估环境中存在的风险。例如,当一只鸟发出尖叫时,其他鸟如果能感受到叫声中的恐惧,就知道危险来临并可以迅速做出应对;当我们看到同伴吃了一口蘑菇后恶心的表情,我们不用亲力亲为也能想象出它的味道,这对生存极为有利。

同样,从进化角度看,人类的共情感也源自亲代养育的天性,并在祖先漫长的互惠合作历史中得以发展。同理心的性别差异为这一解释提供了佐证,研究发现,男女两性在很小时就会表现出共情能力的性别差异,女孩儿对他人的情绪更为敏感,并更能体察关怀他人的痛苦,原因大概在于女性的同理心对养育后代更为重要(Baron-Cohen,2005)。同理心一旦成为固定机制,范围就会逐渐扩大,发展到某个程度后,同情并帮助别人的行为本身就变成了目标,当个体帮助他人时,大脑会分泌更多的多巴胺,使我们产生愉悦感。因此,内在生理系统会强化鼓励我们去关怀他人。

强大的同理心可以让我们祖先准确感知其他同伴的痛苦,使他们能够分担压力,更加亲密地凝聚在一起。因此,同理心也是互惠、分享及群体生活得以实现的心理保障。另外,共情其实也是一种有效的社会学习机制,婴儿可以根据其他人的情绪反应来理解全新的刺激。实验研究发现,当婴儿遇到新环境或者新事物时,会看向母亲或身边其他的大人,并根据大人的情绪反应来调整自己的行为。如果这些大人给出积极的反应,例如微笑以示鼓励,他们就会选择继续大胆地接触新奇对象。但如果大人表现出了恐惧或担心的情绪,他们就会选择暂停行动(Kim,Walden,& Knieps,2010; Stenberg,2010)。

“感同身受”真的会发生

同理心的社会起源不难理解,不过这种功能具体是如何实现的?动物不具有人类复杂的认知能力,它们没有办法通过推理揣测其他动物的心境,因此,如果人类的同理心与动物的同理心在本质上是一致的,那么我们一定有一种更直接的方式体察他人的情绪,而不需要通过语言交流或理性判断。镜像神经元的发现为揭开这一奥秘提供了最重要的线索。

1996年,意大利帕尔马大学贾科莫·里佐拉蒂的研究团队发现,恒河猴的前运动皮质F5区域存在一种神经元,当恒河猴做动作时,这些神经元会被激活,而当恒河猴看到其他猴做动作时,这些神经元也会被激活,科学家将其命名为“镜像神经元”,这一名称的含义是,通过这种神经元,观察者的大脑可以瞬间模拟被观察者的动作。后来研究证据显示,人类也具有镜像神经系统。里佐拉蒂指出,人类正是凭借镜像系统来理解他人的动作意图,同时与他人产生情感共鸣的(Rizzolatti & Craighero,2004)。

镜像神经元的发现具有非凡意义,它说明社会动物的互相交流可以存在于非常基本的层次上,这远超出了科学家以往的猜测。情感理解是一种完全天生而且会自动发生的现象,在通过镜像系统理解他人感情的过程中,观察者经历了同被观察者一样的神经生理反应和情绪状态,从而启动了一种“感同身受”的体验式理解。19世纪美国女诗人埃拉·惠勒·威尔科克斯曾写过:“你笑,全世界都跟你一起笑;你哭,却只有你一个人在独自哭。”这句话看来只有前半部分是正确的。

就像一条琴弦的振动会导致另一条弦振动,形成共振现象一样,情感的鸣奏也会引起同步声响。我们生来就准备感受他人的欢乐或痛苦:亲人打电话时焦虑的声音会让我们瞬间心情紧张,室友的抑郁好像让房顶始终笼罩着一片乌云,欢快的笑声能使周围所有人感到心情愉悦,葬礼现场悲恸的氛围则会让与死者不熟悉的人也潸然泪下。如同幼儿学会站立步行一样,同理心也是自然出现的。

当然,镜像神经系统为我们理解共情机制提供了最重要的线索,但除此之外,我们大脑中许多脑皮层也参与了共情加工,具体包括内侧前额叶皮质、眶额皮层、岛盖部、额下回、尾侧前扣带皮层、前脑岛、颞顶联合区、后颞上沟、顶下小叶以及顶下沟等部位。这些脑皮层主要具有推测他人感受、捕捉情绪线索、自我感知以及自我反省等功能,在它们的共同作用下,我们总是可以快速捕捉别人的情绪,并对其感同身受。

为了检验情绪感染效应,德国心理学家罗兰·诺伊曼和弗里茨·斯特拉克进行过一项有趣的实验,他们想要探求的问题是,人类情绪模仿的自动化程度到底有多高,在没有意识参与的情况下这一过程是否还会发生。在研究中,他们让被试听一段录音,录音内容是一个陌生人用开心、难过或中性的语气念枯燥的哲学文章,被试听录音时还要完成其他任务,这是为了使被试不将注意力转移到录音内容和声音情绪上。之后被试要阅读同样的文章,结果发现,被试朗读时会自动模仿之前录音中开心、难过或中性的语气,而且他们确实感染了同样的心境,但他们却没有意识到自己的变化(Neumann & Strack,2000)。种种证据显示,人类在很小时就拥有了情绪感染机制,在新生儿护理房间内,一个婴儿的哭泣很容易带动其他婴儿一起哭泣,而其他嘈杂的噪声则不会引发这种反应(Dondi,Simion,& Caltran,1999)。

情绪感染的例子在我们日常生活中处处可见,恐怖片的一大要素是主角必须也表现出惊吓反应,这样才会强化观众的恐惧体验;在体育比赛现场,即便完全不了解比赛规则的人,也很容易受他人的影响成为万众狂欢中的一分子。其实,中国大陆五花八门的综艺节目为情绪感染机制提供了极为丰富的演示素材。2012年暑期《中国好声音第一季》开始播出,在海选阶段,来自吉林的编曲人金志文唱到最后几句时声音开始哽咽,导师杨坤在金志文还没有做介绍时就

人类具有非常强的共情能力，同时也容易发生情绪“传染”

跟着一起哭了起来，杨坤的解释是他觉得对方是个有故事的人。有这种经历的人不在少数，在那一刻，人们一定是感受到了某些特定的情感。

除了情绪外，我们还可以直接感受到他人生理上的痛苦，这也是同理心的来源之一。疼痛也是一种可以共享的体验，当看到电影《电锯惊魂》系列中五花八门的酷刑时，观众也会毛骨悚然、不寒而栗。2004年时，神经科学家塔尼亚·辛格在《科学》杂志上发表了一篇研究报告，他们在实验中对被试施加疼痛刺激，被试的男友或女友则坐在一旁观看这一过程，同时所有人都接受功能性磁共振扫描。研究发现，当情侣中的一位遭受电击时，被打者的感觉体验的相关脑区被显著激活，包括后脑岛、刺激躯体感觉皮层、感觉运动皮层以及前扣带回尾部，但观察者和被打者与疼痛知觉相关的脑区也被激活了，包括扣带皮层喙部、双侧脑前岛、脑干以及小脑（Singer et al.，2004），这说明，观察者是通过“知觉”而不是“推理”了解到了对方的痛苦。对他人痛苦的共情有时也会产生一些消极结果，例如，某些特定行业的从业者由于经常接触遭受苦难的人，因此他们会产生严重的心理问题，比如急诊科医生和刑侦人员。

无心之人

情绪知觉与情绪感受是联系在一起的，如果个体的情绪加工系统出现神经损伤，那么他们也就失去了识别他人情绪的能力。例如，杏仁核脑区与恐惧情绪的产生有关，加州理工学院拉尔夫·阿道夫斯的研究小组发现，双侧杏仁核损伤的患者缺乏恐惧体验，虽然他们在智力上可以理解哪些情况是令人恐惧的（如得了不治之症、面对罪犯），但他们却无法从他人的表情、声音或动作中识别出恐惧情绪（Adolphs et al.，1999）。许多冷血的变态者之所以缺乏同理心，正是因为他们的大脑情绪系统出现了故障，他们很少能感到内疚与羞愧，不知道何为“良心不安”，也不会对他人的痛苦感到同情，这导致他们能够轻易地做出伤害他人的举动。

1966年8月1日，美国前海军军人查尔斯·惠特曼携带7把枪登上了堪萨斯大学奥斯汀分校的一座塔，他向塔下扫射，14人被枪杀，而在此之前，他还杀害了自己的母亲和妻子。法医分析发现，惠特曼大脑中靠近杏仁核的区域存在一个小肿瘤。一些精神病专家推测，可能正是恶性脑瘤的原因，导致惠特曼无法控制自己的情感和行为。2019年，德国马德堡大学的精神病学家贝恩哈尔·博格特和同事利用磁共振成像（MRI）和电子计算机断层成像（CT）扫描研究发现，162名暴力型罪犯中有42%的人至少存在一个异常脑区，125名非暴力型罪犯中有26%的人存在异常脑区，而在52名普通人中这个数字只有8%（Schöne et al.，2019），因此大脑异常似乎更容易解释一个人对其他人做出的犯罪行为。

在日本推理作家贵志祐介的小说《恶之教典》中，主人公莲实圣司是一个外表帅气可亲、举止优雅谦和的高中教师，然而，莲实的天使外表下却有着一颗不为人知的魔鬼之心。他无法感知别人的情绪和痛苦，因此可以毫无负担地做出任何残酷冷血的行动。贵志祐介在书中称莲实是“真实之恶”“极致之恶”，是没有“心”的人。让人感到难过的是,在生活中,我们总能找到与这种虚构故事相一致的真实案例。

1988—2002年,甘肃省白银市先后发生多起强奸残害女性的系列杀人案件,在此期间,内蒙古自治区包头市昆仑区也发生过类似案件。犯罪分子作案手段十分残忍,不仅强奸、杀害女性,还用刀切割女性生殖器官及其他人体组织等,受害人中年龄最小的仅8岁。此案在当地造成严重恐慌,被公安部列为督办案件。尽管各级公安机关全力侦破此案,但案件迟迟没有取得实质性突破。直到2016年3月,公安部刑侦局开展疑难命案攻坚行动,在极为巧合的情况下,警方利用Y-STR基因检测技术顺藤摸瓜,最后终于找到了当年的真凶。官方对他性格的描述包括:冷漠、不易冲动、情绪稳定,这正是一个不会理解他人痛苦的“无心之人”。

值得一提的是,科学家目前已确定包括单胺氧化酶A基因(MAOA)、血清素转运基因(SLC6A4)、精氨酸加压素受体1A基因(AVPR1A)以及大麻素受体基因1(CNR1)在内的一些基因会影响个体的共情水平。当然,并不是说基因问题一定会腐蚀个体的共情能力,同理心匮乏往往是生物学因素与环境因素混合作用导致的结果,基因异常的个体如果出生成长在情感剥夺的环境中,遭受过父母或其他亲人的虐待、冷落、折磨、辱骂及其他伤害,则会更容易成为同理心匮乏的“无心之人”(Baron-Cohen,2011)。

另外,许多情况下个体的“共情缺失”只是暂时的,或只是针对某些人,强烈的愤恨、对复仇的渴望或盲目的冲动都会阻断共情,导致个体可以没有负担地对他人做出残忍举动,这正是凶杀、抢劫、强奸、刑讯及恐怖袭击等恶行能够得以存在的原因之一。

独特的共情

人类的同理心还有一点非常与众不同,即我们无须与他人面对面就可以感受其痛苦。因为人类具有高度发达的认知能力,通过聆听他人的故事,阅读相关文字等方式,我们可以想象他人所处的困境,进而激发我们的道德情感。《汤姆叔叔的小屋》《雾都孤儿》《1984》《正午的黑暗》《伊万·杰尼索维奇的一天》《扶桑》《西线无战事》《杀死一只知更鸟》《红杜鹃》《白鲸》《防兔篱笆》等文学作品都曾经激起人们的同情心,唤起公众对某些受害人的关注,如果没有这些书籍,那么受害人和他们的苦难很有可能会被社会遗忘。

除文学作品外,电影、戏剧与歌剧也会以同样的方式引发我们的情感体验。《泰坦尼克号》中杰克和罗丝的死亡别离、《天堂电影院》中老放映员艾费多留给多多的吻戏剪辑胶片、《情书》中男藤井树对女藤井树沉静纯真的单恋、《美丽人生》中父亲为儿子在集中营编造的谎言游戏……大多数人看到这些感人至深的情节时,都会泪眼盈盈。我们感同身受的能力让我们很容易对故事中的人物产生代入感,在观看《教父》时,大部分时刻都会把电影中那个虚弱又威严的老头当作维托·柯里昂而不是马龙·白兰度;在观看《至暗时刻》时,我们会为丘吉尔艰难的处境感到焦虑,但不会想到加里·奥特曼的命运。文艺作品的魅力依赖于人类的感受性,如今,发达国家文化产业总值占GDP总量的15%—30%,如果我们没有同理心与想象力,这些经济产业也将不复存在。

遗憾的是,我们不是对所有人的痛苦都会有所回应。许多研究都证明,共情是具有偏见性的,人类倾向把最大的同理心保留给“自己人”(亲属或具有共同社会身份的人,例如相同的种族、团队),而当目睹讨厌的人遭受痛苦时,人们甚至会感到愉悦。例如,许多极端的球迷很愿意看到敌对球队的球员受伤。这一点也比较符合互惠利他理论:共情的功能之一是增强个体的社交联系,因此我们更容易对熟悉的、相似的、具有潜在互惠关系的亲友或同伴产生共情。

苏黎世大学神经科学家格里特·海因的团队在2010年发表的一份研究报告为这一理论提供了强有力的支持。研究者通过脑成像技术,观察了16名瑞士足球球迷对疼痛的共情反应。在创设的实验情境中,被试会看到据称是己方球迷或对手球迷的人承受痛苦。研究发现,当被试看到自己主队的球迷被电击时,他们大脑中与疼痛体验相关的前脑岛区域会有显著激活,就像被试自己在亲身遭受痛苦一样,但当被试看到对手球队的球迷被电击的时,他们的前脑岛区域几乎完全没有反应。另外,当被问到是不是愿意替对方承受一半的电击时,大部分被试都只愿意代替自己主队球迷承受电击,而不太愿意为对立球队球迷做出同样的事情(Hein, Silani, Preuschoff, Batson, & Singer, 2010)。

不过,这种偏好并非永远不变。在历史上,人们对待外群体曾经一度非常残忍,如奴隶制、大屠杀、集体阉割、强奸等,但这些现象在当今世界绝大部分地区都已经消失了,原因之一就是我们越来越把"圈外人"看作需要同情的对象。甚至在世代对立的"死敌"之间,如以色列与巴勒斯坦、印度与巴基斯坦、希腊与土耳其等,我们如今也能看到一些脉脉温情的场景。正如《世界人权宣言》中所说的那样:"人人生而自由,在尊严和权利上一律平等。他们富有理性和良心,并应以兄弟关系的精神相对待。"

大多数人可能都不知道,达尔文还是一个动物保护主义者,他曾经起草过一份关于动物福利的法案,该法案后来被一名自由党议员里昂·普莱费尔引入到国会。《普莱费尔法案》是全世界第一个真正保护动物权益的法案,这项法案于1875年通过,此后动物实验只有在有合理科学依据或科学价值的情况下才被允许,同时,当动物可能产生痛苦时必须要为它们实施麻醉处理。如今,各个学科都有针对动物实验的伦理规范,这些规范对动物权益的保护虽然比1875年时更严格,但它们仍然是以《普莱费尔法案》为基础的。许多人讽刺这种做法太矫情,但更广泛的同情心恰恰是人类文明进步的标志。对痛苦和血腥的反感让人类文明的底线在一点点"提升"。在这方面,"五十步"完全有资格理直气壮地"笑百步",任何一点进步都是值得肯定与颂扬的。

同情心的进步并不需要有某种神秘的驱动力,它在部分上源于进化中的利益博弈作用。如我们多次提到的,自人类进入现代文明之后,各个地区间的人互相依赖彼此协作的程度越来越高,不断扩张的贸易圈也拓展了我们的道德圈,我们不可能既憎恨一个人,还同他保持良好的互惠关系。我们会听美国的音乐、阅读英国的小说、看日本的动画、欣赏西班牙的绘画,随着越来越多的人纳入到了我们的小世界,"人类"的整体性愈发凸显,同情心的扩展也就是自然而然的事情。

总之,就像自私是我们人性中固有的一部分一样,人性中也包含着善的因子,我们对他人的不幸怀有深深的同情心,同情心是人类最美好的品性之一,也是进化过程赋予我们的最宝贵财富。共情是一种超强的黏合剂,小到家庭关系的破裂,大到民族或国家间的冲突,都可以在共情的作用下得到愈合。

实际上,我们已经谈论过许多人性中的矛盾现象,例如忠贞与背叛、暴力与和平、竞争与合作、利己与利他。我们生来就具有各式各样的倾向,演化是一种辩证过程,在两极化的世界里,每一种特征都隐含了相反的特征。人类能够大规模残害自己的同类,但人类同理心的深厚广博在其他动物身上却又前所未见。自然选择的淘汰作用形塑了我们最卑劣的一面,却也造就了我们崇高的道德情操。

艺术之美:新战场旧使命

在满地都是六便士的街上,他抬起头看到了月光。

——威廉·萨默塞特·毛姆《月亮和六便士》

至此,我们已经基本解释清楚了人类道德心理的进化由来以及未来可能发生的演变。道德感是自然界中人类特有的体验,当我们按照道德规则行事时,会产生积极的自我认同。除道德之外,人性中其实还有另外一种会让我们时常自我感觉良好的成分,那就是艺术审美。

共通的艺术之美

我们能对艺术的美进行精确定义吗?奥古斯特·罗丹的话道出了审美的奥秘:“生活并不缺少美,但缺少发现美的眼睛(或耳朵)。”我们每个人对美的感受是不一样的,有人会对亨利·马蒂斯的绘画极为着迷,有人却觉得那简直一团糟;有人喜欢庄严恢宏的音乐会,有人听到一半就想离场。不过,艺术审美的共同性要远大于差异性,许多艺术之美可以跨越时间与空间的距离被不同时代不同地区的人欣赏和赞美。

正如休谟所说:“品味的一般原则在人性中是统一的。”1000多年前风靡大唐的诗歌如今依然为人所传诵;文艺复兴时的莎翁戏剧现在依然是剧场的宠儿;泰姬陵、龙门石窟、金字塔、千里江山图以及西斯廷教堂的穹顶画……站在这些人类艺术史的杰作面前,所有人都会感到内心的震撼及愉悦;在20世纪80年代末,港台地区的流行音乐开始进入大陆,这些“靡靡之音”与大陆传统的“红色歌曲”风格差异巨大,但却让大量年轻人陶醉其中。或许并不是所有的人都能够欣赏沃尔夫冈·阿玛多伊斯·莫扎特的音乐,但很少会有人将《安魂曲》当成是乱七八糟的噪声。

艺术创作和艺术欣赏活动充满世界每一个角落,而且它们的基本形式差异并不大。在所有的人类社会中,人们都会跳舞、歌唱、设计首饰以及表演戏剧,儿童在1岁前就开始对舞蹈和音乐产生兴趣。考古学研究发现,澳大利亚的原住民在5万年前就在岩石上进行绘画了,而红赭石至少在10万年前就被用作了化妆品。对艺术的热爱深入我们的血液,或者用生物学的术语来说,根植于我们的基因和大脑。研究发现,美好的视觉与听觉刺激会促使大脑分泌多巴胺,使我们产生愉悦感(Ashby,Isen,& Turken,1999),因此,我们大多数人都是艺术这种“毒品”的成瘾者。

人类进化中的艺术革命

艺术是如此美好,其他动物也会沉醉于艺术中而无法自拔吗?灵长类动物学家珍妮·古道尔曾记述,她目睹过一只黑猩猩先是在瀑布旁疯狂舞蹈,之后又坐下来安静凝视瀑布,可能当这只猩猩看到壮阔雄浑的大瀑布时,也产生了像我们人类一样心潮澎湃的内心感受。许多养狗的人曾表示,他们的宠物犬是音乐发烧友,《今日美国》进行过一次调查,发现宠物狗会偏爱特定风格的音乐,其中以节奏较为舒缓的乡村音乐、轻音乐和怀旧音乐最受欢迎,许多狗听到歌曲时甚至会发出嗷嗷的叫声与音乐相应和。另外,研究发现许多物种和人类一样有着特定的视觉偏好。德国的伯恩哈德·伦施教授测试了四种动物(卷尾猴、长尾猴、寒鸦和乌鸦)对不同图案的喜好,在几百次测试后,伦施发现这四种动物都更喜欢线条稳定、有规则、对称以及部分重复的图案。似乎,动物也是有一定的艺术审美能力的(Gazzaniga,2008)。更有趣的是,动物不但具有美学感受,甚至还会从事艺术创作。一些黑猩猩在经过人类的指导之后,可以学会用彩笔绘画,虽然它们的作品看起来并不像真正的图画,但却非常自得其乐。从某种程度看,黑猩猩已经具备了顶级艺术家才有的某些素质:它们很享受绘画过程,并画出了一堆谁都看不懂的东西(Fouts & Mills,1998)。

至于人类艺术的发源历史,其实并不太容易探寻,因为许多较早出现的艺术形式(如舞蹈、音乐等)是无法在历史中保存下来的。晚期直立人制作手斧时会选用视觉效果更美的砾岩而不是更简单实用的燧岩作为材料,这说明他们对石斧的外观是比较在意的。另外科学家还发现,某些斧头从来没有被使用过,它们或许就是作为观赏器具而存在的(Dissanayake,1988)。不过,虽然这些证据中出现了一些艺术设计感,但是它们的美学价值似乎非常有限。然而,在距今3万—4万年前人类突然发生了一次史无前例的艺术大爆发,他们开始绘制图画、雕刻塑像、佩戴首饰。这一时期人类艺术成就的直接证据来自某些保存完好的史前洞穴。

1994年,三位探险家偶然发现了位于法国阿尔代什大峡谷的肖维岩洞,该洞穴的岩壁上有早期人类以赭石为原料精心绘制的上千幅壁画,绘画内容包括洞熊、披毛犀、犀牛、猛犸象以及狮子等十几个物种。其中,许多图画呈现的是动物快跑、怒吼、搏杀或者摇头晃脑的动态景象,给人以生机勃勃的感受。这些画作线条优美,形态逼真,具有细微的明暗变化,它们虽经岁月侵蚀,却依然能够给人们来极大的视觉撼动。其中,一副壁画描绘的牛头人身像与巴勃罗·毕加索的名作《牛头怪少女》极其相似,这两幅画没有互相抄袭的机会,它们见证了跨越上万年时空的艺术灵感。

肖维岩洞壁画

考古学家最初认为肖维岩洞壁画是大约1万年前的作品，然而，后来他们对壁画木炭痕迹的放射性碳素进行了检测，结果让人大吃一惊。原来这些壁画竟然创作于两个不同的时间段，年代分别距今3万年和3.5万年，这比当时已发现的拉斯科洞穴、阿尔塔米拉岩洞以及科思奎水下洞穴壁画都要早得多。因此，肖维岩洞壁画被认为是人类已知最古老、保存最完好也最具历史意义的史前绘画遗址，它们见证了我们祖先大脑中惊人的艺术创造力与想象力。无独有偶，最早的动物或人物雕像也恰恰产生于这一时期。

2019年，来自澳大利亚与印度尼西亚的一个联合科研团队在《自然》杂志上刊文称，他们在印度尼西亚苏拉威西岛的一处洞穴中发现了绘制于4.4万年前的洞穴壁画，壁画内容是多个同时具有动物和人类特征的“半兽人”在合作捕猎猪和水牛，画中的人物与动物体型比例并不写实，说明早在4万多年前，人类就拥有了丰富的艺术想象力和创造力（Aubert et al.，2019）。

人类历史的艺术革命可能与我们大脑前额叶皮层发生的某些变化有关。动物的审美总是与快乐兴奋等情绪联系在一起的，而人类在判断某一事物是否具有“美”的特征时，不但与情绪相关的脑区会激活，与理性认知及逻辑推理功能相关的大脑前额叶皮层也会激活（Cela-Conde et al.，2004）。而前额叶皮层正集中了我们与其他动物最大的脑结构差异。我们会为各种图像、音乐、雕塑、绘画、舞蹈赋予意义。从这一方面看,我们人类与其他动物在审美意识上依然具有本质区别。

艺术是竞争力的指示器

不过,我们该如何解释艺术呢?毫无疑问,我们祖先在狩猎采集时代就已经开始了艺术创作,当时他们要经常面对饥饿、寒冷和野兽的压迫,日子不算好过。可在并不闲适的生活中,人类祖先却产生了艺术表达的冲动。这种行为究竟给了我们什么进化优势?难道我们的祖先在地上画出惟妙惟肖的画作后,就可以引起豺狼虎豹的惊叹与佩服,进而免于被它们吃掉?还是优美的韵律或曼妙的舞姿可以让部落更加团结紧密,从而使他们在一次次部落冲突中胜出?一些科学家认为,尽管艺术在大多数文化中都存在,且可以令人愉悦,但艺术审美并不具备独特的适应性功能。不同于情感和道德这些功能性心理机制,艺术更像是人类进化过程中的副产物。

史蒂芬·平克指出,艺术有一种重要的附加功能,即展示自身的竞争力。虽然艺术作品大多没有实用价值,但它们在彰显社会地位与身份方面却非常有用。正如我们在第二章所阐释的,财富、权力与社会地位是男性在性资源竞争中的重要武器,然而,银行账户和职业信息可没法写在脸上,因此,我们需要其他道具来满足自己的炫耀需求,而奢华的艺术品正是绝佳选项(Pinker,1997)。这就解释了为什么许多艺术品都是由艰巨的专业劳动加上稀缺材料制造出来的,因为这正是自身实力的体现。早在5万年前,我们的祖先就已经开始利用兽骨、兽牙、晶石、贝壳以及珍珠等材料制作首饰,据考古学家推测,一副牛骨项链可能要耗费单个智人整整一年的时间才能制作完成。因此,如果我们某位祖先可以戴着一副这样的项链在部落中大摇大摆地闲逛,那么或者他是一名高效的捕猎大师,因此才有很多闲暇时间可以专攻于艺术品创作,或者他在部落中具有极高的地位，可以享受其他人的“供奉”，部落中的少女理所当然会对他一见倾心，项链成了竞争力的良好指示器。

成交价4.5亿美元的达·芬奇作品——《救世主》

2017年香港苏富比拍卖会上，一只容量不超过50毫升的明代成化鸡缸杯拍出了2.8亿元人民币的天价，不过比起全世界艺术品的成交记录，这实在不算什么，在同年11月，市面上唯一可售的达·芬奇作品《救世主》进入了纽约佳士得拍卖会，最终，这幅画以4.5亿美元的价格落槌，更令人惊讶的是，整个拍卖过程竟然只有20分钟，也就是说，那些富有的竞拍者在提高报价时并没有犹豫多久。实际上，自古以来，最优秀的艺术总是与财富和地位紧密相连，艺术是上层社会所炫耀的奢华消费，它们会被民众疯狂模仿，从而使得上层社会再去索求其他暂时无法被模仿的东西。一旦某种艺术被普罗大众接受，它们就再也不属于精英，从而也不再被认为是顶级的艺术了。某种审美情趣一旦递延到社会各个阶层，它可能就会成为艳俗、浮华、呆板或者寒酸的代名词。

英国艺术理论学教授昆汀·贝尔在其对时尚的经典分析著作《人类服饰》中表明，时尚的规则是“设法看上去像在你之上的人；而如果你处于顶端，就设法看上去和你下面的人有所不同”。在500年前，一幅惟妙惟肖的肖像画可能被认为是艺术精品，但现在没人会觉得素描算什么艺术品。中世纪时中国瓷器也堪称顶级工艺品，欧洲的王室贵族纷纷以拥有瓷器为傲，然而，在工业革命之后,虽然现代化的陶瓷工厂可以成批量生产各式各样的精美瓷器,但瓷器在艺术层面的价值却一落千丈。原因很简单,随着瓷器因为价格低廉而飞入寻常百姓家,它们失去了“财富指示器”的功能。

同样的规律在动物世界也非常常见,例如,“贝氏拟态”现象(发现者是19世纪英国博物学家亨利·沃尔特·贝茨)就是其中的典型代表。对于鸟类等昆虫捕食者来说,一些具有毒性的蝴蝶“口感”非常糟糕,在尝过这些蝴蝶后它们会把经验进行推广,尽量避免再捕食同类蝴蝶,而这些有毒的蝴蝶往往会进化出特征鲜明的花纹,花纹的目的正是为了警告捕食者。不过,其他蝴蝶在选择压力下也会逐渐进化出相似的花纹,成功的模仿者可以减少被鸟类捕食的危险(对鸟类来说它们实际味道不错)。可一旦当这种模仿被泛化后,类似的色彩和花纹就不再能传递警告信息了。有毒的蝴蝶又会演化出新花纹,之后又被其他蝴蝶模仿,如此循环往复。正如在艺术领域,底层民众总是试图追赶上层社会的审美趣味。

另外,除了直接买卖艺术品外,某些上层阶级为了彰显自己的社会身份、扩大自己的影响力,会特别资助一些艺术家或艺术活动,而这很可能最终成为全社会的福音,例如,在文艺复兴鼎盛时期,意大利的美第奇家族充当了许多艺术大师的庇护人,罗马和佛罗伦萨许多名垂青史的建筑、雕塑、绘画和壁画,都是在美第奇家族的资助下,由桑德罗·波提切利、达·芬奇、米开朗琪罗、拉斐尔、多那泰罗和提香等艺术大师完成的,辉煌灿烂的文艺复兴文化与美第奇家族的哺育密不可分。与美第奇家族齐名的还有斯克洛文尼家族、布兰卡齐家族、埃斯特家族、巴尔贝里尼家族、法尔内塞家族以及后来的罗斯柴尔德家族、威尔顿斯坦家族、摩根家族和洛克菲勒家族等,这些大家族资助或收藏了他们所在时代最伟大的艺术作品,深深影响了美学的发展走向。通过这些大家族,艺术和财富组成了完美联姻,在很大程度上,人类艺术史正是有钱人审美趣味不断变迁的历史。

艺术品不但可以让拥有者绽放光彩，对创造者和鉴赏者来说同样如此。艺术鉴赏力并不是可以凭空产生的，它需要通过反复接触、锤炼与学习。在古代，只有王公贵族和豪商巨贾才有条件花费大量金钱与时间深入了解一门艺术。因此，艺术素养往往也是财富、地位和实力的体现。想象19世纪时，你在伦敦的街头听到一个人就“尼德兰音乐”“巴洛克建筑”或“新古典主义绘画”等话题侃侃而谈，你会认为他需要为明天的早餐奔波劳累吗？此外，除了像凡·高这样少数人之外，大部分艺术家可以依靠才华兑现财富，例如，文艺复兴三杰之一的米开朗琪罗就是个要钱不要命的工作狂，他一生不知疲倦地承接艺术品订单，在死后留下了等同于今天30多亿英镑的巨额遗产。

心理学家杰弗里·梅勒认为，艺术创造或艺术修养是一种求偶策略：一种依靠自己的脑力给潜在求偶对象留下深刻印象的方法（Miller，2000）。换句话说，艺术可以让一个人充满魅力。贝多芬、歌德与毕加索丰富的情史是这一观点的最好佐证。现代艺术创始人毕加索曾先后有过7位公开的情人，这些情人全部被毕加索画入了作品中，毕加索每一次感情的迸发都伴随着艺术风格的转变。有趣的是，1965年毕加索接受了前列腺手术。在这之后一年多的时间里，停止了荷尔蒙分泌的毕加索再也没有画过油画。

美之秘典:审美有规律可循吗

当音乐和音乐的回响流入虚空,虚空便不再空虚。

——约翰·罗纳德·瑞尔·托尔金《埃努的大乐章》

审美的规律

平克的观点解释了艺术之所以能存在的心理基础,然而除此之外,我们的审美规律是否与进化有关?我们需要再次强调,并不是人类心智的所有机制都具有进化适应性,但它们确实是进化过程的结果。艺术审美对生存繁衍可能并不具备重要的功能,但它却可以反映我们心智的进化特征。

研究发现,我们越是能流畅地在心理上对一个事物进行加工,就越容易产生正向的美学感受。对于我们的祖先来说,太过新异的刺激带有潜在风险性,面对新异且难以理解的事物时,人们会产生心理负担;而加工流畅则意味着熟悉,这会更让人感到放松与舒适。不过,经验也可以提高我们对某些过去不熟悉事物的加工流畅度,从而影响审美感受。在艺术领域,简单与复杂是相对的关系,只要能在大脑中被流畅地辨认和理解,复杂事物就可以带给我们更强烈的愉悦体验。

例如,一个人初次接触古典音乐时,可能会觉得不如流行音乐悦耳动听,但反复欣赏与学习后,可能会从莫扎特与贝多芬那里得到更丰富的乐趣。在极度崇尚古典乐的奥地利,《江南style》与《小苹果》这样的口水歌很难有市场。类似地,习惯了安德烈·塔可夫斯基、朱塞佩·多纳托雷或者侯孝贤作品的电影发烧友,可能会觉得超级英雄题材的爆米花电影让人实在无法忍受。接受过专业绘画技法训练的人,驻足在《最后的晚餐》或《富春山居图》时,更能从这些传世名作中感受到摄人心魄的魅力。

因此,从某种程度来说,我们所欣赏的并不是艺术品本身,而是大脑加工艺术品的过程。研究发现,拥有正常视力的观察者更善于知觉和分辨水平线、光滑曲线、垂直线与对称形状,更喜欢由这些要素构成的图案(Latto,2004)。这种偏好可能正是由"加工流畅性"造成的。也就是说,直线、对称、平滑曲线和有规律地重复使得图案更容易被理解,因而更受人们喜爱。而善于运用对称等要素的艺术和装饰更能给人愉悦的视觉感受,因为我们的视知觉系统在试图理解外部世界时会首先锁定这些要素,这些要素让我们感受到,我们大脑的视觉系统正在轻松而准确地分析世界。一些动物会偏好特定的图形,可能也是出于这种原因。

平克认为,从进化的角度来看,那些会提高我们祖先生存适应性的事物或活动可以引发我们身体的愉悦感,咀嚼烤鸡翅时的满足、同恋人约会时的兴奋以及亲子互动时的欢乐皆属于此类。不仅如此,人类大脑还有能力去理解因果关系,所以当我们捕捉到可以提高生存适应性的事物的线索时,大脑也会发出快感信号。很多可以让我们产生愉悦感的视觉刺激其实就包含着这些线索。

对艺术、摄影以及人类视觉鉴赏力的研究发现,我们似乎还对某些景观有天生的喜好。相比于城市的钢筋水泥建筑,人们更喜欢自然景象,而在自然景象中,人们又特别喜欢包含水源、草地和树木的风景。美国艺术家维塔利·科玛和亚历山大·梅拉米德曾经用市场调查的方式测试美国人的艺术品位。研究者向调查对象询问他们对艺术作品的颜色、主题、构成要素以及风格的看法,结果发现存在一些共同点。大部分人都表示他们喜欢现实主义风格、线条柔和同时包含绿色和蓝色两种色彩的风景画,后来这两位艺术家在乌克兰、土耳其和肯尼亚等其他9个国家也进行了同样的调查,结果发现不同地区的人有着基本相同的审美兴趣,那些我们经常在日历或电脑桌面上可以看到的山水相间、绿地开阔、植被错落的景观,正是所有人心目中最理想的风景。在我们远古祖先生活的年代,这样的环境意味着物产丰饶、资源充沛,而辽阔的视野也有利于发现凶猛的野兽,是绝佳的栖息地。正因如此,包含这些元素的视觉艺术会给我们带来更愉悦的审美体验。

另外,人们的视觉审美偏好还会受到分形维数D的影响。分形几何是现代数学的一个分支,它反映了复杂形体占有空间的有效性。例如,一条海岸线如果被无限细化测量的话,它的长度可以是无限的,但它围成的面积是有限的,因此这条海岸线占据的空间比1维要多,但不及2维图形,它的维数D在1和2之间。同样的,一块海绵内外部全是密密麻麻的空洞,因此它的表面积可以无限大,但占有的 3 维空间是有限的,所以它的维数在2和3之间。自然界许多物体都有分形几何,如山、云、海岸以及河流。研究发现,当人们评价图画时,更喜欢分形维数D为1.3且复杂程度低的场景(Aks & Sprott,1996),绘画中的留白构图法正是这一规律的体现,太满与太空的画面都会让我们感觉有些不适,而1.3的比例则恰到好处。此外,分形维数偏好不仅适用于自然景色,还适用于摄影、工艺品及建筑等艺术,按照分形值进行设计,可以建造出更愉悦我们内心的景观。

音乐中存在类似的分形规律,自然界的声频波动按其规律性可分为三类,一种是频率分布均匀、规律性很强、完全可预测的波动,它也被称为“白噪声”;另一种是随机频率分布、全无规律性和可预测性的波动,它也被称为“红噪声”,这两种波动都毫无美感,会让人产生单调乏味或烦躁不安的感觉。而频率分布介于可预测性与随机性之间的波动是“1/f 波动”,这种波动在局部呈无序状态,但在宏观上具有一定的相关性，它会让人感到心情舒适。自然界中的风、雨、雪、流水、瀑布通常都属于1/f 波动，因此我们可以认为1/f波动是最“浑然天成”的声音（Coensel，Botteldooren，& Muer，2003）。

早在20世纪70年代，科学家就发现大部分世界名曲的音高变化都符合1/f波动规律（Voss & Clarke，1978）。而加拿大麦吉尔大学的脑神经科学及音乐学教授丹尼尔·列维京的研究则进一步证明，杰出音乐作品的节奏也蕴含1/f波动的结构（Levitin，Chordia，& Menon，2012），即使我们对一段旋律完全不了解，也能够在静静聆听的过程中，觉察到音乐的转折点何时将要到来。因此，我们对音乐的感受并非无迹可寻，正如视觉系统偏爱自然风景，我们的听觉系统也存在对“自然声音”的先天偏好。

令人费解的后现代艺术

不过，随着后现代艺术的崛起，这些艺术审美规律似乎都失效了，艺术家们废弃了使用上千年的取悦人类感官的技巧，人性仿佛在一夜间发生了改变。在绘画领域，扭曲的形状和色彩取代了现实主义的描绘方式，抽象的网格、图形、点滴和斑点可以组成最“时髦”的艺术。在法国电影《无法触碰》中，男主角阿戴尔·赛鲁用不同的颜料在画板上挥洒了几下“构造”了一幅画作，当画行经理被告知这幅作品是由一位青年艺术家创作的，他竟然花费了11 000欧元将其收入囊中。

在音乐领域，优美的歌词与悦耳动听的旋律被放在一边，无曲调、不协调、发音古怪的音乐变得流行起来，2011年时，“神曲”《忐忑》在国内爆红，这首歌音域极广，节奏和音色变化毫无规律可循，通篇由“啊，唉呀呦，啊嘶嘚，咯呔嘚”等意义不明的歌词组成，不少传统音乐人认为，如果这也能算歌曲的话，那么把一只猴子丢到滚烫的开水里就能得到最伟大的音乐。但《忐忑》却获得过2009年欧洲“聆听世界音乐”最佳作品演唱大奖。

对我们普通人的感官来说,后现代艺术简直就是一场施虐运动。但在先锋艺术家或评论家的眼中,后现代艺术的价值在于其文化意义而不是美学意义,通过这些怪诞纷繁的作品,创作者可以提醒人们:看待这个世界有许多视角,没有哪一种视角能够凌驾于其他视角之上,世界本来就是怪诞而纷繁的。因此,后现代艺术的背后有着精确的政治意图和精神追求,它可以被看成是对简单的美丽、平庸的快乐以及统一美学标准的嘲讽和鄙夷。抽象派画家巴内特·纽曼曾评价后现代艺术的推动力是“对毁坏美丽的渴望”,而他对此则颇为赞赏。

在进入20世纪后,随着照相机、录音机、电视、唱片、计算机等工具的发明以及社会化大规模生产时代的到来,艺术复制的成本越来越低,大众可以轻易支付起凝结了最高艺术技巧的产品。在18世纪时,一个美国工人如果想感受维也纳最雄浑明亮的男高音,他可能要花费几年的积蓄远渡重洋,但在今天,我们只要用一元钱就可以下载多明戈或者塞雷斯的专辑。由于任何人都可以去接触、欣赏或拥有最精美的艺术,在艺术家看来,精美已经不再是艺术品最稀缺的特质了。由此带来的一个后果是,后现代主义艺术不再试图愉悦人们的感官。相反,它藐视美丽,因为美丽是一种粗糙、拙劣的体验。

1913年,俄罗斯画家卡西米尔·塞文洛维奇·马列维奇画出了著名的《白底上的黑色方块》,他在一张白纸上用直尺画上一个正方形,再用铅笔将之均匀涂黑,这幅作品成了“至上主义”的开山之作。1917年,法国艺术家马塞尔·杜尚在街上随手买了一个瓷器小便池,之后他将这个马桶送到美国独立艺术家展览会,并将这个作品命名为《泉》。1962年,美国艺术家安迪·沃霍尔在其个人画展中展出了《坎贝尔汤罐头》系列作品,这一系列画作的内容与其名字完全一致,正是32幅排列整齐的手绘罐头。在这些艺术作品中,“美丽”没有了存身之地,意义和独特性才是作者最为看重的要素。许多艺术家希望通过艺术作品表达出强烈的社会议题,电影《V字仇杀队》中有一句台词:艺术家利用虚假呈现真相(不过这句台词的后半句——政治家利用虚假掩盖真相,对一些人却不太友好)。

后现代艺术的代表作——安迪·沃霍尔的《坎贝尔汤罐头》

其实,后现代主义囊括了很多风格,并不是所有流派、所有艺术家都拒绝传统的审美机制。从科学的角度看,后现代主义的艺术理论并非具有极大的进步意义。大部分后现代艺术所传达的思想理念其实都是一些陈词滥调,比如"解放天性""多元审美""追求自我"等,而许多后现代艺术所嘲讽的价值观,如积极进取、家庭责任、民主自由以及和谐人际关系等,从进化的角度看,这些标准恰恰是维系我们社会前进的驱动力。难道泼皮无赖式的玩世不恭、社会责任感的丧失和崇高精神的消解会让我们的世界更美好吗?更重要的是,我们的感官系统只能被特定的刺激愉悦,至少对我来说,当我忙碌了一天想要在深夜放松一下时,我的休闲活动可不包括盯着马桶听一段《忐忑》。

科学会破坏艺术吗

在许多艺术家和知识分子眼中,对艺术进行生理化的分析已经触犯了艺术的禁忌。他们担心,当科学家将触角伸向人文学科后,不但无法为这些学科提供有价值的见解,反而会造成该领域的重大灾难。在空洞、苍白甚至冷酷的科学词汇中,艺术的美感将会荡然无存。设想当我们在故宫博物院游览时,面对着琳琅满目的艺术瑰宝，脑海中联想到的却是一个个神经元、基因或大脑皮层，这无疑是一件大煞风景的事情。

不过，这种担忧显然是多余的。学科融合不是用一个领域的知识去接管另一个领域的知识，而是将这两个领域有机统一起来。社会学家可以告诉我们人类婚姻制度的历史变迁，心理学家可以告诉我们环境如何影响了人类的择偶机制，生物学家可以告诉我们两性吸引背后的荷尔蒙驱动力，遗传学家则可以向我们展示基因如何塑造人类与性吸引相关的生物系统，这些研究谁都不能取代谁，一个知识领域的答案恰恰成了另一个知识领域要探究的问题。对艺术的研究同样如此。华盛顿大学音乐学院的研究员埃伦·迪萨纳亚克曾指出，现代西方艺术之所以概念混乱，部分原因在于美学属于哲学，而研究美学的哲学家既不了解生物进化学的理论，也没有任何史前艺术的考古知识。

幸运的是，学术界目前已经有越来越多的学者正在借助于进化心理学和认知科学的视角来对艺术进行解读。艺术的核心是“人性”，而科学是我们理解人性最好的工具之一。无论何种艺术形式或是哪个艺术流派，艺术家都是以大脑为媒介进行艺术创作的，而受众也必须通过人类特有的感官系统对艺术刺激进行接收，之后再激发一系列的神经活动。因此，将对艺术的社会和文化层面分析同心理学和生物学层面分析联系起来，会有助于我们获得更多关于艺术的深刻见解。这种进步丝毫不会阻碍我们对艺术品美学价值的感受，无论什么时候，当我们站在西斯廷教堂的天顶下向上看时，我们看到的都是气势恢宏、撼人心魄的《创世记》，而不是米开朗琪罗的荷尔蒙或者他对社会身份的追求。

刘慈欣曾创作过一部短篇科幻小说《诗云》，他在故事中对科学与艺术关系的描绘颇为值得玩味：地球诗人伊依在家园毁灭后偶然认识了一个外星人“神”，神来自一个比地球文明高几个数量级的超级文明。伊依认为，神虽然拥有人类无法企及的能力，但他在诗歌艺术创作中不可能超越李白。为了向伊依证明科学的力量，神将自己复制成了地球人，然而他用尽了所有的手段，都确实无法写出能比肩李白的作品。最后,他想到一个办法,将所有的汉字按照“五言”“七言”进行结合,写出所有可能的绝句和律诗,这样其中就一定包含能超越李白的作品。而为了储存这些诗歌,太阳都被拆解了,整个太阳系成了一个储存诗歌的巨大硬盘。

这是我最喜欢的刘慈欣的一部短篇小说,它道出了一个科学主义者心底深处的谦逊与浪漫:科学可能会触及艺术的本质,但即便如此,即使有了“神”一样的技术,也无法超越人脑所创造的伟大艺术。科学与艺术向不同的样态发展,但它们都是我们人性进化的产物,是一对人类智慧的双生花。

第四章

语言：

人性进化的快车道

语言本能:进化最神奇的作品

即使被关在果壳之中,我仍自认为是无限宇宙之王。

——威廉·莎士比亚《哈姆雷特》

地球上最成功的生物是什么?这样的问题是没有标准答案的,因为生命的"成功"可以有不同的界定。但如果要选择出地球上最特殊的物种,我们可以毫不犹豫地将我们自己——也就是人类——列为唯一的答案。诚然,地球上每一种动物都是进化的奇迹,但即便在缤纷多彩的动物世界中,我们的地位仍然极其特殊。如果非要说出哪种生物比人类还要特殊,反而有故作姿态的嫌疑。那么,是什么因素让我们拥有了这种独一无二的地位?

在所有使人类从动物世界脱颖而出的特征中,语言能力一定高居前位。伽利略曾由衷感叹:"人们可以跨越久远的时空,将自己内心深处的想法与他人分享,这其实超越了一切非凡的创造,是人类头脑高贵之处的体现!他们可以与远在印度的人们交谈,与那些尚未出生或在千万年后才会出生的人进行对话,而这仅仅通过20个字母在纸上的不同排列就可以实现,这是多么了不起的能力啊!"许多学者会宣称,人类之所以可以成为万物之灵,凭的是宗教、文学、艺术、思想这些文化特质，可要想获得这些成就，我们首先还是要拥有完美的语言。

英国生物学家约翰·梅纳德·史密斯曾指出，生物体进化史上有8个重大转变，如染色体、多细胞有机体以及有性繁殖的出现等。奇妙的是，每一次转变都包含了新的合作方式与交流形式（或者说信息交换方式），最近一次重大转变正是人类言语交流的出现。语言让我们彼此沟通交流、共同制订计划、学习他人经验，在没有语言之前，信息只能通过基因的方式得以传递（例如，对于腐烂的食物我们会天生感到厌恶），有了语言，我们可以以非基因的方式获得重要信息（例如，其他人可以告诉我们腐烂的食物是有害的）。在美国华裔作家特德·姜（本名姜峰楠）创作的科幻小说《你一生的故事》（2016年改编为电影《降临》）中，不同的语言可以构建出看待世界的不同视角。外星人"七肢桶"的语言可以让他们打破时间线，看透过去、现在和未来。这当然是一种惊世骇俗的科幻想象，不过，相比之下人类的语言其实并不逊色，我们语言的神奇超凡之处远超过所有的魔术及特异功能：我们只需张开口，发出一些声响，就可以在彼此头脑间传递观念与想法。当你阅读这些文字时，我和你其实正在合力完成地球上最奇妙的一场演出。

和"语言"紧密相关的科幻电影《降临》的宣传海报

我们的日常生活与语言紧密相连，很

少有人能在清醒时连续一小时不和任何语言接触。无论在地球上的哪个角落，只要有两个或两个以上的人聚在一起，他们很快就会交谈起来。从我们祖先掌握语言的那个时刻起，人类的进化便走上了另外一条道路。通过语言，我们可以使世界精确地在我们的大脑中得以再现，我们能够描述地理变迁、内脏功能、元素周期表、微积分以及质能方程等各类知识，我们每个人都可以轻易进入全人类共同创造的知识宝库。如果没有语言，我们根本不可能设计出米兰大教堂、“阿波罗11号”飞船或者大型强子对撞机。语言使得人类文明真正进入了快速前进的时代。因此，对语言起源的探索，有助于解开我们关于自身的诸多谜团。

语言是进化的副产物吗

诺姆·乔姆斯基大概是20世纪最有影响力的语言学家了，他认为，语言是天性与环境、本能与经验之间相互作用的结果。学会语言的能力植根于我们的天性之中，初生的婴儿已具有了学会任何一种语言的能力，只要外界给予适当的语言刺激，他们就会掌握那种语言。实际上，制止儿童学会讲话，要比让他们学会讲话困难得多，除非采用极端残酷的手段，否则任何人的语言天赋都是很难被剥夺的。就像是直立行走一样，开口学话是一种自然发展的行为。

根据乔姆斯基的说法，我们的语言能力的确是一种与生俱来的“精神器官”。然而，即使这种精神器官和人体生理器官一样，具有专门的功能，我们也无不应该从进化的角度解释语言的产生。生理器官可能是一步步演化形成的，例如人的眼睛、灵活的双手，但精神器官却不同，精神器官并不是适应性选择的结果。在乔姆斯基看来，语言能力，是人类随着大脑越来越发达而偶然形成的副产物，我们只是非常幸运地“免费”得到了语言(Chomsky，2002)。

乔姆斯基的观点得到了进化生物学家史蒂芬·杰伊·古尔德的赞同。按照古尔德的意思，虽然人类的语言模式是根植于天性的，但这并不等于语言就是自然选择的结果(Gould,1991)。进化过程会带来大量副产物,认为生物的每个特征都具有特定用途、都是为了某种目的而产生的,这是对自然选择和进化论的重大误解。例如,我们的骨头是白色的,这种颜色会有什么功能吗?它只不过是一个附带的效果而已。我们的骨头是由钙元素组成的,而钙这种物质就是白色的。我们每个人都有肚脐,肚脐又有什么功能吗?真正有用的是脐带,脐带负责为胎盘的发育提供必需的营养,而肚脐则只是脐带的副产物而已。

总之,我们不是为了戴眼镜才长出鼻子、不是为了穿衣服才褪去毛发,语言的产生也遵循同样的逻辑。如今我们可以用自己的大脑计算微积分、从事艺术创作、玩电子游戏,但这些心理功能都不具有进化适应的必然性。语言也是我们大脑诸多的附带效果之一,就像灯泡的主要作用在于照明,但几千瓦功率的灯泡发亮时,会自然散发出惊人的热量。进化为人类赋予了巨大的脑容量,一旦几十亿个脑细胞联合起来发挥作用,创造出语言这种疯狂的事物也就不足为奇。因此,在古尔德看来,人类大脑急速增长才是自然选择的产物,而语言则不是,它只是大脑进化的副产物。

语言能力的进化痕迹

当代极负盛名的语言学家史蒂芬·平克并不支持上述看法。平克在其著作《语言本能》中曾指出,我们的语言能力和其他适应能力一样,是以明确无误的功能性结构为基础的。为了能够说出话语并能对语言进行加工,人类需要一系列相互适应、相互协调的复杂生理组织,包括喉头、声带、口腔、舌头以及大脑的语言中枢。这一切要素根本不可能像乔姆斯基和古尔德所声称的那样,忽然一下就偶然性地融合成一个统一体。因此,语言绝不是进化的副产物,作为一个复杂的功能系统,语言的形成只能借助自然选择的理论加以解释(Pinker,2007)。

人体复杂器官的产生往往不是一蹴而就的,而是需要经过一个逐步积累的过程。例如,在眼睛进化的过程中,生物体先是出现了对光敏感的感觉细胞,感觉细胞后来隆起变成了球形，并被一层透明的膜覆盖，这层膜能让射入的光线集中到一个特定的点上，使得生物能辨别光的方向，随后又出现了眼腔、玻璃体、晶状体等组织，每次改进都能提升生物的视力，并最终形成了生物丰富的视觉系统。平克认为，我们的语言能力也是这样一小步一小步缓慢成型的，无论最初的原始语言多么粗糙简单，也要比根本没有语言好。而语言系统每一次微小的改进，又一定会给祖先带来更多的生存收益。事实上，在我们如今的身体上，依然能找到语言逐步进化的痕迹。

例如，声带是人类的主要发声器官，它位于我们喉腔中部，由声带肌、声带韧带和黏膜三部分组成。与其他灵长类动物相比，人的喉头更呈现为流线型，并且位置更向下。这样的形状和位置可以使声带发出更宽广的音域。遗憾的是，不同于猴和猩猩，我们在吃饭时气管不会自动关闭，而是要依靠会厌软骨的调节，会厌软骨会像自动门一样，盖住喉口，使食物进入食道而不是气管。可会厌软骨来不及盖下时，食物就会滑进气管，引起剧烈的咳嗽甚至气管堵塞。在我认识的人里面，还从没有一个人没体验过喝水吃饭时被呛的感觉。据估计全世界每年有数万人在吃饭时因呛噎而窒息死亡，呛噎是人类的第六大意外死亡原因。

达尔文在《物种起源》中对人类喉咙构造表示十分诧异，他写道："我们吞下的每口食物每滴饮料，都要从气管口上方通过，这有很大风险。"那么，为什么自然选择让这么危险的生理结构保留下来呢?按照平克的解释，人类的喉头结构可以产生准确而清晰地发音——这种好处抵偿了食物进入气管而带来的风险。因此，我们喉头独特的位置并不是进化偶然安排的，它是与我们语言能力相匹配的重要功能性措施。

另外，在我们的大脑皮层上，同样可以找到语言能力进化的线索。如果语言真如乔姆斯基和古尔德所宣称的，只是人类大脑整体发展的偶然产物，那么一旦大脑损伤，不管损伤发生在什么部位，受损者的语言能力都应该会受到影响。相反,如果语言能力是人类一种独特的进化功能,那么它就应在大脑中占据一席之地,一旦这部分神经遭到破坏,人的语言能力就会受损,但其他方面的智力则不受影响。目前后一种假设得到了更多证据的支持。

早在19世纪中叶,法国神经病学家保罗·布罗卡和德国神经病学家卡尔·韦尼克就分别发现了人类大脑中两个最重要的语言中枢——布罗卡区和韦尼克区。布罗卡区主要负责协调发音程序,韦尼克区则负责语言加工和理解。如果一个人因为大脑病变或者其他意外事故致使这两个脑区受损,那么他会表现出不同程度的语言功能障碍。布罗卡区受损的病人会患“运动性失语症”,尽管他们智力没有受到影响,可以阅读和书写,还有语言理解力,但却再也不能流利地说话了。相反,韦尼克区受损的病人会患“接受性失语症”,他们虽然还能流利地说话,语音语法也都正常,但在语言理解方面存在困难,甚至无法理解自己说的话的意思。

在最近几十年,科学家又发现,人类的脑中还存在其他“语言区”,而且即便是某一个特定的负责语言的脑区,也是由若干个子系统组成的。虽然我们尚未弄清楚语言中枢的所有细节,但我们已经可以确认的是,语言中枢的功能分区恰好符合进化变异的阶段性及渐进性特征,每一处与语言相关的脑皮层都是我们语言本能不可缺少的组成部分。面对如此专业化与精细化的脑皮层分工,我们很难相信语言能力只是大脑进化的副产物。

医学研究还发现,许多特殊的疾病会导致病患出现智力障碍但语言能力完好无损的症状。例如,“威廉斯综合征”是一种因七号染色体长臂7q11.23区段部分缺损而导致的先天性疾病,这种基因缺损的概率是二万分之一,目前科学家还不清楚具体发病缘由。患这种疾病的儿童注意力很难集中、情绪波动较大、身体与智力等各方面都发育迟缓,不过语言表达能力却很强。他们可以掌握很大的词汇量,与人侃侃而谈,而且他们还热衷于使用复杂而华丽的辞藻。与此相似的还有一些脑积水患者,他们由于脑室膨胀导致智力迟缓,但语言能力不但未受损，反而表现出过度发育的迹象，他们可以出口成章、喋喋不休，因此医学家为这种病症命名为“胡话症”或“话痨综合征”。这些病症也可以说明，我们的智力与语言起码没有绝对的对应关系。人类的语言能力是一个独立的功能系统，它源于进化适应的塑造过程。

语言关键期的意义

语言能力的进化性还可以体现在另外一个方面，那就是语言关键期现象。儿童可以毫不费力地掌握一门语言，从6个月开始婴儿会尝试主动交流，此时他们虽然还不会发出精细的音节，但他们已经能辨别并记录环境中语言的独特声音，极速发展的大脑会将这些信息储存起来。所有的前期积累会在婴儿1岁多时迎来一次爆发，他们开始说出零星的字词，之后则是短语、句子。我女儿3岁时身体运动机能还不是很协调，她不能按规则踢足球，无法玩小颗粒的乐高玩具，甚至连把衣服折叠整齐这样简单的任务都完成不了，但她已经熟练掌握了中文语法且每天都能学会十几个词汇，是个不折不扣的语言天才。有一天她竟然对我说“把我的小飞象丢在车上可真是个大灾难，你就是罪魁祸首”。在此之前，我从没有听她说过像“罪魁祸首”这样复杂的词汇。我非常确信，只要在她面前提过一次，这个词就会在她脑海中留下印象。

可惜，语言天才的状态持续的时间不会太长。从6岁开始，儿童领悟语言的能力就逐渐衰退，成年人学习第二语言要比儿童学习母语困难得多。事实上，大多数人很难完全掌握一门外语，尤其是在语音部分，某些智力超群、一心好学的人的确可以掌握外语的语法和词汇，但却无法驾驭语音。无论汉语多么流利的“中国通”老外，我们都能听出他们的外国口音。一些表演大师以善于模仿各地口音著称，例如梅丽尔·斯特里普、加里·奥特曼以及凯文·史派西等，但他们能做到的也只是模仿与母语近似的方言。研究发现，童年时人们负责语言学习的大脑回路更具可塑性，即便语言相关的脑区受伤，他们也可以恢复大部分语言能力。但是如果一个成人遭受同样程度的损害,其结果通常就只能是永久性失语。

在动物界,与特定能力相关的学习关键期是非常普遍的。狮子咬中猎物的脖颈、鸬鹚在水中追捕鱼、猩猩利用树干闪转腾挪……这些非凡表演的背后都有一个类似的关键期。关键期一旦错过,就意味着对应能力的终身缺失。如果把一只小猫从小放在暗无天日的房间里抚养,由于没有建立起视觉信息和运动感受之间的联系,它长大后无论经过怎样的训练都不可能抓住老鼠。然而,既然这些学习天赋如此重要,它们为什么要逐渐衰退呢?人类和动物为什么要在成年后扔掉这一个个有用的"技能包"?

原因其实并不复杂,自然选择是按照效率原则设计生物系统的,无效的生理机制没有存在的必要。我们可以将大脑能利用的神经通路总量想象成手机的存储空间,而技能则像是APP软件。一旦一个软件安装成功,原始程序包就不需要保留了,因为占用太多的空间会影响其他软件的安装。有一种动物叫海蜗牛,幼年时还有点大脑,它们凭借这有限的大脑在海上巡游并寻找食物丰富的地域,一旦找到合适领地,它们就不再需要这么昂贵的设备了,于是干脆自己把脑吞掉。同样,人类身体的发展也要遵循这种规律,任何一种特征一定要等到能真正发挥作用时才显露出来,而在派不上用场时则自然消失,否则就会成为身体的负担。例如,我们之所以在十几岁时才能生育,是因为五六岁就性成熟没有任何意义,儿童连独立生存都尚且不能,谈何养育后代。而我们之所以始终拥有视力,是因为能看到东西对于婴儿和老人来说同样有用。

当我们以这种思维来理解关键期现象时,最重要的问题就不再是"为什么对某某技能的学习能力只存在于某个年龄段",而是"为什么对某某技能的学习能力会存在于'这个'年龄段"。具体到语言问题的话,答案是显而易见的:我们越早学会语言,在有生之年就可以越早享受语言带来的好处,因此语言关键期是6岁之前。不过一旦儿童掌握了语言,语言学习系统就变得多余了。尤其是考虑到我们祖先的生存环境，他们生活在小群体中，几乎不存在学习外语的机会，掌握几门语种全无用武之地，而维持语言学习系统还需要耗费不小的大脑成本，所以最划算的方式就是在童年期后逐渐卸载掉这套系统。进化对语言功能的塑造可见一斑，如果不考虑如今我们学习外语时的痛苦，这一程序简直堪称进化的神来之笔！

出口不凡:动物不可逾越的鸿沟

语言这个东西,像是人们心海上所飘浮的冰山。浮出海面的部分其实是微乎其微的,但通过知觉或感觉,仍可感受到海面底下的绝大。

——田中芳树《银河英雄传说》

在20世纪90年代,美国手语专家苏珊·夏勒博士曾在《无语之人》一书中记载了一个让人既感动又感慨的真实故事。故事的主角是一个名叫伊尔德丰索的聋哑学生,他在一个其他人听力都正常的家庭中长大,但不知出于何种目的,他的家人从来没有告诉他物体是有名称的,他也从来没有接受过任何一种和语言有关的特殊教育。但幸运的是,伊尔德丰索在机缘巧合之下来到了夏勒博士的课堂,一开始,夏勒博士试着教他最简单的美国手语,但发现他连手语是什么都不清楚。经过不断的尝试与努力,伊尔德丰索突然顿悟到:原来每样东西都有一个名称!夏勒博士在书中称,在那一刻伊尔德丰索仿佛被闪电击中了,他同时感受到了巨大的痛苦、惊吓和狂喜。当情感的洪流消退后,伊尔德丰索开始了如饥似渴地学习,在历经了种种挫折后,他最终还是学会了美国手语(不过依然无法达到其他聋哑人的水平)。对于大部分正常人来说,学会语言是一件自然而然发生的事情，可是当伊尔德丰索领略到语言的真谛时，他就像一个从小被监禁在监狱里的人，突然发现外面的世界原来如此广阔。与伊尔德丰索具有同样经历的还有很多人，例如海伦·凯勒和罗拉·布莱曼[①]，对于语言的神奇之处，想必他们比普通人要有更深刻的认识。

人类的语言到底有多么独特？动物和人的语言之间是否横亘着一道不可逾越的鸿沟？在这方面许多科学家往往各执一词，以语言作为研究对象的心理学家、教育学家或者语言学家都更倾向于强调人类语言的独一无二性，但许多生物学家则持反对意见，他们的理由是生命是连续的统一体，最简单的单细胞生物与最复杂的人类具有共同的祖先，语言同样如此。无论人类的语言多么复杂，它总是会经过若干中间过渡形态，而不是凭空产生的，因此人类和动物的语言并没有本质不同。实际上，要想回答好这一问题，我们必须首先对人类语言的独特性进行精确的定义，并清晰描绘出人和动物的语言到底有哪些不同。

动物的语言主要与本能活动有关

可以确定的是，在自然界大部分动物都存在交流系统，同类间的交流没有任何稀奇之处。从最简单的昆虫身上我们也可以找到有效的社会交流形式。借助于动作表演或从体内排出特殊的化学物质，昆虫可以实现互相沟通，并对同类行为产生影响。例如，当一只蜜蜂发

① 海伦·凯勒是美国著名女作家、教育家、社会活动家。她在出生19个月时因急性脑充血而被夺去了视力和听力，后来在家庭教师安妮·莎莉文的帮助下，逐渐掌握了书写和发音。罗拉·布莱曼则是查尔斯·狄更斯在《美国笔记》中记载的另一个失聪失明女孩，她的经历与海伦很像。

现了充裕的食物后,它会飞回蜂巢,在其他蜜蜂面前表演奇特的舞蹈,舞蹈中的信息包含食物的方位和距离。不过,这种语言只是简单的指引系统,它能传递的信息只与食物有关。况且蜜蜂的交流遵循的是基因设定好的程序,没有意识参与的成分,蜜蜂不会想到"我应该尽快把眼前的花丛分享给同伴",它只是按照本能在行动。其他昆虫也是如此,它们的交流形式与人类的语言是不具有可比性的。

鸟类的鸣叫是人类最常听到的动物叫声。牛津大学语言学教授琼·艾奇逊在其著作《心理语言学导论》中指出,鸟类的鸣叫存在学习"关键期",这与人类的语言学习极为相似(Adachi,2011)。对于人类来说,个体在12岁之前必须接触语言学习环境,否则便可能永远无法掌握语言规则。"阿韦龙野人"是这一规律的典型案例,1799年,三个猎人在法国南部森林发现了一个像动物一样奔跑和吼叫的男孩,当地居民曾在几年前见过他,他们估计这个男孩的年龄应该在11岁到13岁之间。从身上的伤痕、饮食习惯和行为举止来看,他至少已经在野外流浪了六七年。巴黎的心理学家对这名男孩进行了长期的观察与教育,结果发现,虽然男孩的器官一切正常,但由于长期与世隔绝,他的发音和思维器官在年幼时没有得到有效利用,因此无论怎么训练,他都没有办法像正常人一样说话交流了。

美国女孩吉妮的故事是另一个生动而可悲的案例。1970年,一名义工在洛杉矶的郊区发现了一个名为吉妮的13岁女孩,她出生后一直被父母锁在家里。当吉妮被解救出来时,她虽然智商正常,但完全不会说话。经过几年的精心教育,吉妮学会了大量词汇,可她一直没有掌握正确的语法规则。在鸟类世界中也会存在同样的现象,如果一只鸟在幼年时不和同类进行接触,那它就再也不能学会正确的"鸟语"了。不过与人类的语言相比,鸟类之间的交流依然只有非常有限的功能:鸣唱要么是为了向同性炫耀自己的实力,要么是为了吸引配偶或是维持和配偶的情感联系,除此之外几乎没有其他用处。

我们灵长类近亲的语言情况又如何呢？其实，即便是地球上与人类亲缘关系最近的黑猩猩，它们的交流系统比其他动物也高明不了多少。黑猩猩的叫声只能传播现场情况，它们无法告诉伙伴昨天发现的香蕉树，也不能谈论森林另一端的水源，但人类语言却不受时间与空间的制约，我们可以整晚都在畅聊2000年前的三国战争或是大洋彼岸的流行乐队。黑猩猩的语言还极为缺乏弹性，它们所发出的声音都与情绪密切相关，比如发现食物时的喊叫包含了兴奋和喜悦之情，看到天敌时发出的警告充满了恐惧，目睹伙伴遭遇不幸后发出的悲鸣则代表了关切与担心，在没有适当情绪反应的状况下让黑猩猩发出叫声几乎是不可能的。

此外，黑猩猩在吼叫时会将信息一视同仁地传播到附近所有个体的耳朵内，它们无法轻易地把声音导向特定个体，避免让其他成员听到(Fitch，Neubauer，& Herzel，2002)。从演化角度看，这是因为黑猩猩发出的声音都与紧急情况有关，如逃离掠食者、寻求援助、与团体保持联系等，在这些情境下，黑猩猩必须采取紧急行动，因此它们的沟通以表达情绪为主，与之相对应，黑猩猩的叫声由脑干和大脑边缘系统中的神经组织所控制，这些组织主要与应激反应和情绪功能有关。黑猩猩不会谈论无关紧要的事情，例如，它们不会在饱餐一顿之后，谈论刚刚吃的香蕉甜不甜，也不会讨论谁是部落里最性感的母猩猩。黑猩猩的叫声如果要发展到与人类语言同样复杂的程度，那还有很长的路要走。

黑猩猩能学会手语吗

科幻电影《猩球崛起》中黑猩猩凯撒高喊出“不”的那一幕是整部电影最高潮的时刻，凡是看过的人一定印象深刻。但这样的场景有可能在现实生活中重现吗？一些动物学家指出，自然演化可能没有给黑猩猩足够的时间和环境，让它们发展出复杂的语言。但设想一下，如果它们具有掌握复杂语言的潜能，那么黑猩猩理应能够学会同人类进行交流，我们可以把自己成熟的语言素材库传授给它们(《猩球崛起》中的猩猩就学会了英语，但我们大可不必介意，毕竟孙悟空说的可是中文)。不过，由于猩猩的喉部构造与人类有很大不同，因此它们无法发出与人相同细致的声音。因此，在过去几十年里，有人试图教黑猩猩学习手语或书面语——这些符号化的表达在本质上与我们口语表达没有任何区别。那么黑猩猩训练的结果又是如何呢？

20世纪60年代，美国的艾伦·加德纳和阿特丽斯·加德纳夫妇曾经尝试教一头叫瓦秀的雌性黑猩猩学习聋人所用的手语，他们称瓦秀学会了100多个手语，可以使用手语同人类进行交流(Gardner & Gardner，1969，1980)。另外，美国语言学家苏·萨维奇-朗伯也曾给一头叫坎兹的黑猩猩上过语言课，苏·萨维奇-朗伯认为坎兹是一头很有天赋的黑猩猩，它会主动去学习人类语言。研究者给坎兹装配了一个键盘，键盘上每个键都与现实世界中的某一事物或活动相对应，例如有的键位表示香蕉，有的键位表示玩耍。经过几年的训练后，坎兹学会了利用键盘向人类表达自己的想法(Pepperberg，2016)，它被誉为是猩猩界的莎士比亚。

这些成就迅速激发了公众的想象力，也得到了科普书籍、新闻杂志和电视节目的竞相报道。许多环保主义者也因此极为兴奋，他们将这些研究成果看成是消除人类沙文主义的武器。但不少科学家对此却摆出一副泼冷水的态度。他们表示，训练者过分地高估了猩猩们的能力，他们只看见了自己乐于见到的结果。例如，瓦秀的许多手势不过是在重复看护员的动作，而且这些手势通常需要人类的提醒它才能做出来。加德纳夫妇宣称瓦秀第一次看见天鹅时，曾创造性地比画出“水”和“鸟”，但这可能只是巧合或加德纳夫妇的主观臆想(Tomasello，2008)。

实际上，无论训练者宣传得多么神奇，在这些实验中，人们其实根本找不到一点儿黑猩猩灵活运用语言的踪迹，猩猩能记住的只是某些具体动作和事物的手势或符号，它们能做的最多就是将两个手语词汇联结起来，如“香蕉——吃”

“玩具——给”，它们几乎表达不出包括三个词汇的句子，更不用说按照语法规则造句了。相比之下，婴儿在刚开始学话不久，就能说出包含主语、宾语、动词、介词和限定词在内的复杂句子。

手势语背后的意义

从黑猩猩和人类的手语比较中，我们还可以得到很多有趣的结论。确实，只要在人类的环境下长大，大多数猩猩都可以学会用一些手势与人进行互动，甚至它们在不经过特殊训练的情况下，也能掌握“以手指物”的动作，以此向人类表达它们的要求。例如，猩猩被关在笼子里时，会把手指或手掌伸出笼外往食物的方向比画，让实验员帮助它们得到食物，如果没有人在场它们就不会这么做。如果它们想到笼子外面去玩，还会指着上锁的门要实验员替它们开门。另外，很多在动物园里长大的猩猩会发展出获取注意的手势，它们会拍手吸引游客的关注，希望游客向它们投喂食物。有趣的是，当猩猩有所请求时，它们还会经常盯着人的眼睛看，似乎想通过眼睛的交流让对方了解自己的企图（Pepperberg，2016）。

不过，不管猩猩在什么样的环境下成长，它们都无法发展出除了要求或命令以外更高深的手势。它们不会单单指着某个物体，只为了表示它和同伴都对此有兴趣，它们也不会指着某个物品，告知对方可能想知道的信息。但是人类幼儿从很小开始就会这么做，一岁多的婴儿看到有趣的东西时就会指给父母分享（Warneken & Tomasello，2006）。

另外，猩猩彼此间很少会用手比画，原因很简单，因为其他猩猩不会像人类那样去协助它们或满足它们的要求。如果一只猩猩在饿了后向其他猩猩比手势，它大概什么都得不到，但在动物园或实验室长大的猩猩却知道人类会给它们食物。这就像宠物狗会用前爪扒在主人的腿上企求食物或玩耍，但狗与狗之间却从来不会这样。从进化的观点来看，这个事实暗示着，手语的发展与社会协作密切相关，猿类的社会环境如果能变得更合作，它们或许也会发展出更复杂的手语系统。可惜，至少眼下它们还都是目光短浅的利己主义者。

因此，人类“以手指物”这个平凡的动作包含着重要的进化意义，它不但说明了人类具有互相理解对方兴趣和意图的“读心”能力，还显示了人类沟通背后的利他动机：不管是用手在人群中指出那个鬼鬼祟祟的危险分子，还是用手指出你的手机所在的位置，这些动作都是“我”在提醒“你”某些事情，是“我”认为这些可能是“你”想知道的事。研究发现，12个月大的婴儿就可以表现出无条件的利他行为，婴儿在察觉了成人的某些需要后，会用手指指向他们所需要的物品，帮助他们找到它(Liszkowski，Carpenter，& Tomasello，2008)。在人以外的动物界里，这种利他性信息传递相当罕见[①]。相反，人类的沟通动机基本上是合作性的，真诚的交流是合作的起始点，我们不仅会告知别人对他们有帮助的事，而且当我们对别人有所求时，也会让他们知道我们渴望什么，并期待他们会主动协助。

大量实验都表明，黑猩猩能够理解其他猩猩的意图，它们可以想象对方会怎么思考和行动，在实验中，如果一只猩猩目睹了另一只猩猩观看实验人员藏匿食物的过程，当它自由行动时会先把那些食物取出来，因为它知道对方一旦自由行动也会去拿它们看到的食物。也就是说，虽然黑猩猩能够理解同伴，但它们却不会分享(Hare，2001; Brian Hare，Call，& Tomasello，2006)。

① 一些动物虽然会向同类发出警报，但都是本能式的，它们不会有意识地与其他个体分享有价值的信息，假如一只黑猩猩偶然发现水果和香蕉皮放在一起一段时间后会更好吃(因为香蕉皮有催熟作用)，它几乎不可能主动把这一秘密“告知”其他同伴。

“以手指物”是婴儿最早发展出的手势之一，然而，黑猩猩却难以理解这种手势的意义

黑猩猩群体的典型场景是，每只黑猩猩在树枝上占领好自己的位置享受食物，当可以选择独自进食或一起进食时，它们更愿意独自进食。在一项实验中，黑猩猩既可以靠拉动一个机关获取一份食物，也可以靠拉动另一个机关为自己与另一只猩猩各获取一份食物，而后一种行为并不需要它们多付出什么代价。这种“利人不损己”的行为选项对人类来说简直就是大礼包，但实验中黑猩猩的选择却相当任意，它们并不会考虑让其他个体也得到好处(Silk et al.,2005)。

因此，黑猩猩只存在“个体意图”，它们所有的社会认知技能都主要服务于与其他个体进行“马基雅维利式”的竞争。相反，人类的认知却可以为了合作而生，我们具有“共享意图”，我们会主动互相教授有用的东西，只要我们觉得某个信息对接收者来说是有用的，我们就会互通信息，而分享信息的心智正是构成语言的重要基础。大量研究都发现，指示性手势发生的时间、频率及表达性与儿童词汇量密切相关，儿童越早且越频繁地使用以手指物的动作，他们后期的语言发展水平就会越高(Lüke, Grimminger, Rohlfing, Liszkowski, & Ritterfeld, 2017; Mumford & Kita, 2016)。

除了指示性手势之外,人类还可以利用手势来表示不在场的物体或情境,这与我们独特的抽象思维、模仿能力以及想象力密不可分,例如,我们可以将手指放在头顶表示兔子,可以捏住鼻子身体下倾表示潜水,可以双手微托放在胸前表示为婴儿哺乳。其他灵长类动物凭借自身的灵活性完全可以像人类一样做出同样的手势和动作,但是它们却不会那么做。实际上,类人猿根本无法理解抽象动作的含义,如果一只黑猩猩看见有一个人按压按钮,它明白这个人在做什么,但是如果这只黑猩猩看见一个人空手做出类似的动作,它就完全糊涂了。人类能够做出象形手势的一个先决条件是我们可以用肢体动作去“模仿”一个真实的物体或情境,同时我们还要有足够的想象力去感知他人的意图以及创造出生动形象的手势。这些构筑象形手势的“基础能力”猿类统统不具备,在抽象、模仿和想象思维方面,我们比其他猿类高出的可不是一点半点儿(Tomasello,2014)。

总之,在自然界,一个物种能达到的合作水平与它们沟通交流系统的发展密切相关,我们的祖先可能正是在互惠协作中,凭借人类日趋发达的心智能力发明了各种手势,这些丰富的手势才是人类语言的先驱。虽然文字或者语言是现代人使用的最主要的交流方式,但它们并不是人类交流系统的源头。美国语言学家迈克尔·托马塞洛曾举过一个例子:假如一群不懂语言的孩子流落到荒岛上,他们有的人不能动嘴出声,有的人不能动手比手势,那么哪些孩子之间能建立沟通交流呢?不能动嘴的孩子可以用手比画暴风雨、乌龟或山洞,因此他们的沟通不存在太大障碍,可是很难想象只能出声而不能比手势的孩子,如何轻松地创造出语言。

20世纪90年代,美国科学家约瑟夫·加西亚发现,失聪父母生下的健听婴儿比听力正常双亲生下的婴儿更早开始“讲话”,只不过他们不是发出声音,而是像他们的父母那样用手势交流(Garcia,2002)。后续的一些研究发现,无论何种环境下长大的婴儿,他们在8个月时就可以用手势表达自己的需求了,只要略加辅导,婴儿以手势进行沟通的能力就能大幅提升,达到远超乎常人想象的复杂程度。

另外,使用手语的人一旦因为卒中或其他事故损伤了脑布罗卡区,他们的手语表达也会出现“运动性失语症”的症状,即无法再做出有意义的手语(Pinker,2007)。这些研究都暗示,人类的大脑首先进化出了理解手势语言的能力,之后手语又发展成为声音和文字等其他语言形式。直到今天,我们在日常对话时依然习惯“手舞足蹈”, 在意大利人看来,一个手势胜过千言万语,他们在聊天过程中会打出各种奇怪的手势,似乎只有用手比画才会说话。要让一个意大利人闭嘴,最好的方法莫过于绑住他的手。

总之,手语是人类语言发展的重要里程碑。而黑猩猩即使经过特别训练,它们最多也只能做到用手语向人类表达求助的心愿,而这几乎是它们手语的唯一功能。由于缺乏真正的合作性,无法理解协作的意图,猩猩尚且不能以简单的手势与同伴进行有效沟通,更不用说在此基础上产生真正丰富、复杂的语言了。另外,认知神经科学研究也表明,同黑猩猩相比,人类大脑中与语言功能相关的脑区(包括额下回、后颞叶皮层以及沟通这些脑区的神经回路)要发达得多(Sousa, Meyer, Santpere, Gulden, & Sestan, 2017),这在生物层面否定了黑猩猩掌握复杂语言的可能性。事实上,有关“猩猩学语”的闹剧早已成为尘封往事,它们只存在于不靠谱的猎奇读物中。如今,大部分的训练者都已经承认,黑猩猩在语言训练中学不到什么东西。

无法逾越的鸿沟

其实,不仅仅是其他动物,甚至我们人类自己都没有办法掌握“人语”的全部奥秘。虽然在几十年前的科幻电影中就已经出现了善于交流的机器人,例如《星球大战》中的C3PO、《霹雳游侠》中的神车KITT、《2001:太空漫游》中的哈尔和《终结者》中的T800。可直到现在,在花费了几十年的努力后,科学家仍然无法制造出能够像人类一样聊天的智能系统。不管是“微软小冰”还是大名鼎鼎的“机器人索菲亚”,它们都只是通过采集大量对话数据,针对人类的提问模拟出最正常、最符合经验的回答而已。它们缺乏交流的自主性,更不用说理解自己发出的声音到底有什么含义。如果你想故意刁难某个人工智能系统,只需要问它几个无厘头的问题,例如“白马为了伪装成斑马,应该怎么化妆?”“今天地板怎么老是喜欢亲我(暗指经常摔跤)?”这时它们就无法做出正确回应了。

说到这里,我们可以总结一下动物和人类间语言能力的差异了。首先是语言所能包含的信息量,即便是动物中最聪明的灵长类动物,它们也只能发出十几种不同的呼叫,这与人类丰富的词汇量完全不在一个数量级。按照我国目前的课程标准,小学生在毕业前要掌握3000个常用汉字,而汉字总量则在9万个以上。不仅如此,动物的声音通信没有语法,人类的语言则包含复杂的语法系统,根据语法规则我们可以用有限数量的要素(汉字、英文字母等)造出无穷多的语句。也正因如此,对于人类来说,语言不仅是交流的媒介,还是大脑储存和处理信息的基本形式,我们大量的知识和记忆都是以语言为载体在脑中记录的。

另外,动物间交流所涉及的是现实具体事物,如食物、水源和天敌,它们所分享的信息仅仅来自固定而有限的意义储备。而人的语言则可以指涉自然界实际不存在的概念,如“法律”“自由”“道德”和“信仰”等,法律可不像苹果一样可以看得见摸得着,这些抽象概念来自人类对社会关系的定义和建构。通过隐喻化的表达,我们可以以非常直接且形象化的方式对抽象世界进行理解,如“花费时间”是将时间看作一种有价值的资源,“权力很大”则将权力看作占据空间大小的实体物质。我们经常能够通过语言创造出新思想与新意义。因此,动物的语言是“封闭的”,人的语言却是“开放的”,我们拥有无穷无尽的传播信息的潜力。语言范围的扩大意味着心灵的解放,我们的语言创新越多,能描绘的世界就越复杂、越丰富。创造性与开放性很可能是人类语言的最根本的特征,也是动物语言最难跨越的鸿沟。

日本作家贵志佑介的科幻小说《来自新世界》中，一种新型动物"化鼠"服务于未来人类，化鼠具有高级智慧，它们有复杂的社会分工，能够在战争中灵活运用军事策略，甚至可以流利掌握人类的语言。主人公们从小就被告知，化鼠是对"裸滨鼠"生物改造后的产物。但在故事结局时他们发现，裸滨鼠的基因染色体有30对，化鼠的基因染色体却有23对，而哺乳动物中只有人类的染色体是23对，因此化鼠的祖先并不是裸滨鼠，它们是对"旧时代"人类进行基因改造后创造出的新生物。这样的情节设定当然带有强烈的反乌托邦思想及政治隐喻色彩，但它暗含了一个基本的科学事实：只有人类，才具有掌握"人语"的能力。

地球上包括人类在内的所有生命，其实都是旧物种性状与新物种独特性状的结合。对有机体来说，如果一种特定的适应方案能有效地解决它们在环境中面临的问题，这些解决方案将在很长一段时间内都存在。人类许多解决生存问题的生理程序与其他灵长类使用的程序是相似的，就是因为我们和其他灵长类一起从共同的祖先那里遗传了这些程序。比如，人类的内分泌系统、恐惧情绪、繁殖欲望与哺乳机制，都是从灵长类祖先那里完整继承的。而另一些为了解决新问题而出现的生理或行为适应物则专属于人类，比如，道德感、复杂的推理能力与名誉感，这些机制使进化树分叉长出新的树枝，导致了新物种(也就是人类)的出现。毫无疑问，语言机制不是猿类的遗产，它是人类所独有的心理特征。

人类语言的神奇之处在于，我们不但可以掌握语言能力，还可以根据实际需要，在非常短的时间内就创造出一种全新的语言，"克林贡语"的产生就是一个典型例子。20世纪70年代，好莱坞派拉蒙影视公司计划将长寿科幻剧《星际迷航》拍摄成一部电影，为了增强电影的真实感，剧组要求扮演"进取"号星舰总工程师的詹姆斯·杜汉用自创的"外星语"喊出命令，由于詹姆斯·杜汉在剧中是一个"克林贡星人"，这几句台词也就成了最早的克林贡语。在1983年拍摄《星际迷航3：石破天惊》时，剧组干脆委托语言学家马克·奥克兰根据之前电影中出现的“克林贡语”，去创造一种系统的外星语言。奥克兰借鉴了北美阿兹特克语系的语法规则，同时从许多不同的语言中吸取语音。没过多久，克林贡语的教材和词典就出版了，很多痴迷于《星际迷航》的爱好者甚至开始练习使用克林贡语进行交流。

受影视剧的影响，克林贡语得到了国际上的广泛承认，据吉尼斯世界纪录显示，克林贡语是全球使用人数最多的“人造语言”。“谷歌网”页面上存在克林贡语的选项，“Linux操作系统”将克林贡语作为其支持的语言之一，而莎士比亚的经典作品《哈姆雷特》和《无事生非》竟然也有克林贡语译本。如今，克林贡语仍在蓬勃发展，按照“克林贡语研究所”网站上的说法，很可能这是全银河系发展最快的语言。除了克林贡语外，一些制作精良的影视作品也创造了其他人造语言，如《阿凡达》中的“纳美语”，《权力的游戏》中的“多斯拉克语”和“瓦雷利亚语”，而早在20世纪中期，英国奇幻小说作家及语言学家托尔金就曾为《魔戒》中的“中土世界”创造了“辛达林语”和“昆雅语”。

“多斯拉克语”指南。HBO公司在《权力的游戏》开拍前聘请语言专家专门创作了“瓦雷利亚语”和“多斯拉克语”

如上文所述，人类语言的产生并非来自一场单一的生物学事件，合作性、分享意愿、抽象思维、模拟能力、想象力以及创造力等多种能力构成了语言的基础，而在这些能力的比拼上，我们不是领先其他动物几个身位，而是高出了几个维度。因此，动物“语言”与人类语言之间存在无法跨越的鸿沟也就是自然而然的事情。正如语言心理学家迈克尔·托马塞洛所言:“说只有人类具有语言如同说只有人类能建造摩天大楼。”在人类进化史上,成熟的语言系统是我们最晚出现的“人性特征”之一。开口说话看似是一种平凡的行为,但它却是人类心智能力的“巅峰之作”。(在这里我又忍不住想再提一次《猩球崛起》,电影中黑猩猩凯撒先是在益智游戏中表现突出,成了象棋高手和绘画大师,后来学会了手语,而开口说话则是它智力突破极限的标志,这个设定真是太棒了!)

如果我们认为人类经历了“万里长征”才掌握了完美的语言能力,恐怕其他动物连第一步都没有迈出。这种差异之大实在令人感到奇怪,按照进化论的假设,任何复杂的特征不都是经过中间阶段而逐渐形成的吗?如果人类的语言能力是100分的话,为什么不存在90分、80分、60分的动物,而是直接降到了5分以下?平克认为,这种怀疑是不必要的。大象可以用鼻子吃饭喝水、感受形状、搬运重物,其他动物的鼻子都不具有这些功能,就像大象是唯一具有长鼻子的动物一样,人类是唯一掌握完美语言的动物,这没有什么好惊奇的。

另外,大象的长鼻子在演化进程中是存在中间阶段的,只是诸如乳齿象、原始象或变齿象等关键的中间态恰好遭遇了动物灭绝,因此我们现在找不到鼻子稍微短一点的大象品种,这就使得大象的长鼻子在动物世界中显得极为突兀。人类的语言演化也存在类似情形,过去几百万年存在许多语言能力尚不完全成熟的人属动物,只是这些人属动物通通灭绝了。所以,我们之所以是唯一掌握完美语言的动物,是因为我们是唯一存活下来的一种人属动物。这也可以说明,为什么黑猩猩学不会人类语言,因为极有可能语言能力是我们的祖先与黑猩猩的祖先在进化树上分道扬镳之后才开始形成的。换句话说,如果我们想寻找语言的起源,不能只关注今天的灵长类动物,还应该将更多的目光集中在人属动物的祖先身上。

有口难言:语言能力的进化轨迹

哲学的本质就是语言。语言是人类思想的表达,是整个文明的基础,哲学的本质只能在语言中寻找。

——路德维希·维特根斯坦《哲学研究》

达尔文在《人类的由来》中写道:"某种聪明而不一般的、类似于猿猴的动物突然间想到模仿猛兽的呼声,以便发出预警,使自己的同类明白,即将来临的危险究竟是何种性质的,这应该是形成语言的第一步。"在达尔文看来,语言产生于对动物呼叫声的模仿。当我们把某些声音和周遭世界的若干事物联系起来,便创造了语言。虽然如今看来这种观点太过于简单了,但它让19世纪的科学家意识到,人类语言起源的谜团其实是个进化生物学问题。在19世纪的下半叶,随着进化论的兴起,各种语言起源假说层出不穷,以致巴黎语言学会于1866年在章程中规定,不采用任何有关语言起源的解释。

人类从动物进化而来,因此我们的语言也必然是进化的产物,并且是在进化过程中不断得到锻炼与改善。从用石块磨出的简陋刀片到每秒可运行几亿亿次的超级计算机,人类制造工具的能力可不是一蹴而就的。语言同样如此,在猿猴呜呜的吼叫声与屈原的《离骚》之间,必然有过“类似语言”的中间阶段。遗憾的是,语言起源显然比工具起源难以追溯得多,生产工具很容易得以保留,而且也很好测定年代,但声音却不会钙化保存,说出的话是会立刻在风中消散的。

不过,最近几十年多学科的协作研究为探寻语言起源提供了越来越多的线索。人类语言的形成要以一系列的神经和解剖结构作为基础条件,如喉头位置、口腔与舌头的各种肌肉、大脑特定脑区以及基因表达等,而人类很多社会行为的出现又必须以复杂的语言交流能力作为前提,如大规模合作捕猎与商品交换。当我们将关于这些要素的考古学、动物学、生物学以及神经科学等研究整合起来后,或许可以拼凑出人类语言能力发展的历史轨迹。

早期人类的语言

如我们在上一节中所分析的,人类的语言系统与动物的语言系统之间横亘着不可逾越的鸿沟,因此许多研究者都认为,语言的起源只能在人属动物的脉络中寻找。考古学研究发现,生活在大约250万年前的非洲能人已经会制造简单的石头工具,并且饮食中含有大型哺乳动物的肉质。他们生活在集体之中,有宿营地,会一起出动猎杀动物。这些生活方式的维持需要协调互助能力,如果可以借助于声音进行沟通,他们的集体生活就一定会大受裨益。所以,很可能是能人开启了人属动物语言发展的历程。

在能人之后,早期人类进入了直立人阶段。直立人是人类进化的关键一环,他们比能人更加强健、壮硕、灵敏,在外貌与体格上和现代人非常相似,仅仅在眉脊和口鼻处还有一些猿类的痕迹。直立人学会了用火,还会打造精妙的石器,其中的典型代表是一种坚固、锋利且具有多种功能的手斧,这种手斧需要足够的技巧才能被制作出来。另外,直立人不再像之前的人科成员那样仅仅在非洲平原徘徊,大约200多万年前,直立人顽强地走出了非洲,踏上迢迢长路,在远离家园数千公里的广大区域开枝散叶。考古学家在如今的欧洲、印度、中国及澳大利亚都发现了直立人迁徙与定居的痕迹。很难设想,如果没有掌握一定的交流技巧,直立人如何能够取得这些成就。

不过,直立人的语言与现代人的语言可能依然差异巨大。尽管直立人的脑容量比能人的脑容量增大了一半,达到了现代人的三分之二的水平,但直立人与现代人脑容量的差异主要体现在前额叶皮层,而这部分正是掌管诸如语言、记忆以及推理等高级认知功能的关键脑区。实际上,直到30万年前直立人退出历史舞台时,他们的脑中都基本不存在前额叶皮层。美国语言学家德里克·比克顿认为,直立人所掌握的顶多只是某种原始母语,其复杂程度并不比如今黑猩猩的语言高明多少(Bickerton,2014)。

约翰斯·霍普金斯大学的解剖学家艾伦·沃克也持同样的看法。在1984年时,非洲肯尼亚北部图尔卡纳湖西岸出土了一副较为完整的男性青少年化石,考古学家将这个生活在大约160万年前的直立人命名为"图尔卡纳男孩"①。艾伦·沃克对图尔卡纳男孩的骨骼进行了详细的分析,根据他的结论,这个男孩是不会说话的。因为要想像现代人一样说出复杂的语言,首先必须有能力对呼吸系统进行精细控制,但从脊柱结构看,图尔卡纳男孩并不具备这样的生理条件(Walker & Leakey,1993)。其他研究也发现,和现代人相比,直立人的脊柱通道比较狭小,这就意味着他们的胸腔内缺乏足够的神经束对

① 这也是迄今为止发现的保存最完整的直立人化石。

呼吸进行准确控制。因此，直立人还无法发出丰富多变的声音（MacLarnon & Hewitt，2004）。

尼安德特人是我们在40万—5万年前的一支近亲。尼安德特人的块舌骨化石以及喉头化石残片显示，他们起码满足了像现代人一样精细发音的生理解剖条件，另外，他们也具有同现代人一样的胸腔神经束容量（MacLarnon & Hewitt，2004）。不过，能够发出复杂的声音与是否掌握语言并不完全是一回事。这就像许多灵长类动物的手指都可以操作手机，但人类是地球上唯一会沉迷于刷屏的动物一样。

具体到语言表现，思维和认知能力对语言来说至关重要，而尼安德特人的思维认知能力与现代人仍有不少差距，他们大脑前额叶皮层要远小于我们的大脑前额叶皮层（本书第五章会详细分析尼安德特人与现代人大脑特征的差异及成因），这一脑区是思维的重要功能器官（Pearce，Stringer，& Dunbar，2013）。因此，即使尼安德特人可以开口说话，他们语言的复杂程度也绝对难以同现代人的语言相提并论。

复杂语言是智人的专属

总之，尽管科学界有许多关于早期人类语言能力的推测，但如今绝大多数的研究者仍然认为，人类是在智人时代才拥有了完善的语言系统。也就是说，合乎语法规则、具有创造性和开放性特征的语言，出现的时间大大不会早于20万年前智人开始出现的时代。基因科学研究为此观点提供了强力的支持。

人类第一个被发现的语言基因是FOXP2基因，它是在英国"Ke家族"中发现的。Ke家族三代人共有24名成员，其中一半人无法自主控制嘴唇和舌头的运动，因此发音和说话极其困难，而且他们存在阅读理解障碍，无法掌握语法知识，但他们的智力与常人接近。Ke家族患病人数与正常人数的比例为1∶1，这符合单一位点（基因）控制的孟德尔遗传模型。也就是说这种语言障碍是单一位点控制的遗传病,只要精确定位这个位点,科学家们就能找到控制语言能力的基因。

1998年,研究人员又发现,一名来自其他家庭的小男孩"CS"与Ke家族患者具有相同的语言障碍。来自牛津大学的安东尼·摩纳哥与西蒙·费希尔等人的研究小组对这些患者进行了基因测序,他们发现患者的7号染色体存在一小段断裂位点,研究者将这个位置上被破坏的基因命名为FOXP2(又叫叉头框P2基因)。正是因为FOXP2基因突变,导致Ke家族部分成员语言能力不能很好发育(Lai, Fisher, Hurst, Vargha-Khadem, & Monaco, 2001)。

既然FOXP2基因可能是人类拥有特殊语言能力的原因,那么它是人类所独有的吗?基因测序发现,大量哺乳动物和鸟类都具有FOXP2基因,而且若它们的FOXP2基因存在缺陷,那么这些动物也会表现出相似的失语症。真正的不同是,人类与其他动物FOXP2基因的编码序列存在差异。人类的FOXP2基因与黑猩猩FOXP2基因存在两个氨基酸位点的区别,与其他灵长类的差异也大体如此。实验研究发现,当将这些关键的氨基酸位点变化植入到小鼠体内时,它们皮质基底神经节回路会表现出更高的突触可塑性(Enard, 2011)。而分子进化分析表明,这两个氨基酸位点的突变大概发生在20万—10万年前,这恰恰与智人所出现的年代相吻合!因此,我们可以得出一个基本推论:在大约20万年前,智人的FOXP2基因发生了两个突变,正是这两处小小的突变改变了智人FOXP2基因的特性,推动智人语言能力产生了革命性的进化,进而为智人带来了巨大生存竞争优势(French & Fisher, 2014)。

不过让人感到遗憾的是,2018年加利福尼亚大学戴维斯分校等机构的研究人员在《细胞》杂志上撰文指出,他们开展了更广泛的基因组比对后发现,人类FOXP2基因的两个突变并不独特,2002年的发现只是样本选择有偏差导致的假象,也就是说,在智人阶段FOXP2基因突变并没有直接导致人类语言能力的进化(Atkinson et al., 2018)。当然,新研究并没有否定FOXP2基因在功能上与语言的关系,但的确说明了人类语言的进化历程比原先人们认为的更复杂。

最早发现FOXP2基因的科学家费希尔也承认,人类的语言问题非常复杂,并非只有一个FOXP2基因起作用,FOXP2突变会导致发音困难,影响言语认知能力,类似FOXP2这样与人类语言能力相关的基因可能还有10—1000个。FOXP2基因只是语言功能众多变化中的一分子,这些基因会通过作用于蛋白质合成进而影响构成神经回路的脑细胞,它们都是构成语言能力的重要拼图,是人类语言起源和进化的必要条件。

例如,ASPM基因(异常纺锤形小脑畸形症相关基因)在语言的形成方面也有重要作用,该基因一旦功能丧失会导致小脑畸形,患者大脑皮层体积严重缩水,脑容量会和猩猩差不多,他们的表情和行为也都犹如猿猴。ASPM基因是人类与黑猩猩在进化树上分道扬镳后才突变产生的,这一基因可以让人类发育出更大的大脑,并产生更复杂的语言、认知和学习能力(Mekelbobrov et al.,2005)。

另外一个与之相似的基因是MCPH1基因(人类小头症基因),MCPH1基因在人类大脑进化和语言起源中也起到了关键作用,如果这一基因异常,会导致遗传性小头症(Evans et al.,2005)。2019年,中国科学院动物所的研究者和国内外多个研究团队合作,通过基因编辑技术创造出了5只携带人类MCPH1基因拷贝的恒河猴。研究显示,这5只"转基因猴"存在明显的神经细胞和神经网络成熟延迟现象,它们在记忆测试中的表现也比其他猴要好。也就是说,MCPH1基因让恒河猴有了更长的发育期及更聪明的脑袋,而这些特征正是语言能力进化的前提(Huang et al.,2019)。

至此,通过这些历史的吉光片羽,我们已经大致勾勒出了一幅人类语言演变的图景。现代人发端于南方古猿,能人与直立人是我们不同时期的祖先,尼安德特人是我们的近亲(虽然他们已经灭绝了),在这些阶段,人类的交流系统都有过重要突破,但都没有发展出真正成熟的语言。最早的语言征兆在百万年前就已出现,但完善的、具有现代特征的语言则是智人的专属。

创造新的语言

毫无疑问，现代人天生装载着专为语言而生的大脑模块。无论在哪种语言环境下成长，儿童都可以毫无障碍地学会熟练使用这种语言，更让人感到惊讶的是，他们甚至可以利用自己的“语言天赋”，从零散的语言素材中就“学到”完整的语言系统。

20世纪80年代末，尼加拉瓜政府在首都马那瓜市开办了两所聋哑儿童学校，政府的目的是帮助全国的失聪儿童学会用手语交流，没想到这一计划却为语言学研究提供了绝妙的研究范本。当时全球至少有上百种被广泛使用的手语，但由于尼加拉瓜此前一直处于内战状态，受战事影响，这些儿童一种手语都没有学过。他们充其量只能用自创的粗浅动作，与亲友完成最简单的沟通。最初，学校的教师想教会这些学生学会“字母手语”，这是一套将不同字母和不同手势一一对应的手语体系。遗憾的是，在拉丁语系中，词汇的拼写和发音密切相连，由于缺乏听觉经验，学生对字母和词汇完全没有任何概念，因此这种方法是非常失败的。

不过，后来发生的事情却极富戏剧性，由于学生之间既有沟通的需要，又有沟通的热情，他们开始尝试用双手互相交谈，并逐渐创造出了一套独一无二的手语，这让学校的教师非常诧异。为了搞清楚这种状况背后的原因和意义，校方邀请了美国手语专家茱迪·凯格到校考察。凯格全盘研究了学生的沟通方法，她非常确信，这些学生所使用的手势确实是他们独创的（Kegl，2002）。其中，一些手势很好理解，因为它们是通过模拟动作来表示含义的，例如在头发前面由外向内转动右手就代表吹风机。但也有一些手势非常复杂，凯格也不明白为什么要这么表达。

最令凯格吃惊的是一些低幼年级学生的表现。探访过中学之后，凯格又参观了一所聋哑小学。结果她发现，这群年龄较小的孩子，正把高年级学生发明的手语改善为一套更成熟的语言系统。凯格的学生安·桑格斯在后来发表的一篇论文中提到,低年级的学生不只在手语学习方面超过了高年级学生,他们还通过动作的拆解与组合来传达更多的观念——一套真正的语言就这样逐渐诞生了(Senghas & Coppola,2001;Senghas,Senghas,& Pyers,2005)。

从那之后直到现在,马那瓜市几所聋哑学校一代又一代的学生不断淬炼和改进他们的交流系统,如今这套手语已包含了几乎所有丰富的概念,包括时间、情感、道德以及幽默等极为抽象的表达,并成为官方认定的"尼加拉瓜手语"。在这一过程中,教育部门没有任何介入和指导,儿童就这样在日常交往中萌发出了最自然的语言,但他们最初甚至连创造手语的念头都没有。桑格斯曾评价:"(这里发生的一切)是语言学家的美梦,就像见证了宇宙大爆炸一样。"

遗憾的是,研究者并没有见证这门语言产生的起点,即这些聋哑儿童最初交流的瞬间。到底他们是如何在缺乏共同语言的情况下,迅速发展出一套全新的交流系统的?2019年,著名语言心理学家迈克尔·托马塞洛的研究团队通过实验模拟了这一过程。在实验中,研究者让一些4—6岁的儿童待在不同的房间,彼此之间只能通过无声视频进行交流。这样一来,被试之间只能通过比画来沟通。孩子们需要玩一种"你比我猜"的游戏。一人要把一个指定概念(比如衬衫)传达给对方,而对方要在自己手中的图片中选择出正确的一个(Bohn,Kachel,& Tomasello,2019)。

研究发现,被试可以很快做到用自己发明的手势进行交流,而随着游戏的深入,他们甚至能够表达像"空白"这样比较复杂抽象的概念,同时他们还开始使用组合词语,比如将"大"和"鸭子"两个手势组合在一起,表示"大鸭子"。实验说明,在可控的环境下,仅仅30分钟内,儿童就发明了新的交流途径,再现了一种语言从无到有的演变历程。

在这些故事中,我们仿佛可以窥见人类祖先走过的漫漫长路。或许我们的祖先也像这群孩子一样,在群居生活中产生了汹涌澎湃的沟通欲望。虽然最初没有合适的材料(音节、字母)满足需要,但他们最终找到了方法。早期人类在不能开口说话前,就具有了用手势进行简单沟通的能力,之后出现了可以拆解和组合的手语,再之后则逐渐用声音代替动作。总之,经过上百万年的世代演变,最终的结果是人类拥有了口语、文字和根植于天性的语法机制。我们不仅可以掌握和理解语言,还可以在集体互动中以简单的素材为基础构造新的语言——正如厄瓜多尔聋哑儿童的所作所为,而这可能是人类语言能力最奇妙精彩之处。

语言的分化、消亡与统一

智人在距今6万—5万年前走出非洲迁徙到了广袤的欧亚大陆,他们成熟的语言系统也就随之传播到了世界各地,因此,全世界所有的人类语言其实都有共同的起源(但这并不是说所有的语言都起源于同一语种)。语言学分析可以证明这一点:各个语种虽然乍看之下差异很大,但具有一些共同的基本特征。乔姆斯基曾说过,如果有一天外星人访问地球,他们会以为地球人说的是同一种语言,所有的语言都是按照同样的规则建构的,例如,所有的形容词都有反义词、句子总是包含"主谓宾"结构、疑问句是肯定句的简单变式等。没有任何一种语言会比其他语言更加独特,也没有任何一种语言无法被翻译成其他语言。

目前大多数语言学家都相信,全世界各种语言具有同源性,一些神话故事也暗示远古时期所有人曾使用同一种语言。例如,在《圣经·创世记》"巴别塔"的故事中,天下人的语言原本一样,人类准备联合起来兴建能通往天堂的高塔,为了阻止人类的计划,上帝让人类说不同的语言,使人类相互之间不能沟通。正因如此,西方世界常用"巴别塔"来隐喻沟通不畅的情况,墨西哥导演亚历桑德罗·冈萨雷斯的一部讲述人际隔阂的电影正是以"巴别塔"来命名的。

巴别塔在人类历史上真实存在过,不过它与《圣经》故事和上帝全无关系。

而且当古巴比伦人在公元前6世纪兴建巴别塔时,各地各族人民也早已不说同一种语言了。不过,在更早之前可能就不是这样了。实际上,如今欧洲大部分国家的语言与印度语之间都能找到明显的相似之处。2019年,复旦大学的金力教授及其团队对109种汉藏语系语言中词语的字根意义进行了统计学分析,研究者结合遗传学、语言学和考古学等证据,首次确认了包含汉语、粤语、苗语以及藏语在内的汉藏语系起源于大约6000—4000年前的中国北方黄河流域(Zhang, Yan, Pan, & Jin, 2019)。类似研究都间接证明了人类语言具有同源性(关于语言的扩散,本书第五章还会再次提到)。

不过,由于人类可以根据生存环境的变化不断发展和革新自己的语言,再加上群体隔离与人口迁徙的共同作用,人类社会形成了丰富多彩的语言体系。就像尼加拉瓜手语的诞生过程一样,语言发展速度是极为惊人的,原本使用相同语言的族群可以在短时间内就发展出互不理解的语言。例如,没有接受过文言文训练的中国人,读《楚辞》或《战国策》可能会非常吃力,甚至完全无法辨认意义;正如现在的英国人读400年前的莎士比亚作品也会觉得晦涩难懂。法语、意大利语、加泰罗尼亚语、西班牙语和葡萄牙语原本都属于拉丁语,但在不到2000年的时间里,这些语言便彼此互不相通了。如今,英语在全球范围内传播,成为经济、政治和科学的通用语言,但与此同时,英文也衍生出各种方言,如美国南方的黑人英语、新几内亚的皮钦语、苏格兰的低地苏格兰语、加勒比海的克里奥尔语,以及西非的克里奥尔语,等等。

语言本身是人际互动和协调的产物,它们不是由天才或伟人发明出来的,任何一门语言的大部分词汇都是由历史上默默无名的小人物参与创造的,一旦有人找到一种生动形象的表达方式,这种新的表达方式就会被迅速模仿与采纳。在当代中国,我们可以清晰地看到诸如"给力""扎心""老铁""房奴""晒幸福"以及"打call"等新词如何借助网络快速传播的例子。许多学者会认为这些词语破坏了汉语的纯洁性。实际上,如果这些学者或规则制定者了解语言的本质及产生过程,就会明白,“语言纯洁性”这一概念本身是多么荒诞。

据统计,目前世界上存在5000多种语言。不过进入20世纪后,由于种族灭绝、同化教育、人口流动、环境破坏等原因,语言出现大规模灭绝。如今北美、澳大利亚以及亚欧大陆的大部分原住民语言都在逐渐消亡。1949年前中国境内存在的方言有120多种,为了便于交流,中华人民共和国成立后政府大力推广普通话,很多少数民族的80、90、00后已经完全不懂方言,目前我国平均每年都有一两种方言消失。从全世界范围来看,未来100年会有90%的语言不复存在。

语言的统一确实会带来极大便利,或许,随着人类社会交往越来越密切,小群体(人口低于10万人)语言消失是大势所趋,不过这仍然是一件令人惋惜痛心的事情。语言是人类的重要特征,当存在更多的比较对象时,科学家才可以更好地通过语言来理解和探析人类的思维及认知规律,并追溯不同种族的历史迁徙脉络和地理分布。更重要的是,语言保存的价值并不只体现在科学研究领域,任何一种语言都是人类集体智慧的结晶,是历史的沉淀和文化的主要载体。设想一下,如果没有人懂汉语,那么我们还怎么能感受唐诗宋词的美好?因此,在某种程度上,一种语言的消亡就是一个民族文化遗产的消亡,甚至是一个民族历史的消亡。如果一只猫像狗一样叫,我们可能会认为这只猫很特别,但如果全世界的猫都像狗一样叫,那么这个世界上就不再有猫了。

“八卦”之心：社交网络的黏合剂

语言的根本目的在于实现人的共同目的。

——伯特兰·罗素《西方的智慧》

至此我们已经大致勾勒出了语言产生的轨迹，可是，还有一个极为关键的问题没有回答——人为什么要说话？这一问题的答案仿佛不言自明，因为语言的优势实在太明显了！语言可以让我们交流思想，可以让我们交流协作，掌握了语言，人类不仅能够越来越确切地表述自然知识，而且还能够将知识传给下一代。现代语言出现后人类的文化事业开始蓬勃发展，祖先们凝聚心智，陆续构思出了艺术、经济、贸易、农业、宗教和科学，可以说正是由于语言爆发，人类文明才闪耀出了第一道曙光！这些描述当然没错，不过，一种能力所获得的成就和它最初的起因并不完全是一回事儿，正如我们的祖先在几百万年前开始直立行走，是因为这样可以减少与阳光辐射接触的面积，而不是为了现在我们可以随处用手刷手机。语言的产生，也应该还有更为直接的源头或动力。

不管是千里眼、顺风耳还是长鼻子，动物凭借某一种生理特征所能做的事情是有限的，这就为科学家研究其原始功能提供了线索。然而，人类的语言却具有几乎无限的可能性。一旦复杂的语言开始进化,它会涌现出与其原始功能无关的各种用途,区分出哪一个是自然选择的结果,哪一个是后来发展的功能确实非常困难。

灵长类动物的"理毛外交"

人类学家罗宾·邓巴就语言的起源和功能问题提出过另一个有趣的解释,根据邓巴的观点,语言是社会互动的润滑剂。几乎所有的灵长类动物都生活在复杂的社会群体之中,群体生活就像肥皂剧一样充满了家庭矛盾与办公室政治,成员间总是会发生摩擦、争吵、绝交、调解以及和好,在大多数时候,灵长类动物都是通过互相清理毛发来缓和社会关系的。此外,由于群体内充满竞争,灵长类动物也需要通过相互梳理毛发来结成同盟关系。动物园中的猴和猩猩可不是因为生活无聊或臭美才彼此相互理毛,这正是它们原本的生活方式。

美国人类学家奥古斯汀·富恩特斯在其著作《一切与创造力有关》中讲述过一只巴厘岛雄性猕猴的故事,这只猕猴由于特别恶毒好斗,当地人将其取名为"萨达姆"[1]。"萨达姆"是个十分霸道的独裁者,它享受着其他猴对它的"服务",却从不会回馈。可是好景不长,"萨达姆"在一次意外中摔断了腿,虽然它仍然能走动,但再也不能像以前那样攻击其他猴子了,猴群中一些年轻的雄猴开始时不时地推搡"萨达姆",最终它被迫离开了猴群。几个月后"萨达姆"游荡归来,但它似乎完全改头换

① 取自伊拉克20世纪70年代至21世纪初独裁者萨达姆的名字。

面了，它开始主动帮一些雌猴梳理毛发，变成了彻底的“暖男”。在考察了一段时间后，猴群对它的好感开始增加，凭借殷勤地为同伴理毛，“萨达姆”又重新融入了集体（Fuentes，2017）。

清理皮毛要占据灵长类动物的大量时间，理毛时间最长的灵长类动物是黑猩猩：它们五分之一的时间都要用在这件事上。由于四处觅食已经消耗了大部分时间，这绝对可以算是一笔巨大的时间支出了。黑猩猩的典型生活就是在吃饭、理毛和睡觉这三种活动中循环。正是在一次次相互梳理中，社群成员建立起了亲密的情感联系。

在灵长类动物社群中，相互梳理毛发的两个个体能够默契平和地长时间待在一起，而双方接触的时间越长，就越容易形成相互信任的关系。从生理层面来看，灵长类动物遭受轻柔触摸时大脑会分泌安多芬，安多芬的化学结构与作用同吗啡相似，这种激素会为有机体带来平静、愉悦和安宁的感觉。研究发现，理毛可以让猴放松，降低心率与血压等压力的外部表征，甚至还有催眠的功能。如果给猴注射能中和吗啡的纳洛酮（一种吗啡受体拮抗剂），猴就会变得很暴躁，这时它们会不断让同伴给自己理毛（Keverne，Martensz，& Tuite，1989）。

总之，相互梳理毛发对灵长类动物维护亲密关系、增进感情以及建立同盟可以起到重要作用。对于足够“聪明”的社会动物来说，在大规模社群中寻求私人化的小联盟是非常自然的事情，经典美剧《老友记》中的六位主角间是没有任何竞争性的朋友关系，不过这其中显然钱德勒和乔伊是更“铁”的一对联盟。如果钱德勒和乔伊是两只颚猴，那么想必它们每天会用大量的时间为对方理毛。宾夕法尼亚大学的罗伯特·赛法斯和多萝西·切尼发现，当用扩音器播放长尾黑颚猴求救的录音时，群体中的大部分成员只是向藏着扩声器的树丛扫一眼，并没有过多反应。可是曾与求救者相互理过毛的猴则会盯着树丛看，好像在考虑是否要向前探查一番，以尽到理毛搭档的义务（Cheney & Seyfarth，2007）。因此，长尾黑颚猴能清楚地分辨出哪些是与它们相互理毛的同伴，理毛搭档具有特殊地位,值得患难与共,互相关照。

除了维护社群关系外,理毛行为还具有其他重要意义。任何高度社会化且具有智能性的动物都要面临一个风险:它们要警惕群体中那些喜欢投机取巧的搭便车者,搭便车者会从其他成员那里骗取好处但日后却并不回报。一旦被盟友发现这种自私行径,它们会选择逃之夭夭,撤到其他群体那里故伎重演。如果联盟很松散,搭便车者很容易乘虚而入,要解决这一问题,社会动物必须要为同盟设定门槛。它们会要求新成员在加入同盟前要先有所表示,而理毛行为则可以充当入伙的"投名状"。也就是说,如果一只猩猩或者猴想加入一个新群体,必须先为其他同伴提供"无偿理毛"的服务。这种"不平等条约"其实是一种很实用的防御策略,毕竟,用10%—20%的时间给同伴理毛是一笔巨大投资。个体若是想占便宜后就搬到其他联盟,为了融入新同盟它依然要付出很大代价,这样一来它还不如待在原来群体中,当个老老实实的互惠者。因此,理毛可以有效减少群体同盟中的搭便车现象。

不过,理毛这种关系调节方式仅在小群体中有效。群体大小和梳理时间是成正比的,这不仅仅是因为相互梳理毛发的对象增多了,还因为随着群体规模的扩大,群内竞争会更激烈,小团体联盟的可靠性也就越来越重要。在这种情况下,动物会更专注地为它们的社交同伴梳理毛发,将更多的时间花在核心社交同伴身上。如果一个社群所有成员的数量达到上百只,那么每个个体可能要花费一大半的时间来处理"理毛友谊",这样就没有时间应付其他生存问题了。所以,当灵长类动物发展出大群体后,理毛外交的实用性会大打折扣。当然,会面临这种烦恼的灵长类动物其实并不太多,准确来说,只有我们人类而已。

"聊"出来的友谊

在人类进化历史中,群体规模扩大是自始至终存在的进化趋势。随着人类祖先群体规模的扩大,"理毛外交"的成本会越来越高。虽然互相挠痒痒看起来是一件挺舒服的事情，但这种活动极费时间。邓巴曾预测，在一个150人的群体中，个体至少要将60%的可支配时间用来理毛，才能维持与其他个体的社会关系（Dunbar，2017）。况且人类在进化过程中逐渐褪掉了毛发，也陷入了“无毛可理”的境地，我们不得不寻求其他手段来维护群体内的社会交际。语言的有趣之处正体现在这里，通过闲聊、恭维和分享信息，我们同样可以与他人建立亲密关系。

自我表露是一种重要的社交方式，谈论自己的喜好、经历和品德，能够向交谈对象证明自己是个可靠的盟友。况且相比于枯燥乏味的理毛活动，谈话具有独特的优势，我们在吃饭、采集以及制造工具时都可以与他人交谈，而且还能同时与多个人交谈，因此，聊天是一种不受场合和人数限制的更高效的社交方式。我们的祖先正是用聊天代替了理毛，从而为建立更广泛的社会网络提供了便利。如此一来，邓巴的理论也同样可以解释为什么其他灵长类动物都没有发展出语言。根据我们在第三章提到过的“社会脑假说”，猿类的大脑新皮层越大，社会群体规模就越大。黑猩猩的脑容量将它们的社群规模牢牢锁定在几十只以内，因此它们不需要发展出更复杂的技能来处理社交关系，脑容量、语言能力与社群规模之间具有一致性。虽然这种解释听起来似乎有循环论证的嫌疑，不过这算不上什么大麻烦。明智的科学家从不会纠结于到底是 “先有鸡”还是“先有蛋”，同样，我们也大可不必刨根问底地探讨到底是“社会群体规模促进了语言”还是“语言能力的发展扩大了人类的社会规模”，因为复杂的相互作用正是进化过程的基本特征。

大多数人可能都不会相信，人类间的相互交谈与猴群中的理毛行为竟是一回事。不过，这种颠覆性的理论却得到了大量事实的支持。在人类进化史上，语言的出现意味着我们所能沟通的信息不再是只关于外部世界，因为非语言性的沟通大多指向外部世界的特定情境，比如，看到野兽来袭击我们要发出警示信号，发现有人受伤我们要发出求救信号。而语言可以让我们就人与人之间的关系进行沟通交流，比如，部落里谁喜欢谁，谁讨厌谁，谁性格温和，谁冲动易怒，谁是花花公子，谁诚实守信，等等。也就是说，语言让人类变得更加“八卦”了。“八卦”对于亲密关系建立能起到的作用显而易见，《绝望主妇》中紫藤巷的主妇们几乎就是靠“八卦”支撑起了相互间的友谊。

理毛可以让黑猩猩分泌安多芬，“八卦”对人类具有类似的作用。意大利帕维亚大学的一个研究小组曾以实验证明，当向女性被试讲述其他人的“八卦”故事后，她们体内的催产素水平会上升。催产素一般被认为与促进亲密关系、增强人际信任有关。这说明，聊“八卦”确实能增强人类间的感情（Feinberg, Willer, & Schultz, 2014）。

对于猴和猩猩来说，理毛外交可以有效减少联盟合作中的搭便车现象，人类之间的相互“八卦”也同样具有这种效果。通过绯闻“八卦”，我们可以高效地判断一个人是不是靠谱盟友。甚至在大多数情况下，我们根本不需要主动费力探听，与个体信誉相关的信息就会通过人们的口耳相传自动呈现在我们面前。因此，闲话的传播对于控制懒鬼和惩戒骗子具有重要意义，如果让我们在金庸的武侠世界组一支战队，估计不会有人将岳不群、成昆、丁春秋或霍都选为队友。在信息交流频繁的环境下，那些声名狼藉的背叛者会难以生存。说人闲话虽然不是特别高尚的行为，但它本身却是强化和传播社会道德规范的重要方式。从各个方面来看，由语言而产生的“八卦”都是理毛机制理想的替代品。

人类真的爱“八卦”

在越来越注重隐私的现代社会，“八卦”行为似乎越来越不具有道德正当性。不过对于人类来说，“八卦”是再自然真实不过的事情了，议论他人不仅是一种能力，也是一种自发的行为。人们对彼此生活会展现出浓厚的兴趣，仿佛我们说出的话语天生就该是闲话。邓巴的研究团队对公共场合中人们的谈话进行记录后发现，我们平均每天会花6个小时以上与他人进行交谈，这其中80%—90%的内容都是自我表露（例如自己的心情、兴趣、计划）或对他人的看法，我们最喜欢说的就是自己或者别人做了什么事，这些鸡毛蒜皮的事情与知识传播毫无关系(Dunbar，1998)。相比之下，非个人主题主导的对话(如文学、艺术、政治、科技、宗教等话题)只占日常对话的很小一部分，我们在坐火车或吃饭时很少会听到邻座的人谈论外汇储备或康德哲学。即便人们有时会谈到文化、政治、哲学或科学，但几分钟后就会偏离，重新回到日常生活话题。

不仅宿舍、公园或者咖啡店的闲聊是这样，在学术机构和政府办公室等看似严肃的空间中人们也是这样聊天的。即便是在欧洲核子研究中心、美国费米实验室或中国科学院高能物理研究所这些科研圣殿，人们也不会一见面就聊中微子、暗物质和弦理论等话题。《生活大爆炸》中“谢耳朵”总是一本正经地用科学话语解读生活中发生的一切，观众之所以觉得很好笑，就是因为这违反了我们的常识。而且即便是“谢耳朵”，在剧中和其他角色的大部分对话也是关于日常生活话题。

另外，在人们的一般印象中，女性似乎更加“八卦”，其实不然，邓巴的调查显示，如果男性之间单独聚会，他们闲话家常的比率与女性“姐妹淘”聚会时聊绯闻的比率没什么差异。只有当男性处于男女混合群体时，他们才会花更多的时间谈论政治、经济、哲学、文化或艺术(Dunbar，Marriott，& Duncan，1997)。其他调查也发现，在涉及专业知识的会议或课堂上，男性发言的频率要远高于女性。原因可能是这些话题能够彰显一个人的能力和地位，通过谈论这些“高大上”的话题，男性可以向其他异性展示自己作为伴侣的卖点(Eckert & McConnell-Ginet，2013)。

议论他人不仅是一种能力，也是一种自发行为。我们是如此喜欢关注他人生活，窥私是我们自然真实的欲望。明星真人秀、民生新闻、肥皂剧、“八卦”小报以及微信朋友圈的受欢迎程度都可以很好地说明这一点。我上小学时正是“琼瑶剧”在中国大陆的黄金期，家里大人看那些电视剧时总是喜欢不断对剧中的人物评头品足，他们在第二天上班时会与同事继续乐此不疲地谈论相同话题。类似的场景在小学中也会时常出现，一到下课，我的同学会聚在一起讨论紫菱到底应该选择费云帆还是楚濂[①]，仿佛剧中的人物就是我们的左邻右舍。

即便在文字的世界，人类的“八卦之心”依然司空见惯。在所有的图书出版物中，小说的产量与销量都排在首位，富有戏剧性的故事总是可以轻而易举地吸引我们，而那些故事讲述的正是他人的生活。另外，我们还常常可以在文学故事中看到作者的“隐私”，《红楼梦》《战争与和平》《平凡的世界》和《莎士比亚十四行诗》中都包含着作者的真实情感以及他们对世界的态度。任何动物的叫声都不可能像人类的语言或文字这样，清晰明确地表达出内心的感受。

总之，在我们祖先的时代，社会的进化呈现飞速发展的态势，语言和群体协作进入了长跑竞赛，知道谁和谁睡在了一起，谁跟谁有过不愉快的经历，或者谁欺骗了谁，可以让人们了解对待不同的个体该采取怎样的社会策略。通过“八卦”，人与人之间的关系变得更加紧密信任了。这种独特的感情交流方式是友情的重要基础，毕竟，互爆隐私正是朋友间最经常干的事情。

防止搭便车、维护群体凝聚力、增强感情……“八卦”的功能是如此丰富，正因如此，我们大可不必为自己的闲言碎语而内疚。实际上人们聊的“八卦”很少是恶意的，它和说人坏话并不是一回事。作为一个天生热爱“八卦”的物种，在人类身上，没有什么比心怀一颗蠢蠢欲动的“八卦”之心更正常自然的事情了。

① 紫菱、费云帆、楚濂是1996年电视剧《一帘幽梦》中的主要角色。

诲人不倦:我们开口说话的理由

传播知识远比开拓罗马的疆域更伟大。

——盖乌斯·尤利乌斯·恺撒

一切为了知识的传承

邓巴关于语言起源的观点充满创意且论据充分,不过,英国生物学家凯文·拉兰德提出过另外一个极富洞见的理论。他认为,语言的出现是为了适应人类教学活动的需要(Laland,2017b)。对于人类来说,后天的知识学习是至关重要的。在人类进化过程中,随着饮食范围的不断扩大、协作模式的不断发展,人类的生活变得日渐复杂,而累积的知识经验也越来越丰富。其他动物可不需要记住如何扎住帐篷,如何打磨工具,如何进行食品加工,以及如何在森林里分辨形形色色的猛兽和有毒的植物,但人类却有这种生存需要。

对人类来说,知识的代际传递是生死攸关的大事,为了保证自己的后代掌握必要的生存技能,父母必须要对幼儿进行长达数年甚至十几年的精心教养。而语言教学具有精准、有效且成本低廉的优势——告诉某人如何做一件事,可比直接示范或模拟要轻松得多。直到现在,人类社会中绝大多数教学都是通过语言开展的,语言是知识传递的最完美途径。

人类学家金木·希尔和他的同事对生活在巴拉圭的阿切族传统狩猎部落进行过观察,据研究者统计,阿切族部落的食物清单包括78种哺乳动物、21种爬行动物、14种鱼和150多种鸟,为此他们发展出了数量惊人的捕猎技术,这些技术的使用依赖于猎物、地理环境、季节、天气以及武器等因素的不同(Kaplan, Hill, Lancaster, & Hurtado, 2000)。除了狩猎技能外,应用于植物和工具上的技术清单也差不多同样丰富。达尔文曾在环球航行的日记中记载,直到近距离接触原始部落,他才知道制作狩猎用的箭头竟然需要十多个步骤,涉及7种工具和6种材料。如果没有足够复杂的交流系统,这些技术很难实现代际继承。因此,知识传播的压力促成了语言的进化。

早在200多万年前,我们人类的祖先就已经非常擅长制造石器了,考古学家对出土的石片工具进行分析发现,直立人时代的石片就已具有尖锐锋利的边缘,这种特征绝不是通过粗糙的捶打可以产生的,制造者需要有层次地对石块进行分离与切割,再从中挑选出合适的材料进行打磨,打磨时敲打的位置与挥动姿势都有严格限制。制造石器的意义远超出了石器本身,它为复杂的表达系统的进化创造了一个关键的先决条件。拉兰德认为,掌握石器制造技术要花费大量学习精力,只靠观察模仿很难实现这一点,因此石器制作技巧的传播与语言的进化有密不可分的关系。

为了证明这一假设,圣安德鲁斯大学的认知进化研究团队决定开展一项实验,他们的目标是检验5种不同的社会学习机制在传播“工具制造知识”方面的效率(Morgan et al., 2015),这5种学习机制分别是:1. 观察成品——学习者只能看到已经制作好的工具,但不能看到制作过程;2. 模仿学习——学习者可以看到教授者制作石器的过程,但不能与教授者交流;3. 指导教学——教授者可以根据学习者的要求放慢或重复某些动作,进行特定的演示,但不能相互交流;4. 手势教学——学习者和教授者可以用手势进行交流;5. 语言教学——学习者和教授者可以用语言交流。在每种情况下，实验人员都安排了4条短的传播链（5人传递）以及2条长的传播链（10人传递），200个成年人参与了这个实验，他们一共制作了6000多块打火石。

研究发现，无论在哪种情况下，石器制作的信息在传播过程中都会不断丢失，但沟通性教学能够尽可能地弥补传播链上的这一缺憾，在手势教学组与语言教学组中，学习者制造打火石的质量和效率明显较高。此外，语言教学要比手势教学更加高效，也就是说，交流形式越复杂，制作技艺的传播率就越高。另外一项类似的实验也发现，当学习制造石器工具时，在效率指标上，模仿组被试的制作速度要显著低于手势交流组和语言交流组被试的制作速度；在质量指标上，手势交流组和语言交流组被试可以像石器制作专家一样掌握正确的制作技巧与方法，而模仿组被试则做不到这一点（Lombao，Guardiola，& Mosquera，2017）。

这说明，与其他信息传播机制（如简单的观察）相比，手势和语言交流能在短时间内传输更多的信息，从而能让个体更有效地获取关于工具制作的知识。知识传递很可能正是语言进化的促进因素，一旦人类祖先对技术产生高度依赖，自然选择便可能"选择"出复杂的交流方式。复杂的交流方式使得复杂的技术得到了稳定而快速的传播，反过来，复杂技术的传播也会促进复杂交流方式的发展，这是一个永恒循环的过程。

为什么其他动物没有发展出复杂语言

拉兰德的教学理论解释了人类语言的独特性，其他动物没有进化出语言，是因为它们的教学需求要远远小于人类。没有教学活动的压力，动物就不会也不需要进化出像语言一样能大幅提高教学效率的心理机制。虽然黑猩猩和红毛猩猩等灵长类动物也会相互模仿学习，但它们能学到的最复杂的动作就是如何用树枝捅开白蚁窝，或是怎样用石头敲开坚果。这与人类的知识学习完全不处于一个难度水平。我们建构了一个丰富的文化世界,而语言则是打开这个世界的钥匙。拉兰德的研究团队曾通过分析证明,在灵长类动物中,文化传播行为、脑容量和社会群体规模具有高度相互依赖性(Street et al.,2017)。只有人类这样一个在知识积累方面近乎失控的动物,才会经历语言、教学和知识的共同演变。

这种理论也说明了人类语言为什么需要后天学习:其他灵长类动物的交流内容是相对稳定的,与生俱来的十几种吼声已足以让它们应对所有可能遇到的事件。相比之下,人类生活在高度可变的环境中(当然这也正是人类活动的结果),我们总是在衣、食、住、行、技术以及协作关系方面持续创新。直到今天,人类仍然在不断更新自己的菜单。2019年,餐饮巨头“雀巢”与“汉堡王”相继推出了人造肉食品。相比之下,猩猩、老虎和羚羊的食谱几万年来都没怎么发生改变。总之,由于生活技能和经验的迅速迭代,我们谈论的内容也会经历快速变化。后天语言学习则可以让我们在基因频率不发生改变的情况下,灵活地掌握新的知识。

另外,奥地利维也纳大学的认知生物学家特库姆塞·费奇曾提出,语言起源理论必须对早期语言的真实性做出解释。对于正常人来说,语言只需要动动嘴或挥挥手就可以做到,这种动作成本非常低廉,信息发出者根本不需要耗费多大代价。既然如此,一个人有什么理由去相信其他人传达的信息(Fitch,2010),从而避免“狼来了”式的悲剧?这条标准要求在语言最初出现时,信息发出者必须传播真实的信息。同时,如果个体向他人发出的信息是真实有价值的,那么信息的发出者与接收者之间应该具有一致利益。拉兰德的教学理论也可以对此做出很好的解释:由于知识传播的目的就在于确保让其他人掌握知识,因此,如果语言最初用于教学,传递的信息当然是真实可靠的。而信息接收的对象,通常是传授者的亲属(尤其是后代)或社群同伴,当他们提高生存竞争力后,传授者的总遗传成就也会有所增加,因此,双方当然都可以从信息传输中获益。

知识累积造就文明爆发

拉兰德关于语言起源的理论实际也揭示了人类文明得以爆发的一个重要原因:我们可以不断累积知识。通过语言,知识可以在许多代人之间进行传递,进而被改造成为日趋复杂的工艺、文化或科学理论。没有任何物种会像人类一样,擅长将一个创新累积到另一个创新之上。

科学家在动物世界中也曾经观察到知识传播的例子。例如,心理学家马克·豪泽曾看到一只雌性长尾猴把金合欢浸泡在水坑里(这样可以去除豆荚中的毒素)后再将豆荚吃掉,这种做法在猴群中从未见到过,但后来这一群体中大多数成员都学会了这种行为。在另一个例子中,一只名叫伊莫的日本幸岛猕猴擦拭甘薯时不小心将甘薯掉到了溪水里,它发现这可以很快冲掉甘薯上的沙子,后来它开始把所有甘薯都带到溪水中清洗,其他的猕猴也跟着学了起来。另外,还有研究发现,圈养的恒河猴并不是天生怕蛇,但如果它们看到其他恒河猴面对蛇产生的恐惧和逃跑反应后,就会明白蛇是一种威胁,之后再遇到蛇时也会产生类似的应激反应(Richerson & Boyd,2005)。

在20世纪前,生物学界曾普遍认为只有灵长类动物具有彼此模仿的能力,而如今,包括哺乳动物、鸟类、鱼类甚至昆虫在内的许多动物,都被发现可以从其他有机体那里学习知识和技能,通过模仿,动物能够知道谁是危险的捕食者、怎样逃脱险境以及如何寻找和处理食物。在一些动物群体中,新的行为特征扩散速度极快,这些行为显然是学习而不是遗传变异的结果。例如,日本小嘴乌鸦会将核桃放到马路中间,等汽车碾碎外壳后享受核桃肉,汽车的历史不过100多年,乌鸦的这种行为显然源自社会学习。而最典型的例子大概来自老鼠了,过去几百年,人类采用了陷阱、毒药、熏蒸等各种方法试图消灭老鼠,但老鼠却总可以通过互相模仿,狡猾地避开人类所使用的所有灭鼠手段。

总之,关于动物学习的证据确实足够广泛且无可争议。然而,即使是动物

乌鸦学会了将核桃扔到马路中央,等汽车碾碎核桃壳

世界中模仿能力最强的猩猩或海豚,它们也没有办法将已学会的简单技术发展得更为复杂,只有人类,能通过语言将经验知识稳定地累积并加以改造。

拉兰德的研究团队曾通过一项实验比较了人类和其他灵长类动物在知识积累方面的差异,他们设计了一个难题箱,实验对象可以对这个箱子进行三阶段操作,分别是拉开门、按动按钮和转动表盘,只有当前一阶段的操作完成后,实验对象才可以进行后一阶段操作,三阶段操作成功会获得更大的奖励。实验对象包括三四岁的小孩、黑猩猩和卷尾猴(Dean, Vale, Lal, Emma, & Kendal, 2014)。

研究结果显示,实验进行30小时后,33只黑猩猩中只有1只完成了第三阶段任务,卷尾猴的成绩更差,它们统统没有达到第三阶段,而大部分儿童在2.5小时后就能实现第三阶段的操作。研究者观察到,儿童之所以和其他两种动物表现不同,是因为他们可以相互教导(既包括行为演示,也包括口头指导)如何完成任务,当一个儿童完成第一阶段任务后,他可以将经验精确地向其他儿童传达,之后很快就有人在此基础上完成第二、第三阶段任务。这项实验足以表明,即使是在几十个小时这样短的时间内,儿童也可以表现出将知识稳定传递并改进的行为特征，而同类型行为在黑猩猩和卷尾猴中则完全不存在。另外，德国心理学家赫尔曼等人进行的一个比较研究也发现，在一系列与空间、数量以及因果思维相关的认知测试中，两岁半幼儿与小黑猩猩的测试结果并没有多大差别，但一旦涉及社会学习能力，儿童就可以完胜黑猩猩(Herrmann et al.,2010)。

我们人类能遍布全球生生不息，不仅仅是由于我们拥有巨大的脑容量和复杂的认知能力，更直接的原因在于我们可以将所有的知识进行继承、积累和创新(当然，高度发达的智能是基本条件)。无论一个人天生多么聪明，都要依赖后天学习到的知识才能具有竞争性。

设想一下，假如我们把10个从未接触过荒野生存知识的菜鸟玩家和10只黑猩猩分别组成两支探险小队，将他们同时空降到南美洲尼罗河流域的热带雨林，一年之后，哪支队伍会有更多的幸存者？相比黑猩猩，人类小队在许多方面都要面临更严峻的挑战，虽然他们一个个顶着硕大无比的聪明脑袋，但可能没人能坚持一个星期。然而，如果我们换一种情况，把这10个菜鸟玩家换成像贝尔·格里尔斯[①]那样“站在食物链顶端”的荒野生存专家，结果又会有什么不同？不知道你是不是已经能想象出10个贝爷在一起大嚼虫子、把尿言欢的画面。

要知道，这一假设并不是空穴来风，1846年9月，英国海军当时最先进的两艘军舰“特罗尔”号与“埃里伯斯”号在北极探险活动中遭遇搁浅。船员们在耗尽船上的物资后被迫弃船，走入了北极群岛的威廉王岛，很快

① 英国探险家、主持人、作家，主持《荒野求生》节目，经常会在节目中食用一些极为重口味的动植物。

他们就全部遇难了,后人在岛屿的各个地区发现了他们分散的尸骸。然而,威廉王岛实际上并非一无所有的不毛之地,因纽特人已经在那里生活了3万年。因纽特人并不比这些船员们更聪明,但他们知道如何捕猎海豹、提炼鲸油、净化海水、生火做饭、建造雪屋以及缝制皮衣。半个世纪后,挪威探险家罗尔德·阿蒙森正是凭借在因纽特人那里学习到的宝贵经验,完成了穿越南极点的壮举。

要知道,因纽特人也并不是天生就拥有这些技术的。19世纪20年代,一场传染病杀死了格陵兰岛大部分年老的因纽特人,由于这部分老人拥有最丰富的知识,随着他们的突然死亡,岛上的因纽特人也失去了一部分宝贵的生存技能。从此,这里的人口不断减少,直到19世纪60年代,格陵兰岛的因纽特人与巴芬岛的因纽特人建立了文化联系,他们积极向对方学习,终于恢复了失去的知识,人口也随之上升(Henrich,2015)。因此,决定人们在这种险恶环境能不能存活下来的,是专业的知识和技能,而这些知识和技能是仅凭一个人的才智与经验穷其一生精力也无法做到的,它们是经过数千代人的传递、整合和改进而建立起的文化。

如果没有语言这种高保真的信息传输介质,文化积累是不可能发生的。正是由于语言可以对知识进行精确保存,《荷马史诗》《几何原本》《理想国》与《孙子兵法》才能历经数千年得以传承。在雷·布雷德伯里创作的经典科幻小说《华氏451》中,未来社会由一个"反智"的极端政权所统治,所有的书都要被禁,消防员的工作不是灭火而是焚书。当书籍消灭后人们会沉迷于低级庸俗的感官娱乐,思想禁锢,内心空寂,完全失去精神自由。主角蒙塔格一开始以自己的"消防员"的职业为豪,但在烧书的过程中却逐渐爱上了阅读,于是被迫逃亡。最终,他遇上了一群流浪学者,他们致力于书籍保护,每人选择几本书背诵下来,化身为"行走的书人"。在这个灰暗的故事中,布雷德伯里为我们呈现了一个光明的未来:只要有语言,人类的思想和知识火种就能存续下来。

知识的长久保持为技术改进创造了更多的机会,人们将某些知识准确传播的时间越长，就越有可能对其进行改造和提升。知识还具有积聚效应，不同领域的知识积累越丰富，就越能相互结合而产生新技术。事实上，整个人类的文明史正是对已有知识经验不断升级的历史。

180万年前，直立人学会了制造可以屠宰动物的石斧。30万年前，海德堡人已经可以将木矛与燧石片组合在一起，烧炼锻打成能够猎取大型动物的火矛。3万年前，我们的智人祖先开始制造更加精细的凿子、刮刀、尖刀、钻孔器和尖针。随着农业的到来，技术复杂性也进一步升级，车轮、犁具与灌溉系统应运而生。工业革命后，变革步伐再次加速，在当今社会，技术的复杂性已发展到大多数普通人都无法理解的程度，科技变革的速度快得连我们自己都要尽全力奔跑才能勉强追上。如果《银河系漫游指南》中的外星人福特从300万年前每隔3000年来地球考察一次，在前999次中，他对人类的考察记录不会有什么太大变化：这种猿类工具简单、食物单调、主要靠双脚移动；但在第1000次时，他会发现人类突然掌握了核技术，可以全球即时通信，并可以轻松实现洲际旅行。

在文明演化的进程中，任何科学、工艺或者文化的进步都可以被分成许多小步，而每一小步的改进都是相对温和的，没有语言对知识进行累积，这种进步就不会出现。蔡伦与造纸术、瓦特与蒸汽机、爱迪生与电灯、爱因斯坦与相对论、门捷列夫与元素周期表、莫奈与印象派画作……这些创新者对于他们的杰出成果其实只做出了一部分贡献，所有非凡的成就都是技术不断迭代的结果。牛顿曾说过："如果我看得比别人更远些，那是因为我站在巨人的肩膀上。"这原本是牛顿嘲讽胡克的一句话，然而，后人对牛顿这句话的曲解却反映了一个事实：即使人类最伟大的发明家，他们在创新历程中也必须站在由前人所叠成的巨大金字塔上。

文化变异:进化的另一种选择

人只是这个世界的匆匆过客,唯有他的思想可以留存下来。

——拉尔夫·爱默生《善待命运》

在本书中我们介绍了两种关于语言起源的理论,科学界目前在这一问题上还远没有达成共识,但所有人都会同意这一点:不管导致语言出现的原始动力是什么,一旦语言得以进化,自然选择不会把语言的作用限制在它最初的功能范围内。它会继续演化升级,用于维系社交纽带、追求配偶、传播知识、建立契约规则以及充当文化的载体,而最后一点正是我们接下来要讨论的话题。

想象的共同体

当所谓的“文化”出现之后,语言在社群组织中的价值就被提升到了新的高度,它的附加功能开始得以展现。这一切还要归结于人类语言的另外一个重要特征:我们可以通过语言描述一些根本不存在的事物。简单的指令性沟通只能指向具体概念,例如狮子、山洞、河流、苹果,但没有办法表达法律、自由、民主、权力这些抽象概念,抽象概念一般都是被人类社会虚构出来的事物,我们可以很轻松地指着动物园的狮子对小朋友说“这就是狮子”,但是我们怎么能够在自然界中找到一种叫“民主”或“法律”的东西展示给他们看?

当然,抽象概念的源头还是人类高度发达的心智能力,但如果没有语言作为载体,我们确实也很难去讨论虚构的事物。按照以色列历史学家赫拉利在其成名作《人类简史》中的观点,虚构这件事的重点不在于能够让人类想象,更重要的是可以让人们一起想象,编制出许多共同的虚构故事,如宗教、政治理念与社会习俗等。当一个虚构故事被大量的人相信或接受时,它便成了社会文化。上万人的大型部落、数十万人的城市、上百上千万人的国家,人类之所以能够成规模地生活在一起,正是由于这些虚构的文化。文化像胶水一样把成千上万的人联系在一起,将人们组成“想象的共同体”。

想象这样一个场景,我进入药店,根据医生的处方买了一盒药,之后向收银员出示了我手机中的付款二维码,带着药离开了药店。在这个过程中,至少有几点值得深思:首先,我按照医生的处方买药,是因为我信任他的专业知识以及作为知识来源的科学共同体;其次,我会在药店购药,而不是拿起药就走,是因为我知道药店的东西属于店主私人财产,我具有基本的物权观念,必须付钱后我才有权利拿走药物;再次,我预期这些药物是可以安心食用的,是因为政府、药监局和药企共同保证了药物的安全,如果出现问题,我有上诉要求赔偿的权利;最后,我可以用二维码支付,是因为这种支付方式的背后有一套完整的金融货币制度,每个人都信任这套制度,因此愿意通过便捷的形式进行商品交换。所有的这一切,都有赖于人类的“共同感”, 由于我们选择“共同相信”,权利、责任、制度和政府才能够正常运转。同其他动物一样,人类生活在一个真实的物质世界中,但与此同时,我们还生活在一个自己创造的制度和文化世界里,我们是虚拟宇宙的造物主。

人类文明的基础就是我们可以构建共同的想象。大批互不相识的人,只要相信某种共同的文化,就能开展合作。例如,两个从未谋面的天主教徒可以出于对上帝的信仰而一起参加十字军东征;互不相识的诗歌爱好者可以为了一本诗集的出版发起众筹。自然界中根本没有神也没有国家,这些东西只存在于人类的共同想象之中,而语言则是这些想象的基础。正是由于语言的存在,我们才可以想象幻化出一个个虚拟世界,并生活在其中。

共同体的演变

人类学家唐纳德·约翰逊指出,在距今大约3.5万年前,世界多处人类聚居地不约而同地出现了“神话文化”,包括塔斯马尼亚原住民、菲律宾塔萨代人、南非布须曼人和非洲中部的俾格米人,他们各自形成了一套神话故事,来解释诸如“我们从哪里来”“我们死后会去哪里”“为什么太阳每天都会升起”“为什么月亮会改变形状”等世界基本问题。同时,早期祖先还在这些神话故事的基础上形成了法规和仪式,已知最早的岩洞绘画出现在此前1万年左右(距今4.4万年),它们可能正是与某些宗教活动有关。正是由于神话文化的出现,群体内部有了思想共识,社会秩序与组织效率获得了极大提升,人类文明迈出了重要一步。美剧《权力的游戏》中“小恶魔”提利昂在最后一集中说道:“是什么让人们团结在了一起? 是敌人? 是黄金? 是家族? 不,是故事。”

来自伦敦大学丹尼尔·史密斯的研究团队指出,“讲故事”这项能力对人类社会发展带来了显著的优势,他们曾对居住在菲律宾的阿格塔居民以及当地口口相传的故事进行了分析和研究。阿格塔人生活在菲律宾吕宋岛的海边和马德雷山上,如今依然保持着狩猎采集的社会形态,他们与人类祖先的生活方式极为相似,平时二三十人组成“营地”这样的小团体进行活动。在进行了大量的文献研究调查后,史密斯团队一共收集了89个故事,他们发现约70%的故事传达的主题都与“社会规范”相关,如团体合作、群体认同、等级制度、个人权利等(Smith et al.,2017)。研究者认为,这说明在原始形态社会中,故事的传播可以提供一种机制来协调社会行为,促进部落成员合作。为了验证这一假设,史密斯邀请来自18个营地的290位阿格塔居民参加了一场关于资源分配的游戏，研究结果显示，某个营地讲故事水平越高，成员之间就越愿意分享合作。阿格塔居民可能正是我们祖先的缩影，是故事让我们祖先能够以更具凝聚力的方式一起生活。

神话故事发明3万年后，地球上又陆续出现了大型的城邦和王国，公元前3100年，美尼斯统一了下尼罗河谷，建立了埃及第一王朝，法老王统治下的人口有500万之重，领土则达到上百万平方千米；公元前2250年，萨尔贡大帝统一了两河流域，在美索不达米亚地区建立了阿卡德帝国，萨尔贡称王后，为了维持统治招兵买马，几天就招募到四五千强悍战士，组成了西亚史上第一支常备军；公元前3世纪，月护王旃陀罗笈多征服了北印度大部分地区，创建了第一个统一的印度政权——孔雀王朝，至其孙阿育王统治时，从喜马拉雅南麓到迈索尔全部并入了孔雀帝国的版图；公元前221年，秦王嬴政横扫六合，中国成了真正统一的大帝国，秦朝疆域东起辽东、西抵高原、南至岭南、北达阴山，仅朝廷官僚系统就有十几万人。这些统一大帝国都与特定的文化体系相联系，统治者会积极构建并推行一套统一的虚构故事——如孔雀王朝的种姓制度和埃及的九柱神系统，以塑造人民对国家的认同感，保证庞大帝国的稳定。

爱国主义没什么不好，大型的系统需要有大规模的忠诚才能运转，如果没有对国家的忠诚与认同，我们更可能面临部落割据、一片混乱的局面。在当今世界，许多战乱不断的地区恰恰是人民“国家感”最弱的地区。不过，不要把爱国主义等同于极端的民族主义。极端民族主义常常是暴力冲突及国家战争的精神根源。

在现代社会，“民权”思想可能是全世界最具普世性和最受欢迎的虚构故事，自由、民主和平等的观念在大多数国家都深入人心。可实际上，自由和平等并不像牙齿与头发一样，是我们自然会生长出来的生理结构，它们其实是我们（现代）人类所想象建构出的文化概念。只不过从我们出生的那一刻起，所接触的所有小说、童话、绘画、歌曲、电影、教育甚至政治和经济制度都在向我们灌输民权观念,以至于民权思想与我们的真实生活已经不可分割了。这种想象的建构不但成为我们心中稳定的世界秩序,甚至成为我们的直觉和本能。因此,我们才可以随口说出"我的世界我做主"或"跟随内心的选择"之类的话。民主、自由和平等这些原本只存在于我们思想意识中的虚构概念,却可以构成我们生活的主背景。

在一定程度上,一旦某种文化观念同社会系统完全嵌套在一起,它所代表的秩序就会像监狱的高墙一样难以逾越,而我们每个人都可能成为这些秩序最坚定的守护者,不过这也并不是什么坏事。就像我们上文所说的,虚构的故事可以凝聚人心、促成合作,从这个视角来看,民权思想可能是现代社会最有用的观念。与民权相关的自由、民主、平等概念都与社会人际关系紧密相连,自由和平等规定了个体间的权利界限,而民主则是一套管理方式,当所有人都相信这些概念后,我们就可以减少人际摩擦,以更有效率的方式进行合作。因此,民权思想绝非邪恶的阴谋或是无用的空谈,而是有助于我们打造更美好的社会。

文化的延续与扩张

文化的生命力可以很强大,人类历史充满了族群间的杀戮、奴役与驱赶,在相互斗争后,胜利者会夺取失败者的土地,有时甚至会将失败的一方全部屠杀殆尽,但被征服者的文化却可以存续下来。多数帝国都从被征服的民族那里吸收了大量文化,最终形成了混合文明。古罗马帝国的文化半数以上都来自希腊文明,而蒙古帝国与大清王朝的文化则几乎就是中华文化的翻版。另外,每个族群总是与自己信奉的文化体系紧密相连,即使他们被暂时征服,只要还保留独立的文化特质,就有重新凝聚起来的可能,因此文化是延续族群生存的重要力量,这一点在犹太复国运动中显露无遗。

要知道,早在公元前10世纪,犹太人就以耶路撒冷为中心建立了犹太王国,犹太王国后来分裂为以色列国和犹太国两个国家,并分别被亚述帝国和巴比伦王国征服。在公元1世纪时,犹太人被罗马军队逐出巴勒斯坦地区,流落到世界各地。但在1948年,时隔2000多年之后,犹太人竟然又重聚起来,在巴勒斯坦建立了自己的国家。

以色列历史学教授施罗默·桑德在其著作《虚构的犹太民族》中指出,人们所熟知的犹太人的历史,尤其是"苦难"历史,其实并不完全真实,许多都是虚构或者重构出来的。例如,犹太人的几次流亡事件仅仅是当时一小部分犹太人的遭遇。但这些重构出来的犹太人苦难历史却成了20世纪犹太复国运动的主要依据,世界各个角落的犹太人都愿意为以色列的建立慷慨解囊,正如赫拉利在《未来简史》中所说的,苦难的记忆和崇高的意义,是最能彻底构建想象共同体的方式。

当然,历史上大多数时期征服者还是会充当文化播种机的角色,在工业革命后,英、法、德、俄、意等欧洲国家瓜分了世界,建立起欧洲帝国秩序,殖民地属民逐渐接受了民族主义、民主、自由和人权等西方文化概念。可紧接着,他们却以这些文化概念作为价值标准,要求享有平等的地位。最终,加拿大、澳大利亚、非洲及亚洲等殖民地纷纷独立,欧洲从此失去了对全球的控制权。但新成立的民族国家依然信奉西方思想,它们将原来所接受的西方文化继续发扬光大。例如,南非和印度独立后不仅保留了英国人建立的行政架构,甚至仍然以英语作为通用的官方语言。

当征服者计划彻底摧毁一个群体或社会时,文化清洗则是常用的对策。在19世纪中后期,为了同化北美印第安人,隔绝印第安人的文化土壤,美国政府以推广文明教化为名义,强迫印第安人放弃自己的宗教和语言,要求印第安人必须接受美国教育,对仍然坚守传统部落宗教的教徒进行屠杀。后来,为了彻底改造残存的印第安人,美国政府又提出了新的方案,他们计划培养一批印第安儿童,让印第安人的下一代从小接受美国文化,这样将来他们回到部落后就不会再同白人政府作对。大导演史蒂文·斯皮尔伯格监制的美剧《西部风云》中有一集涉及这一情节，在剧中，一位酋长的孙子和很多儿童一起离开家人，到了白人的寄宿学校。在那里，他们换掉自己的服装，剪掉自己的头发，上交所有和本民族有关的物品，不许说自己民族的语言，甚至连自己的印第安名字都不许提起。而在大致同一时间，加拿大与澳大利亚政府也对原住民采取了同样荒诞冷酷的同化政策，前后几十万原住民儿童被迫与家人分离，在寄宿学校接受文化改造，原住民文化遭受了巨大破坏。

实际上，同样的事情也曾经发生在中国台湾地区。1895年，依照《马关条约》的规定，中国台湾被清廷割让给日本，日本占领中国台湾后，对原住民先是进行血腥镇压，后来又积极推行奴化教育。1930年10月，赛德克族人因不满日本当局长期以来的苛虐暴政，在首领莫那·鲁道的领导下发动了"雾社事件"。在魏德圣导演根据"雾社事件"而拍摄的电影《赛德克·巴莱》中，首领莫那·鲁道与其他族人谈论发动袭击的原因时是这样说的：

达奇斯："头目，被日本人统治不好吗？我们现在过着文明的生活，有学校，有邮局，不必再像从前一样得靠野蛮的猎杀才能生存。被日本人统治不好吗？"

莫那："被日本人统治好吗？我们的男人被迫弯腰搬木头，女人被迫跪着帮佣陪酒。该领的钱全部进了日本警察的口袋。我这个当头目的除了每天喝醉酒假装看不见、听不见，还能怎样?！邮局？商店？学校？什么时候让族人的生活过得更好？反倒让人看见自己有多贫穷了！"

达奇斯："头目，我们能再忍20年吗？"

莫那："再过20年就不是赛德克了！就没有猎场！孩子全是日本人了！…… 赛德克·巴莱可以输掉肉体，但一定要赢得灵魂！输掉灵魂的赛德克一定会遭到祖灵的遗弃！"

……

塔道："你明明知道这一战一定会输，为什么还要打？"

莫那："为了快被遗忘的图腾！你看看这些年轻人，白白净净的脸，没有赛德克该有的图腾,你忍心看着他们死去的灵魂被祖灵遗弃?还是你觉得他们不够资格?成为一个双手染血的赛德克·巴莱?”

塔道:“拿生命来换图腾印记……那拿什么来换回这些年轻的生命?”

莫那:“我们的骄傲!”

迅猛的文化变异

语言文字所虚构出来的抽象事物不仅能够让大批互不相识的人有组织地生活在一起,同时还可以从根本上改变我们的进化途径。就像我们上文所说的,大规模的人类合作正是以虚构的文化故事(如宗教、制度、观念等)为基础的,因此只要改变文化故事的内容,就能迅速改变人类的行为模式。换句话说,自从可以通过语言虚构文化之后,人类就不再仅停留在基因演化这条道路上了,文化引领了人类社会的进化,我们走上了另外一条快车道——文化进化之路。

后天获得的文化并不具备生物学意义上的遗传性,它们没有办法通过译成密码的形式进入性细胞。但文化知识同样可以在世代间进行传递,通过文字、教育、培训、惯例和传统等多种途径,我们可以确保文化能延续到下一代。甚至在某些情况下,基因遗传已全部消失,文化血脉却依然能得以保留,文化的生命力要比肉体的生命力更加顽强。例如,在公元前3世纪至公元前1世纪,随着历次马其顿战争及布匿战争,希腊逐渐被罗马控制,古希腊文明也逐渐走向了衰亡,然而1000多年后,古希腊文化却在意大利的佛罗伦萨迎来了复兴。

其他动物的社会性行为大多与基因有关,尽管基因可能不是唯一的决定因素,但受基因影响,动物们会倾向于表现出一致的行为,如争当首领、占有更多的雌性、寻求安全领地等。在没有发生基因突变的情况下,这些行为不会有显著变化。一只母猩猩不可能受女权主义思想的感召,突然有了想当首领的念头。或者一群工蚁在无意中读到了《资本论》,从此平等意识暴涨,发誓要打破蚂蚁世界的阶层固化。

动物的行为模式可以维持几百年而不改变,但人类则不然。人类社会会随着文化的演进而改变,并且文化进化的效率要远大于基因进化效率。实际上,自然选择并不总需要几百万年才能发挥作用,很多情况下基因演化可以做到非常迅速,有时在几千甚至几百代的时间尺度内,一个物种就可以产生形态和行为上的巨大变化。例如,化石证据表明,由于地理隔绝的原因,英国泽西岛的红鹿在短短6000年时间里体型就缩小了整整一半。如今宠物狗类别众多、形态各异,但大多数人都清楚地知道,所有品种的狗都有一个共同祖先,它们是由2万年前的狼演化而来的。

不过,即使最快的基因变异也无法和文化进化的速度相提并论。某些社会变化的时间之短暂,已经远超出了自然选择能够解释的范围,虽然达尔文式的进化会在人类身上一直存在,但与文化进化相比,生物进化的速度确实较为迟缓。我们人类从狩猎采集发展到建立帝国,用了几千几万代人的时间;而从每个人困守在自己的牧场或土地,到可以实现跨越洲际的旅行,则只用了30代人的时间。

2018年,由歌坛巨星"嘎嘎小姐"首次主演的电影《一个明星的诞生》在美国上映,实际上,这已经是这部电影第3次被翻拍。有趣的是,虽然主线剧情基本一致,但不同时代的版本都具有各自的鲜明主题。在20世纪30年代与50年代拍摄的两版中,追求自我奋斗的"美国梦"是电影着力表达的精神核心,影片中甚至还有女主角为了出人头地处心积虑地诱惑男明星的剧情。而这样的情节在"Me Too"[①]运动风起云涌的2018年当然不可

① "Me Too"运动是2017年由好莱坞女星艾丽莎·米兰诺等人针对电影制片人哈维·温斯坦性侵多名女星丑闻发起的运动,越来越多人借由这场运动发声反抗,拒绝性别暴力,支持男女平权。

能出现，2018年的版本承载了更多的女性意识觉醒与女权主义精神。由此也可见，在短短几十年的时间里，人们的某些道德观与权利观发生了翻天覆地的转变。

当我们讨论文化时，不能忘记，科学也正是文化的一个子集，如果我们承认科学对人类社会的塑造作用，毫无疑问，文化诞生后，它便接手成为主宰人类历史前进方向的最主要因素。斯坦利·库布里克伟大的科幻电影《2001：太空漫游》中有一幕形象地说明了这一切：一只类人猿对着一段腿骨凝思半天后，它发现可以将这段骨头拿在手中充当攻击的武器，轻易地敲死其他猿类，当它用毛茸茸的胳膊将这根骨头掷入空中后，镜头一转便出现了几百万年后人类的空间站。

我们生活在一个急剧变革的时代。过去500年来人类科学认知开始呈指数成长：16世纪时，波兰人哥白尼发表了《天体运行论》；17世纪时，牛顿提出了万有引力定律，胡克提出了细胞学说；18世纪时，拉格朗日、拉普拉斯、傅立叶、泊松、柯西、高斯、黎曼以及欧拉等一批数学家共同开创了数学史上最伟大的英雄时代；19世纪时，电动力学、元素周期表、进化论和遗传学相继诞生；20世纪时，物理学与生物学领域又产生了新的革命，分别迎来了量子力学与分子生物学。这些科学发现促使新发明与日俱增，包括蒸汽机、电力网路、汽车、飞机、火箭、电视机、无线通信、抗生素、核武器、太空望远镜、人造器官、因特网与基因编辑技术等。假如一个生活在公元5世纪的欧洲人穿越到15世纪，他可能对千年之后人类的生存状况并不以为意。但假如一个生活在1918年的人来到2018年，他一定会对人类100年来的变化瞠目结舌，这种变化背后的主宰力量正是文化进化。

文化适应的灵活性

通过文化尤其是与科学相关的文化,我们往往能够解决生物适应与环境间的不匹配问题,例如,关于衣物、光、热、燃烧和制冷的文化知识可以消除极端温度对人的不利影响,我们不需要演化出新的生理特征,也可以在极端温度中很好地生存。没有任何证据表明,3000年前的人类与当代人在大脑结构上存在什么差异,但两者的生活面貌却完全不同。在非洲丛林中,所有黑猩猩都有相同的社会组织模式,而我们人类虽然有几乎完全一致的基因,却可以形成丰富多元的社会生态。

实际上,无论是基因还是可延续的自然环境,都不能充分解释人类社会间的某些差异,不同社会的行为特征往往都是由文化因素所主导的。被跨国收养儿童的行为为此提供了证据。发展心理学家洛伊斯·利登斯对101位由美国白人家庭领养的韩裔幼儿开展了研究,这些儿童在血统上是标准的朝鲜族,但长大后他们都拥有了成长所在地的道德信念、价值观与生活习惯(Lydens,1988)。就像美剧《摩登家庭》中同性恋夫妇米切尔和卡梅伦收养的越南裔小孩莉莉,她呆萌又毒舌,是一个典型的美国女孩,她的行为模式几乎没有任何“越南特色”。

麻省理工学院的物理学教授迈克斯·泰格马克在其著作《生命3.0》一书中,将生命分为三个阶段。第一阶段(即生命1.0阶段)为生物演变,在这一阶段,生物的行为完全由它的基因所决定,有机体在其生命周期内无法重新设计自身的软硬件,它们只有通过基因变异和代际繁殖才可能发生改变。第二阶段(即生命2.0阶段)为文化演变,在这个阶段,生物可以通过后天学习的方式将新的技能、知识和世界观编入自己的大脑,从而实现“软件”的更新换代(Tegmark,2017)。毫无疑问,处于2.0阶段的生命自然要比处于1.0阶段的生命更聪明、更灵活、适应性更强。地球上部分具有智能的哺乳动物或许能够达到1.1或1.2阶段，但只有人类能完全站在了2.0的阶梯上，并且很快可能就会成为3.0阶段的生命[①]。

文化演进不仅迅速，而且其过程是可逆的。人类可以依据社会的实际需要创造新的文化，从而调整观念以应对社会变化的挑战。对于人类来说，只要十几二十年，就可能改变整个行为模式。例如，从1911年辛亥革命起，中国人在短短的几十年内就完成了从相信君权神授到相信人民当家做主的转变；在20世纪60年代中期，美国黑人争取人权与平等生存权的斗争之火迅速燃遍全国，而主张藐视传统权威的嬉皮士运动也很快在学生群体中蔚然成风；自20世纪80年代开始，阿联酋重点发展旅游业与服务业，如今阿联酋民风开放包容，而其他伊斯兰国家则依然充满禁忌；进入21世纪后，日本结婚率持续下降，到2010年时35岁以下的年轻人中有超过一半的人选择不婚。所有这些改变都发生在数十年间，有些甚至是发生在同一代人的身上，在此期间人类的基因频率并没有发生任何改变。因此，塑造新的社会环境与文化，是改变人性最有效的途径。

当然，在很多情况下文化演化会主动适应社会需求，例如，生育观念的变化非常能体现出社会结构、文化演化与行为变迁间的作用关系。在传统农业社会中，大多数人生活在相对隔绝的村庄中，人们缺少向上流动的阶梯，而生育可以增强家族或宗族的力量，一个繁荣的大家庭是普通男女所能企及的最大成就。从国家层面看，农业生产和传统战争也都极为仰赖人口数量，人口

① 第三阶段（即生命3.0阶段）为技术演变，在这个阶段，生物不但可以更新软件，还能设计自己的硬件，通过硬件更新，个体能够瞬间记住维基百科的所有内容，可以消除自身所有的致病基因，完全掌控自己的命运，这是超人工智能时代的特征。

纳粹支持拍摄的反犹电影《犹太人苏斯》

是一个国家所能拥有的最大财富。在这种情况下，“多子多福”的文化观念会成为社会主流生育观念，进而对每个家庭的生育选择产生实际影响。而现代经济需要的是受过良好教育的专业人员，那些能够将时间和精力投入到教育和事业中从而推迟结婚或减少生育的人，在社会竞争中会更具有优势。另外，为子女进行较大的教育投资常常能获得大量的回馈，这就诱导人们改变生育策略，以生育质量换取生育数量，在这种情况下，“少生”“优生”甚至“不生”文化大受欢迎。受这一文化的影响，大多数发达国家在最近几十年都出现了生育率不断降低的现象。

对于个体来说，我们还可以对不同的文化信念进行组合，并根据自己当下的需求灵活切换该相信的“故事”。例如，希特勒上台后将犹太人视为自己的头号敌人，他在《我的奋斗》一书中将犹太人塑造为一切邪恶事物的根源与一切灾祸的始祖。这些观点后来被纳粹信徒追捧，成为灭绝犹太人的理论依据。不过，纳粹分子一方面大肆鼓吹“犹太瘟疫”的论点，将“劣等人种”犹太人囚禁在集中营，另一方面，他们又对于犹太财阀创办的工厂非常依赖，并没有像躲避瘟疫一样将这些工厂付之一炬，而是心满意足地据为己有。在纳粹的理论中，犹太工厂是邪恶源头之一，是造成德国经济秩序崩塌的元凶，但他们没有粉碎这些“邪恶的生产线”，而是要它们维持正常运转。我们或许能得出一个结论，就是纳粹分子并不真正相信犹太人的工厂会导致德国衰败,所以他们让这些工厂依然像以前一样。但倘若如此,犹太人到底哪里邪恶呢?很有可能,答案是他们同时坚信着两个互相矛盾的故事,并根据实际需要切换信念,但对于其中的不一致浑然不觉。

第五章

进化全景：

从猿性到人性的故事

路在脚下:进化舞台的第一幕好戏

只有经过严酷的考验,人类才能不断前进,走向发展的高峰。危险的环境和危机感,才是驱使人类不断进步、不断征服新事物的根本动力。

——艾萨克·阿西莫夫《永恒的终结》

在前四章,我们分别探讨了人性中一些独特的心理机制的来源、功能、运作方式和意义,在了解了这一切之后,我们已经可以对人类进化做一个全局性的描绘。要知道,进化可不仅仅是一个生物学问题,人类的进化史也正是人性的进化史。

人类进化的故事可能是世界上最精彩纷呈的故事了,我们总是不断地叩问:我们是谁?我们从何而来?是什么力量把我们变成了今天这副模样?很多人认为,达尔文的《物种起源》为这些问题提供了一个最科学而系统的答案,但其实《物种起源》完全没有涉及人类的由来,达尔文甚至没有提到人可能起源于动物,他只是在书中隐晦地暗示了人类与猿类具有血亲关系,于是很多人以为猴或者猩猩是我们的祖先,直到现在,大多数人提到进化论时可能都会有这种误解。

实际上,现存于世的所有动物都经历了同样漫长的进化历程,只是有些物种变异的频率较高(如人类),有些物种变异的频率较低(如草履虫)。因此,如果我们认为猴可以进化成人类,而甲虫能够进化成猴,那就大错特错了。人并非起源于猴,只是与猴有共同的祖先,而这个祖先与猴看起来更像,猴也并非起源于甲虫,只是与甲虫有共同的祖先,而这个祖先与甲虫看起来更像罢了。

在19、20世纪时,古生物学家希望找到人类和猿猴之间进化过渡的缺失环节,也就是介于人类和猿类之间形态的化石,后来随着化石积累越来越多,当人们把这些化石按照时间先后顺序排起来后却发现,很多生活在同一年代的化石形态差异非常大。至此科学家渐渐意识到,人类进化比最初想象的要复杂得多,可能包含很多条不同的支系。其实这也是整个生物界进化的规律,进化并不像一条一环扣一环的锁链,也不像一座层级递高的阶梯,它更像一棵枝繁叶茂的大树,不断地开枝散叶。即使我们仅仅从生命枝状谱系中截取人类这一小丛分支,上面也支系庞杂。

在《物种起源》出版10多年后,达尔文又通过《人类的由来及性选择》一书阐述了他对人类演化的思考。在书中,达尔文将重点放到了人类智力演变的问题上,这一聚焦非常重要。科学家能够用小白鼠来做医学实验,但却不会将对儿童的教养方法在动物界中进行普及,这至少可以表明,虽然人类看起来与兔子和鼠很不一样,但我们与它们在心智能力上的差异要远大于在其他生理特征上的差异。因此,在人类进化历程中,心智起源才是关键之所在。

不过,探讨心智起源并不是一个简单的任务,原因在于人类祖先的精神状态或思维方式是无法从骨头或化石等物质遗迹中直接观测出来的,幸运的是,目前已积累的大量证据都表明,我们心理功能的进化与生理结构的进化基本是同步的,因此,探讨人类不同的进化阶段,当然有助于我们了解人性进化的历史,而这正是本章的写作目的。

人猿分家

早在19世纪末科学家就笃信，人类也是自然界的一部分，是自然选择塑造的结果。因此，我们完全可以用自然选择的视角来理解人类起源。在最近100年中，古生物学家挖掘了数以万计的古人类化石，包括骨骼、牙齿、工具、艺术品以及居住遗址等，这使得科学家开始有条件去探索人类演化的各种可能性。不过，想要讲述人类进化的故事，我们必须先规定好一个起点，否则相关解释一定会引出新的问题，最终结果可能是追溯到宇宙大爆炸的那一刻，这无疑会大大超出我的知识储备，同时也可能导致本书的价格高于一部分读者心理所能承受的范围。

人类独特的"人性进化"起源于我们的祖先与其他灵长类动物分化之后，黑猩猩、倭黑猩猩、大猩猩与红毛猩猩在认知能力方面差异很小，而人类的认知能力却与它们有很大不同，心智健全的成人恐怕不会因为自己的口算速度比黑猩猩更快而洋洋得意。既然如此，我们不妨把时间拉近，将人猿分家作为人类进化这场大戏的序幕。地球生命史已有30多亿年，而从猿到人的演化历史则只有600万年左右。如果我们把从单细胞微生物到人类之间的时间距离看成是一个400米长的标准环形跑道的话，那么从猿到人则只占了最后小半步，而正是这最后小半步囊括了所有我们要讲述的故事。

地球的生命史和人类文明史，都与自然环境变迁这个大背景密不可分。在第三纪①，地球上的动物种类达

① 地质年代新生代中的一个纪。始于6500万年前，结束于160万年前。

到了全盛期,其中十几种猿曾在东非生活过,而人类的祖先就混迹于这些猿猴之中,当时的它们毫不起眼,如果我们能够有幸穿越时光站在它们面前,大概也无法把它们与其他猿类区别开来。起初,这些猿类都在绵延无尽的森林世界中享受着自然的馈赠,可惜世上没有亘古不变的天堂。在大约1200万年前,地壳运动及熔岩喷发使非洲东部的大地上形成了一条大裂谷,东非大裂谷的规模之大,简直就像是地球的一道伤疤。大裂谷北起叙利亚,经红海、埃塞俄比亚、肯尼亚、坦桑尼亚,最南端进入莫桑比克境内,它的平均宽度达到50多千米,宇航员即使身处太空也可以将它看得清清楚楚。大裂谷的形成对非洲的地理环境、气候和植被都产生了深远的影响,整个东非被分为两个独立的生态系统,而这一阻隔也成为人与猿分道扬镳的关键。

其中,裂谷之西保留了茂密湿润的树丛,在那里我们的灵长类近亲不需要为了适应环境做出太大改变,它们保留了手脚并用在树枝间攀爬游荡的习惯,并继续享受悠然自得的田园生活。不过这种好处也是有代价的,裂谷以西的猿类脑进化缓慢,养尊处优的它们如今依然顶着厚厚的毛发,以单调的水果为食,无法互相倾诉,还会面临被人类抓进动物园的风险。相比之下,大裂谷东边则是另外一番场景。那里由于地壳变动,降雨量逐渐减少,草原代替了林地,大部分的猿类都灭绝了。不过其中一小部分勇敢者率先选择了在地上开阔的环境中生活,它们在危机中开始形成独特的演化模式。

历史证明,走出森林来到草原是一个伟大的决定。时至今日,那些当年无忧无虑、辉煌一时的猿类已经所剩无几,余者也在生死存亡的边缘苦苦挣扎,它们中的大部分都被我们放在了“濒危保护动物”的名单中,但人类却已遍及世界的每一个角落。这种选择所导致的生存过渡期在地质时代表上仅仅是一个小小的刻度,但对于人类历史来说,这却是关乎生存灭亡的千钧一发关头。

南方古猿登场

如今通过DNA检测和生物分子钟研究我们可以知道(分子钟是指利用两个物种之间DNA的不同数量及自然变异的速率,来计算两条支线分开了多长时间),人类和其他灵长类动物的分界点产生于800万—600万年前,在这之后200多万年,大裂谷以东的猿类演化出了我们最早的祖先——南方古猿中的一支[①],人类终于在历史舞台上登台亮相了! 在现存所有动物中,与人类血缘关系最近的是黑猩猩,它们是600多万年前那次猿类分家后另一支的后代,遗憾的是,由于这之前的化石资料几乎为零,因此至今科学家仍未发现猩猩和人类的共同祖先。

2002年,非洲中部出土了一块距今约700万年的头骨化石,考古学家为其命名为"乍得人猿",同时还给它起了一个很浪漫的外号"图迈"——意为"生命的希望"。图迈究竟是属于人科动物,还是人和黑猩猩共同的祖先,又或只是猿类的另一个分支? 目前科学家尚无定论(Michel et al.,2002;Michel et al.,2005)。然而,这块化石的出土地、所在年代以及形态同科学界对人类起源的主流认知相距甚远,因此,如果前两种可能性中一种为真,那么我们就需要对人科动物的演化进行重新定位和分类,当然这也没什么问题,类似的事情在考古学研究中早已习以为常。人类的进化过程还留下许多未解之谜,新的发现将原来的解释完全推翻是很

① 这里所谓的南方古猿是我们人类最早的祖先,意思是在现存的所有动物中,属于南方古猿后代的只有人类,南方古猿当然也有它们的祖先,但那些更早猿类祖先的后代除了人类之外,可能还有黑猩猩、大猩猩或者红毛猩猩等其他动物,所以我们把南方古猿当成是人类进化史的第一个重要阶段,而不是之前的猿类。

有可能的。

不过我们还是先回到南方古猿的问题上，南方古猿分为两个基本类型：纤细型和粗壮型。考古学家至少可以基本肯定，人类是纤细型南方古猿的后代，我们接下来所描述的南方古猿特指这种类型。同更早的猿类相比，南方古猿的变化并不太大，例如，他们个头矮瘦，腿短臂长，头很小①，门牙很大，以草食为主，雄性体型比雌性大50%，具有明显的性别二态性，另外还保持着树栖的习惯。

1924年，在南非阿扎尼亚一个叫汤恩的地方，采石场工人进行采石爆破时发现了一块小的头骨化石，后来它被送到了南非威特沃特斯兰德大学医学院的解剖学教授雷蒙德·达特那里。第一眼看见这块头骨时，达特还以为这只是一块普通的狒狒或猩猩的骨骼残片。经过仔细测定后他才意识到，摆在自己眼前的这块化石可能会成为考古学的标志性成果，因为它来自一种未知的原始人类，而且距今已超过200万年。由于发现地位于非洲最南部，达特就将这种人猿命名为南方古猿。随后十几年，南非各地竟然陆续出土了70多件相似的化石残片，这些化石为科学家深入研究人类进化史提供了关键性证据，同时，如此多的残片足以证明人类起源于非洲，那里才是人类进化的摇篮。

在所有的南方古猿化石中，最被人们熟知的应该还是大名鼎鼎的“露西”。20世纪中后期，科学家在非洲寻找人类化石的活动逐渐转移到东非的埃塞俄比亚、肯尼

① 南方古猿脑容量约为430—485立方厘米，比黑猩猩大不了多少。

亚和坦桑尼亚地区。主要原因是东非大裂谷两侧排列着乞力马扎罗火山、尼拉贡戈火山、埃尔塔阿勒火山和阿夫代拉火山等30多座活火山，星罗棋布的火山造就了宜人的风景，不过考古学家的兴趣并不是在科考之余游山玩水，对于他们来说这里的吸引力来自其他方面：几百万年以来火山喷发形成了厚厚的火山沉积，沉积物可以将许多动物骨骼化石很好地保存下来，因此这里蕴藏着世界上最丰富、最引人注目的化石，考古学家还可以通过出土化石的地层准确推测出化石所处的年代。不得不说这似乎是命运的安排：大裂谷为猿类祖先的分化提供了环境压力，同时又记录了早期人类进化的历史。

老祖母露西

1973年，一个由多国科学家组成的国际纵队来到了埃塞俄比亚哈达尔地区，他们的目的是搜集与人类起源有关的化石。就在考察快结束时，美国古人类学家唐纳德·约翰逊采集到一块古老的胫骨化石。测定显示该化石年龄超过300万年，这远大于当时已知的任何一个早期人类标本，科考队队员为此兴奋不已，他们决定延长考察期限。一年后，约翰逊又在当地一处沟壑发现了多块化石碎片，最终，经过长达三周的发掘，科考队拼出了一份完整度达到40%的骨骼化石[①]。

这里我们必须说明一下，其实生物成为化石是一件相当不容易的事情。当有机体的生命之火熄灭后，组成它身体的每一个细胞都会在历史长河中被啃食或冲刷

① 在不同的资料中，关于这副化石完整程度的说法并不一致，这主要是因为不同的计算方法导致的。例如，人体一共有206块骨头，但有的骨头体积很大，有的骨头体积很小，按体积计算和按骨骼数量计算会有不同的结果；另外，很多骨骼其实是对称重复的，如四肢、胸腔、肋骨，所以如果寻找到左手掌的化石，在考古价值上等同于也找到了右手掌的化石。本书采用大多数资料中使用的40%这一说法。

得一干二净。超过99.99%的生物最终会化为乌有，绝大多数在地球上生存过的物种都没有留下任何痕迹。考古学家估计，每10亿块骨头中大约只有一块骨头会成为化石，而这些化石能不能被发现又是另外一个问题。因此，任何单独一块古人类化石的发现都比中彩票还要难得。在现代人类诞生之前，地球上至少生存过几亿古人类，但能留下化石的可能只有 5000 人左右，实际上，人类目前已发现的所有祖先化石也装不满一辆卡车。况且这些化石并不是来自一个个完整的身体，而是各种支离破碎的骨头。在全世界范围内，5块以上骨头来自同一个类人猿的例子也屈指可数。理解了这一点后，你大概能明白骨骼完整度达到40%的化石意味着什么了，这简直就是奇迹。

在一次庆功宴上，有人播放了甲壳虫乐队的新歌《露西在缀满钻石的天空中》，因此约翰逊将这副化石命名为“露西”。随后测定得知，露西生活在距今340万年以前，这是截至当时发现的最古老且保存最完整的早期人类化石，她是不折不扣的人类老祖母。目前露西被保存在埃塞俄比亚国家博物馆，已成为国宝级的文物。2014年，法国导演吕克·贝松自编自导拍摄了一部叫《超体》（又名《露西》）的电影，影片女主角露西原本是个普通女孩，但她无意间成了“超体”，获得了心灵感应、心灵遥感以及心灵时空穿梭等不可思议的超能力。影片快结束时有一个片段，露西回到300多万年前的过去，与南方古猿露西在

电影《超体》中的一幕，人类露西与南方古猿露西的接触

溪边见面，她们互相伸出食指一触，像米开朗琪罗的名画《创造亚当》那样完成了接触。

露西是身高刚刚超过1米的成年雌性古猿，与其他猿类一样，她的脑容量只有400多立方厘米。不过令人感到惊讶的是，种种迹象表明露西是用双脚直立行走的。与四足行走的猿类相比，双足行走的人类在骨架结构上具有一些明显特征，例如，为了承担弹跳时的冲击，我们必须有坚硬的膝盖骨；为了能够支撑上半身的重量，我们必须要有强壮的骨盆；为了在走路时更加轻盈省力，同时缓冲奔跑时大脑受到的冲击，我们脚底必须有一对足弓；为了使头颅平衡在直立的脊椎上，我们的枕骨大孔必须处于头骨下方，而不像猿猴一样枕骨大孔在头骨后部（这样他们四肢着地时也能抬头向上看），如果我们现代人类的枕骨大孔还保持着猿猴的结构，那么我们只能抬着头面孔朝天走路，这种姿势除了避免被高空坠落的东西砸中外，恐怕就没有其他好处了。

总之，露西的骨架与这些特征是非常相符的，我们可以想象得出她在草原上昂首挺胸散步的画面，尽管她走路时未必有我们现代人这么平稳优雅的步

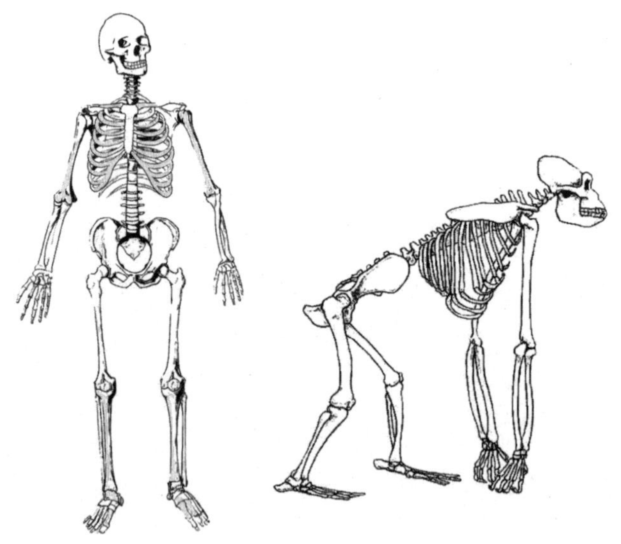

人类与其他灵长类动物骨骼结构存在显著区别

态。2015年11月24日,为了纪念“露西”骨骸化石发现31周年,谷歌首页上特别呈现了一张人类进化直立行走的动态图。

当然,实际上许多其他猿类也能够直立行走,例如,红毛猩猩就可以像杂技演员一样,踩着树枝两腿交替前进,只是由于它们的身体结构并不适应直立行走,所以步态看起来会像喝多了酒的醉汉,而南方古猿的身体特征表明它们比其他猿类更习惯于直立。灵长类动物的身体是为攀爬树枝设计的,它们用双手抓住树枝在林间摇荡,手臂是移动的主要工具,双腿则主要起到支撑身体的作用,因此它们的四肢具有臂长腿短的特征。露西的上下肢长度比例已比猿类小了很多,虽然她的下肢没有我们现代人那么修长,但显然这种体型是更适合在平地上行走的。

1978年,英国古人类学家玛丽·利基又在坦桑尼亚的莱托利地区发现了一串凝结在火山灰石中的脚印。这些脚印之所以能保存下来,是因为它们最初是留在松软的火山灰上,而随后的一场大雨让火山灰凝固成了水泥地。年代测定显示这组脚印形成于370万年前。这些脚印步伐不大,全足落地,与现代人类的足迹很像。研究者通过对足弓形态和步态进行分析,认定只有直立行走才能留下这样的脚印。更令人激动的是,这组脚印大小深浅有别,它很可能是由两只成年古猿以及一只幼年古猿的脚印构成的,两只成年古猿的脚印一前一后,且多少有些重叠,而幼猿的脚印则在它们之间穿插,这简直就像是一件雕刻在时光中的抽象艺术品,将几百万年前一个古猿家庭的生活日常活灵活现地展示在我们面前。

2009年,《科学》杂志发表的一系列论文将人科动物直立行走的年代提前到440万年前,故事的主角是一副被命名为“阿尔迪”的女性骨骼化石。阿尔迪身材与脑容量同样很小,骨盆结构证明她已直立行走,不过阿尔迪并没有足弓,因此还不能以直立的方式进行远距离奔跑(White et al.,2009)。所以,500万—400万年前大概是我们祖先从四足行走到双足行走的过渡期。

直立行走的原因

南方古猿直立行走的发现具有重要的科学意义，此前科学家一直认为，脑容量的增大是早期人类的关键特征，较大的脑容量是直立行走的前提。而露西以及莱托利的脚印则告诉我们，南方古猿在头围没有明显增大时就已经开始直立行走了，或许直立行走才是开启人类演化的钥匙。大脑只是直立行走的系列成果之一，而非先决条件。

关于大脑进化与直立行走的关系，近年来科学家其实还发现了另外一份重要证据。2013年，南非金山大学的古人类学教授李·伯格被一张照片吸引了，这幅照片的拍摄地点是南非约翰内斯堡附近的一处名为“星冉”的洞穴，照片显示这个洞穴中有遍地的骨头。伯格看到照片后立刻断定，这些骨头肯定是某种古人类化石，而且可能是之前从未发现过的种类。不过这个洞穴通道太过狭窄，伯格根本无法进入。后来在美国《国家地理》杂志的赞助下，伯格组织了一个庞大的考古团队，他们最终在洞穴中发现了1550块古人类化石，这是迄今为止获得古人类化石最多的一次考古发现。

研究人员根据当地语“星星”一词将这种古人类命名为“纳莱迪人”。纳莱迪人的身体结构让考古学家感到震惊：他们身体越往上的部分与猿类越像，而越靠近地面的部分则与现代人越像。他们的头围只有500立方厘米左右，但腿部则几乎跟我们没什么区别。最初科学家猜测纳莱迪人可能生活在280万—150万年前，但真实情况让他们大吃一惊。

2017年，伯格的研究团队发表了他们的结论，通过沉积岩年代测定以及放射性同位素分析可以基本断定，纳莱迪人生活在距今33万—23万年前（Berger, Hawks, Dirks, Elliott, & Roberts, 2017）。没人想到脑容量这么小的一种原始古人类竟然能够生存延续到那一时期。当前围绕纳莱迪人还有很多未解之谜，不过有一件事情是肯定的：纳莱迪人脑袋很原始，但腿脚却很“现代”，他们是一种直立行走的动物。这就再次印证了我们上文提到的观点:人类进化的起点并不是脑容量增大,而是直立行走。

眼下我们将注意焦点从纳莱迪人身上移开,重新回到直立行走的话题。通过以上种种证据我们已经可以确信,人类祖先直立行走的时间要早于其他身体变化。不过,这又要面临另外一个问题:人类为什么要直立行走?从解剖学的角度看,猿类需要身体做出大量调整才能适应新的行走方式。正如如果我们今天要改用四肢行走,也会非常痛苦和吃力。

从工程学视角来看,双足行走并不是一套优良的设计。直立姿势会让人的颈椎、脊椎、膝关节、踝关节和心脏等器官承受过度的压迫,使我们饱尝颈椎错位、椎间盘突出、软骨磨损以及心脏病等病痛的折磨。另外,四足行走的动物内脏是平放的,直立后内脏就像晾腊肉一样被吊了起来,在重力的作用下内脏会下垂,导致出现胃下垂、子宫下垂、小肠下垂等疾病。这些都是人类独有的常见病,其他哺乳动物很少有机会体验到。这些痛苦其实也在提醒我们,进化从来不是一个完美的过程,鱼与熊掌不可兼得,人类并非像《圣经》中所描述的那样,是上帝缔造的完美作品。那么到底是什么样的自然选择压力,导致我们的祖先必须选择这样一条代价巨大的进化路线?

在大多数人眼中,直立行走的好处是显而易见的:只用两脚站立时,我们可以腾出双手去制造并使用工具。不过事实可能并非如此,我们必须强调,生物变异经常会带来一些“意料之外”的“副产物”,某些进化的副产物后来可能喧宾夺主,拥有了强大的功能。就像如今全世界的人都可以利用计算机办公、娱乐以及实现信息共享,可美国政府当年建造世界上第一台通用计算机“埃尼阿克”的目的是借助计算机为弹道模型的非线性方程求解。同样,在进化过程中,有机体的某种生理结构当下能实现的功能并不一定是这种结构产生的直接原因。实际上,人类直立行走的时间要比石器出现的时间早了上百万年,也就是说,在至少100多万年的漫长岁月中,我们的祖先压根没有用已经获得解放的双手制造过任何工具。因此,并非是双手使用工具的压力导致了直立行走,相反,恰恰是因为直立行走,才让我们祖先的前肢慢慢变成了可以操纵物体的双手。

有机体重要的特征不可能毫无由来地从天而降,它们都是不断适应的结果。根据达尔文的理论,生理特征突变的深层原因是环境变化,直立行走当然也不例外。东非大地被“上帝”划出了一道裂口后,断裂带东边的自然环境急转直下,随着降雨量逐渐减少,枝叶枯萎,森林萧条,原本生活在树上的古猿失去了栖身地,但它们又无法跨越巨大的裂谷,最后只有一个选择——从树上下来,到地面去讨生活。

刚到地面的古猿面临着极其严峻的考验,非洲的捕食动物种类繁多,包括剑齿虎、豹子、狮子、鬣狗、土狼与野狗等,灵长类动物也常出现在它们的菜单上。在森林生活时,古猿还可以依靠在树木间灵活的闪转腾挪等动作降低被捕食的风险,但在地面生活后就没这么幸运了。化石证据表明,早期人类经常成为猛兽的美食(Hart & Sussman,2011)。捕食动物爪牙锋利,速度极快,不过它们都有自己的攻击距离,例如猎豹的攻击距离大约为70米,而体型较大的狮子或老虎的攻击距离只有不到30米。大致来说,如果猎物在捕食者攻击距离之外就察觉危险,那么它们基本能够逃脱。因此,尽早发现捕食动物对于古猿的生存来说是至关重要的。当它们四足站立时,视野会被草丛遮挡,要知道早期猿类很矮小,露西站立时只有1米高。为了开阔视野,我们的祖先不得不努力站起来,这样它们才能将周边状况一览无遗,尽早发现猛兽、食物、水源和安全住所,可见,直立行走源于应对天敌的磨炼。

另外,赤道附近气候非常炎热,在丛林中时,茂密的枝叶尚可以为古猿遮挡热辣的阳光,而草原生活则完全不一样了。一旦古猿以四足站立的姿势趴在地上,它们不但整个后背会暴露在强烈的阳光下,前胸和腹部也要经受地面高温的煎烤(地面温度可比气温要高得多)。为了不被晒成肉干,古猿们还是乖乖站起来为妙。这样一来它们的正面可以远离地表酷热的铁板烧，身体受到阳光直射的面积大为降低，同时还有更多皮肤可以享受凉风的吹拂。利物浦约翰摩尔斯大学的生理学家莱斯利·艾洛和彼得·韦勒研究计算出，直立行走的动物所受的太阳辐射热量能减少整整三分之一（Aiello & Wheeler，2015）。因此，当我们的祖先最早开始挺起腰板时，它们可没有征服世界的雄心壮志，选择直立行走实在是形势所迫，不得已而为之。大裂谷不但撕裂了东非大地，也撕裂了猿类的进化轨迹。

不过，命运的钟声已经敲响，既然直立行走无法避免，这种选择是否会带来一些其他惊喜？

意外收获

欧内斯特·海明威在《永别了，武器》中写道："生活总是让我们遍体鳞伤，但到后来，那些受伤的地方一定会变成最强壮的地方。"虽然我们的祖先迫于生存压力选择了艰难痛苦的直立行走，可一旦直立行走成为常态，这种特征倒是带来了巨大的额外好处。美国亚利桑那大学的人类学教授大卫·瑞希伦研究团队在《美国国家科学院院刊》杂志刊文表示，直立行走是一种最节省体力的行走方式（Sockol，Raichlen，& Pontzer，2007）。他的研究团队测量并比较了4名成人和5只猩猩在跑步机上所耗费的氧气与力量，并据此推断出他们各自的体力消耗。结果发现两足行走的步法比四肢行走的步法要节省75%的能量[①]。在自然环境下，任何一点能量节省

① 许多研究者认为，双足行走对能耗的影响存在一定争议。但显而易见的是，这种行走方式带来了许多其他好处。

都意味着有更多的生存机遇。与等体重的其他猿类相比,南方古猿在吃掉同样多的食物后可以走更远的路程,从而拥有更开阔的活动范围。或许正是能量消耗的原因,其他猿类很少贸然走出自己熟悉的丛林,人类祖先却没有被限制在原始栖息地,在后来漫长的几百万年,他们为了寻找食物不断长途迁徙,最终跨越洲际遍布全球。

双足行走还会带来另外一个意想不到的结果,四肢行走的哺乳动物在奔跑时前胸要起到支撑功能,为了承受身体对胸部的冲击,它们的呼吸和奔跑是同频率的,胸腔会随着步伐吸满和放出空气(胸腔充满空气能更好起到支撑作用,就像人类举重时要屏气一样),过快的呼吸气会限制它们的发声系统(如果不明白这个原理,你可以尝试一下如何在每秒呼吸两三次的情况下说完一句完整的话)。而我们祖先直立之后,呼吸频率不再受到行走的限制,他们可以做到连续发出十几个音节,发音不被呼吸打断,与此特征相一致,人类比其他灵长类动物有更复杂的脊髓结构和胸腔神经束,这正是我们精细发声的重要生理基础(Provine,2017)。因此,直立行走让人类呼吸变得更加灵活,为复杂的发声创造了基础。

另外,直立行走还可以让我们的祖先最大限度地解放上半身,这样他们既能够背负重物,也可以用手提东西,运送物品变得非常方便。古猿们再也不需要像很多现代人吃自助餐一样,一次性吃到肚子爆炸,而是可以把剩余的食物打包带走,这会促进互惠和交换行为的出现,并且为长途迁徙再次增加了砝码。

双手一旦得到自由,人类就开始不断地开发它的潜能,手的使用让我们与其他动物彻底区分开来,实际上,人类不是唯一会使用工具的动物,乌鸦会用石块砸开蜗牛,猕猴可以用锋利的贝壳敲开贻贝,黑猩猩能够用树枝撬开白蚁穴,然后用轻便的树枝够取美味的白蚁。但动物在使用工具时,只是利用现成的石块或木棍,它们不会将原始材料开发出新的形态与功能。黑猩猩能掌握的最高技能就是,将一整块石头用力摔到地上,然后从中挑出最锋利尖锐的碎片,但是它们无论如何都学不会打磨石片。如果说其他动物在工具的使用上闪现了创新的火花,那么人类则是彻底点燃了创新的熊熊烈火。无论后来出现了多么复杂的工具,它们都是人类双手反复动作的结果。

2010年,科学家在埃塞俄比亚的迪基卡遗址发现了距今350万年前后的动物屠宰痕迹,这是迄今为止所发现的最古老的动物屠宰证据,虽然这些动物并不是早期人类杀死的,但它们的肋骨和肱骨上却有非常清晰的刮痕,这表明,一种动物用锋利的石头把它们的肉从骨头上切割了下来,在当时,最有可能想到这种主意的就是南方古猿(Mcpherron et al.,2010)。不过,有关人类开始制造工具的确切时间,在古人类学界一直是一个备受争议的话题。许多科学家坚信,南方古猿并不会制造工具,世界上最古老的人造石器出现在260万年前,迪基卡遗址中动物骨骼上的刮痕也许是其他动物踩踏造成的。

然而,更直接的证据很快就出现了。2015年,考古学家又在肯尼亚的图尔卡纳胡发现了149块石器工具,经放射性同位素检验后,考古学家估计它们已有330万年的历史。这是南方古猿使用石器工具的明确信号(Harmand et al.,2015)。从制作石器开始,古人类进入了一个全新纪元,石器的发明制作需要复杂的沟通与协作,南方古猿没有语言,他们没有办法直接将制作石器的方法口述给其他同伴,但是他们可以互相展示,彼此学习与模仿。因此,石器的使用可以为复杂的沟通交流施加压力。

手部操作还可以大幅度提高祖先获取食物的效率,哪怕是在挖掘块根、摘取果实和捕捉昆虫这种最原始的采集活动中,精细化的手部动作也大有用武之地。在双手进化了上百万年后,我们可以轻松地将摆在面前的一袋面粉做成面条、包子和水饺,而黑猩猩则只能用面粉把自己染成白毛猩猩。利用双手,我们还能投掷石块和长矛,通过远程攻击,战胜大型动物,这就为后来的狩猎创造了条件。黑猩猩和大猩猩的双臂强壮有力,但它们却不会利用臂力进行精准投掷,其他灵长类动物更是如此。实际上,人类几乎是地球上唯一可以杀伤两米之外的对手的生物。看过美剧《权力的游戏》的观众都不会忘记夜王用标枪杀死龙的那一幕。利用双手，我们的祖先从担惊受怕的猎物逐渐转变成了勇敢的猎人。

此外，由于上肢非常显眼，它们还可以用来传递信息，摆手表示反对、招手表示过来、高举双手表示投降，而手势沟通又是语言的前提（关于手势与语言的关系，可参照本书第四章）。一旦双手创造出了巨大的信息量，它们就会向脑施加进化压力，促进脑向更复杂的方向发展。因此，我们怎样评价直立行走的意义都不过分，那是一切后续进化的基础。可能很少有人会意识到，恰恰是我们每天司空见惯的走路姿势扣动了人类进化的指令枪。1986年版电视剧《西游记》主题曲中有一句著名的歌词："敢问路在何方？路在脚下。"这句歌词套用在古人类学领域真是一点儿没错，人类的进化之路始于何方？正是始于脚下！

走出非洲:200万年前的无毛大头怪

人猿们再也不会由于饥饿而变得冥顽不灵,他们有了闲空,也有了进行最初步思考的时间。

——阿瑟·克拉克《2001:太空漫游》

能人与直立人的历史

从800万年前毛茸茸的猿到如今衣冠楚楚的现代人,我们的祖先可不是像变魔术一样,随着一声"见证奇迹的时刻"就在瞬间完成了华丽转身。如果我们将这一过程中每一点形态过渡都视为进步的话,南方古猿无疑是一种硕果累累的动物。南方古猿类标志着人类家族与其他高等灵长类生物在进化之路上分道扬镳,而接下去的一次转变则是人类家族内部的飞跃:南方古猿中更接近当今人类的一支——能人种,在大约250万年前登上了历史舞台。

1962年,美国古生物学家乔纳森·利基在坦桑尼亚的奥杜韦峡谷发现了一块人类头盖骨化石,旁边还有一些零碎的下颌骨、手骨、锁骨以及足骨残片,残片的历史大约有230万年。从骨骼特征来看,他们生前显然不是南方古猿。研究者推测,这些化石所代表的人种是由南方古猿演化而来的,并且他们正是现代人的直系祖先。由于与化石一起被发现的还有一些可以用来切割或砍砸的石器，而当时人们还不知道南方古猿已经会制作工具了，所以另外一位古生物学家——乔纳森·利基的父亲路易斯·利基将这个新发现的物种命名为“能人”，原意是“手巧的人”。

从各个方面来看，能人与南方古猿都有明显的区别，其中最重要的区别是，他们的平均脑容量已由500立方厘米增大至750立方厘米，更大的脑容量为能人制造和使用石器工具创造了生理条件。而且他们的牙齿与腭骨变小了，由此可以推测，能人的食谱也发生了变化。

此外，能人男女之间的体型差异很小，这也是与南方古猿截然不同的特征。南方古猿的雌雄二态性还是很突出的：雄性的身体强壮有力，体型是雌性的1.35—1.6倍。性别二态性可以反映一个物种中雄性之间的性资源竞争强度。长臂猿是严格的一夫一妻制，它们雄性和雌性的体型比例是1.0，现代人类男女的体型比例是1.2，而妻妾成群的大猩猩雄雌体型比例则是2.0。从这一点判断，南方古猿的配偶关系介于现代人和大猩猩之间，他们在性关系上还像大多数猿类一样，采用的是乱交的性结合方式，在群体生活中少数强势雄性享有对雌性的交配权。为了夺取优势地位，雄性会展开激烈争斗，因此他们会进化出比雌性更强壮的体型。而能人并不具有特别突出的性别二态性特征，雄性与雌性的体型比例是1.2—1.3，他们更可能是一夫一妻的配偶关系。导致这种关系的原因是，长期直立行走使得雌性生产困难，从而导致了胎儿提前出生、抚育成本增加、婚配制度及择偶方式变化等。（本书第一章曾对其中的具体作用机制进行过详细解释。）

不过相对于人尽皆知的南方古猿，能人的存在感实在有点偏低。这主要是因为他们在人类演化这场大戏上唱主角的时间确实太短了，以至于很多生物学家将能人也归类为古猿。在能人出现仅仅几十万年后，他们中的成功者很快就过渡到了一个新的人种，直立人接下了人类进化的接力棒。直立人生活在距今

直立人复原图

200万—20万年前，其名字来自19世纪末，1891年时荷兰外科军医尤金·杜波依斯在爪哇特里尼尔发现了一具头盖骨、一根大腿骨和其他一些骨骼残片化石，由于这根大腿骨长而直，很像现代人类的股骨，杜波依斯断定它所代表的物种一定能够直立行走，并且很可能正是最早开始直立行走的人科动物，因此杜波依斯才为之命名为"直立人"。当时人们普遍认为只有真正的人才能直立行走。当然，后来科学家对南方古猿的考古成果改变了这种看法。

南方古猿的骨骼结构尚保留了一些树栖生活的影子，而直立人则已经完全适应地面生活了。他们身体强壮有力，平均身高170厘米，与今天的人大致一样高。他们还拥有便于双足行走的长腿，走路或奔跑时的步态与现代人基本不存在什么差异。另外，同能人相比，直立人所制造的石器工具在做工上也更为精巧，而这一进步可能也要归功于直立人脑容量的增加，他们的脑容量平均已经达到900立方厘米，成了灵长类动物世界中不折不扣的"大头怪"。

凉快比保暖更重要

直立人还有一个显著特征，他们褪去了毛发，彻底成为地地道道的"裸猿"。人类进化史上大多数重要转变（比如直立行走、脑容量增大等）发生的时间都能被记录在骨骼中，我们可以从骨骼化石那里寻求答案。但毛发特征不像骨骼一样易于保存,迄今发现的所有化石都没能留下人类皮肤进化的直接证据。尽管如此,通过近十几年的基因组学研究,科学家还是能得到人类从多毛向无毛转变的关键线索。

2004年,美国犹他大学的艾伦·罗杰斯及其同事对掌控人类肤色基因之一的MC1R基因进行了序列测试,该基因可以制造真黑素,让人产生深色皮肤(Rogers, Iltis, & Wooding, 2004)。他们的研究表明, MC1R基因出现于120万年前,如果没有这一基因突变,人类会像剃光了毛的黑猩猩一样,皮肤呈粉红色。为了抵挡阳光中的紫外线辐射,人类祖先在脱掉毛发的同时,必须依靠MC1R基因调节肤色(调节肤色的基因不仅只有MC1R,关于肤色和阳光辐射的关系在本章"未竟之路"中还会有详细介绍)。因此,120万年前正是人类裸露出皮肤的最晚时间界限。

作为光溜溜的现代人类,除了"猫奴"在"吸猫"时会被自己"猫主子"毛茸茸的手感撩拨,平时人们很少能体会到浑身毛发的好处。不过对于生活在野外的动物来说,毛发确实可以具有不可替代的功能。厚厚的毛发不仅能防止皮肤潮湿、隔离阳光辐射,还可以抵抗苍蝇和蚊虫的侵扰,同时让动物在丛林中穿行时不易被荆棘划得伤痕累累,正因如此,90%以上的哺乳动物都有毛发。

极少数哺乳动物会没有体毛,不过它们基本都是体型庞大的大家伙。这是因为个头越庞大的动物,相对表面积(即体表面积和体积之比)就越小,这意味着散热功能也会越差,原因是体积决定了热量,而体表面积决定了散热,当动物的体表面积跟不上体积增长时,就会出现温度过高的情况。例如,大象的体表温度常常达到50多摄氏度,为了避免被活活热死,大象必须脱去多余的毛发,这样它们就可以提高皮肤的空气流动速度,加快汗液蒸发效率。与大象情况相似,体型巨大的犀牛与河马的毛发也很少。

我们祖先虽然体型比大象小得多,但他们毛发的演变也与散热有关。褪去毛发后的直立人拥有哺乳动物界几乎最强的散热系统,如果你在盛夏时穿上一件羊绒大衣在户外待上半天，就一定能够深切地体会到有毛和没毛在散热效率上的区别，而更好的散热系统则让我们祖先有足够的耐力进行长途奔跑。动物在奔跑时会增加十几倍的热量，许多动物启动速度非常快，但它们却不擅于长距离奔跑，问题并不出在体力而是散热系统，散热困难是导致它们耐力不足的主要原因。

哺乳动物的大脑对体温非常敏感，哪怕只出现非常短暂的高温情况，也会造成不可逆转的伤害。例如，猎豹捕食时速度最高可达到每小时120千米，但这最多只能坚持3分钟，原因是高速奔跑会导致体温骤升，一旦超过生理极限，它们会因为体温过高烧坏自己大脑的神经系统而直接休克或者死亡，对它们来说，捕猎是个不折不扣的“烧脑”过程。实际上，在整个自然界能坚持奔跑30分钟以上的动物可谓凤毛麟角，但人类却可以保持中速奔跑3个小时以上，我们的长跑能力在自然界独占鳌头，甚至可以与最擅长奔跑的马不相上下。

从1979年开始，威尔士每年都会举办一届人马马拉松大赛，虽然几乎每届比赛都是马获得冠军，但从具体成绩上看，人和马的成绩其实差得并不多，如果减去马享有的兽医时间，40年平均下来马冠军只比人冠军快几分钟，每年都有相当一部分的人能跑赢一部分马，而且在2004年和2007年，人居然跑赢了马获得了总冠军。假如我们将比赛环境安排在盛夏中午前后，那么人跑赢马的可能性还会大大增加。人类长途奔跑的耐力可见一斑。

目前世界上百米跑纪录的保持者是牙买加运动员乌塞恩·博尔特，他的最好成绩是9.58秒，也就是大约10米/秒，而非洲草原上四足动物的平均奔跑速度为20米/秒，仅仅从这个指标看，世界上跑得最快的人也追不上羚羊、赤鹿或者角马，那么人类又怎么能够将它们做成盘中餐呢？幸好我们还有“长跑”这一大杀器。对于草原上的食草动物而言，早期人类的长途追杀非常可怕，他们虽然没有狮子那样强健的体魄，没有豹子闪电般的速度，也没有三角枯叶蛙隐蔽的保护色，但却会死皮赖脸地穷追不舍。动物奔跑时会产生大量热量，而散热过程却很慢,善于长跑的人类可以利用动物的这一缺陷将捕猎对象生生耗死。

如今非洲、澳洲以及美洲许多原住民部落仍然深谙这种原始技术,他们会带上充足的食物与水源,盯上一个目标就穷追不舍。起初,猎物还可以甩开他们一大段距离,但只要坚持不懈,猎物的体温就会越来越高,而狩猎者却可以在慢跑中从容不迫地补充水分和能量(别忘了,他们的双手可是闲着的)。几个小时之后,被追杀的猎物就会因为中暑而口吐白沫倒地不起,此时猎人可以从容不迫地将它们捆绑打包。通过基因序列检测我们现在已经可以确定,至少在120万年前人类已经将肌肤全部裸露出来了,这也就意味着从那时起,被那些“裸猿”盯上的动物几乎都难逃厄运。

当然,没有任何特征是孤立进化的,当一种行为策略成为常态时,也会引发其他新的生理特征的改变。长跑可以让我们祖先获得更优质的食物,作为交换条件,人类则进化出了“运动依赖症”,只有保证高水平的体力活动,才能使我们身体健康地运转。相比于其他的灵长类动物,人类的运动量确实大得惊人。如果我们能够和黑猩猩互换身体,可能会立刻无法自拔地沉迷于它们懒惰闲散的生活。

黑猩猩的一天通常是这样度过的,它们清早起床,吃点水果,之后找个舒服的地方睡个美美的“回笼觉”。醒来后,开始和同伴彼此理毛,互相打个照面。大约一两个小时后,它们会找点水果大快朵颐一番,接下来晒着日光浴再休息一会儿。午觉一结束,它们又继续和同伴开展社交生活,之后就是晚餐和睡觉。这样的生活估计会让许多朝九晚五的上班族垂涎三尺。更令人羡慕的是,尽管活动量很少,但黑猩猩仍然能够保持健康,它们很少会得糖尿病、高血压或动脉硬化之类的疾病,它们的体脂率低于10%,肌肉含量比每天刻苦训练的职业运动员还要高。

如果人类模仿黑猩猩的作息习惯,很快就会出现严重健康问题。无数研究报告都告诉我们运动对人类有益,不过更准确的结论应该是,对人类来说,运动从来不是锦上添花的奢侈品，而是我们保持健康必不可少的条件，我们的身体每天必须耗费大量体力才能维持良好运行。与之相对应，人类大脑也演化出了奖励身体长时间活动的机制：长时间的有氧运动会刺激大脑分泌安多芬，让运动者感到愉悦。因此，"运动狂人"才是进化赋予我们的初始人设。

总之，直立行走、大脑袋、没有毛的皮肤以及一颗躁动不安的心，这些特点让人类在哺乳动物中显得异常怪异，但这也正是我们独特人性的由来。

走出非洲

直立人是第一个走出非洲的人种，考虑到后来的智人也曾以非洲为原点向世界各地扩散，我们可以将直立人视为"走出非洲"这部年代大戏第一季的演员。在距今200多万年前，随着冰河时期的来临，非洲草原面临激烈的资源竞争，一部分直立人不得不开始向外迁徙，他们从非洲扩张到了亚洲，之后在亚洲又分为两拨，一拨北上奔向了东亚和北亚，另一拨则南下占领了南亚和东南亚。当然，直立人并不是打好包裹、收好提箱，一路前往应许之地，而是以群落的方式逐渐向各地扩散的。在距今150万年前，亚洲大陆已遍布直立人。其中，在中国大名鼎鼎的北京人、元谋人、蓝田人等都是直立人的后代，而杜波依斯最早是在爪哇发现的直立人遗骨，以至于当时许多研究者都深信，亚洲才是人类的发祥地。

直立人的历史大约有200万年，他们在地球许多角落都建立了家园，由于地缘隔绝，这些直立人的后代在各自的生活环境中向着不同方向演化，因而产生了众多变种，其中以"弗洛勒斯人"最让人震惊。2004年，印度尼西亚与澳大利亚的一个联合考察队在印尼的弗洛勒斯岛发现了一种此前从来没有被发现过的直立人类型，科学家将之命名为"弗洛勒斯人"。之所以说其让人震惊，是因为这个新人种的身高只有1米，脑容量平均只有380立方厘米，无论是体型还是脑容量都要远远小于早期直立人。起初科学家认为这些化石属于小孩儿，但当他们对这些骨骼化石的结构进行诊断后，发现这些化石在生前已经完全成年了，参与研究的科学家这才意识到他们发现了传说中的小矮人。

弗洛勒斯人的特征可能与岛屿生活有关，当被隔绝在资源有限的海岛时，物种为了节约能量通常会变得比较矮小。更令人惊讶的是，这些化石的年代并不久远，最近的标本只有1.3万年。也就是说在1万多年前，这些像《指环王》中“霍比特人”一样的小矮人还生活在印尼群岛上。而此前古人类学界普遍认为，在3万年前，除了我们现代人直接的祖先外，其他所有的人属动物都已灭绝消失(Brown et al.,2004)。

总之，弗洛勒斯人比他们早期的直立人祖先脑袋要小很多，而直立人的脑容量比南方古猿则扩展了整整一倍，脑容量增大是直立人最重要的成就。在人体的所有器官中，大脑可能是让我们自我感觉最为良好的部位了。许多古人类学家曾想当然地认为，人类脑容量在进化过程中的连续增加是理所应当的。不过，这件事情其实并不那么“自然”，它可能比所有关于人性进化的问题都要更复杂。

大脑革命:完美的进化组合拳

命运,显示您的力量吧,我们身不由己。命运如何,就该如何。

——威廉·莎士比亚《第十二夜》

最强大脑

毫无疑问,大脑是心智的产生器。由于大型动物往往具有体积更大的大脑,因此在衡量不同动物的大脑差异时,相对脑容量(大脑占体重的比例)是更恰当的指标。人类大脑的相对脑容量比同体型哺乳动物要高出5—7倍,比恐龙则高出30倍(Jerrison,1991)。脑容量可以反映动物认知能力的水平与复杂程度,英国生物学家拉兰德的研究团队曾对62种灵长类动物的行为特征与脑容量进行了对比研究,他们发现,无论是绝对脑容量还是相对脑容量,都与创新能力、模仿能力、工具使用能力以及问题解决能力成正比(Laland,2017a;Street et al.,2017)。相较于小脑袋,脑容量较大的灵长类动物更善于发明新行为,同时也可以更精确地模仿其他同类。人类的脑容量在灵长类动物中冠绝群雄,如果没有脖子上这颗平均容量1400立方厘米的大脑袋,我们根本不可能做出逻辑推理、沟通、追忆过往以及规划未来的举动。

实际上，在整个自然界，动物脑部大小都与它们的创新和模仿能力高度相关，生物拥有了创造性解决问题或者模仿创意的能力后，会在生存竞争中获得优势（别忘了我们在第四章提到的人类独特的文化进化，最需要的就是模仿和创新能力），因此大脑扩增是生物进化的潜在选项之一，如果这个过程不受遏制地发展下去，那么最终会演化出巨大的脑部，只是由于种种原因，动物的大脑进化总会遇到"天花板"。

南方古猿露西的脑容量与如今黑猩猩的脑容量差不多，而黑猩猩在动物界已足够聪明。它们可以搞政治阴谋，能够在战争中施展诡计，还会拉帮结派互相依靠，它们的大脑足够处理复杂的群体事务。在整个灵长类动物世界中，这些行为特征其实也非常少见，只有黑猩猩或狒狒这种拥有一定大脑新皮层面积并能够推测其他个体心理的动物，才可能展现出复杂的社会性行为。

像黑猩猩一样，尽管我们不能直接观察他人的心理活动，但我们可以想象这些心理活动的存在，并基于此对他人未来的行为做出复杂的预测。就像在象棋或围棋比赛中，参赛者会预料他们的对手下一步该如何走，以及自己需要做出怎样的回应。经验丰富的棋手甚至可以预测十几步棋的走势。显然，在预测他人心理方面，我们比黑猩猩走得更远。

黑猩猩的智力水平可以说在自然界鹤立鸡群，但它们与人类能达到的程度显然不可同日而语。我们会建立国家，会设立司法制度，会像宫廷剧那样上演宫心计，会大玩办公室政治，会在战争中使用闪电战、游击战与包围战等战术，总之，人类能处理的社会关系要远比猩猩复杂得多得多。

在理解抽象知识方面，人类和猩猩的差异就更大了，我们能理解元素周期表，能学会电磁学，能掌握量子力学、拓扑几何、解剖学与生物医学，我们可以只用几个简单的方程就描述出整个宇宙所有物质在运动或能量方面的规律。更重要的是，利用这些抽象知识，我们可以建造高楼大厦、架设高铁、移植器官，可以让几千千米外的人听到我们的声音，可以通过互联网将每时每刻发生的新闻与全人类共享，我们甚至可以把人送向太空。

而且不止于此，直到今天，我们依然可以不断探索更多新的知识领域，科学革新在以更快的速度不断积累，我女儿一台学习机的运算速度能够轻松超过我出生那个时代最快的超级计算机。这一切成就，除了人类以外的任何动物都是不可能达到的，而它们都有赖于我们的大脑（注意，这里并不是说脑容量的增加一定会导致这些成就，但至少一个"巨大的"脑袋是获得这些成就的必要条件）。

黑猩猩的脑容量被锁定在500立方厘米以内，人类的大脑却在200万年前的直立人阶段激增了几乎一倍（以后还会增加二分之一）。不过，这绝不是因为人脑受到了上帝特殊的关照，人类大脑的演化也符合自然选择的原理，并没有超乎自然的奇迹发生。我们祖先面临的生存困境有许多解决途径，通过增加脑容量变得更聪明只是其中的一种潜在选择，但种种条件与巧合导致我们最终走上了这条演化之路。

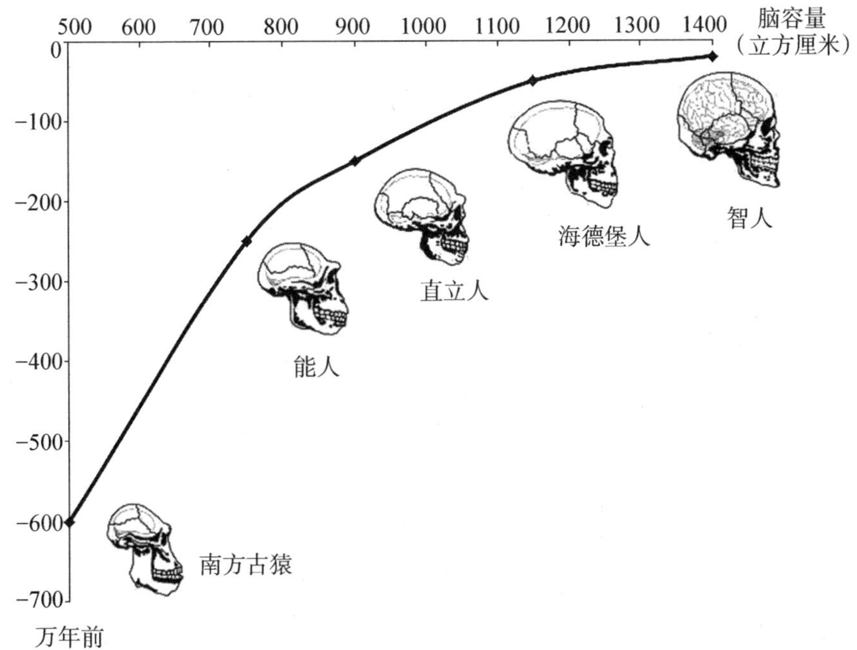

人类进化历程中脑容量变化示意图

“大”脑袋的生理基础

就像我们在上文所说的，直立行走解放了我们祖先的双手，让他们可以进行精细化的手部操作，制造并使用工具成了应对生存困境的备选项。而制作工具需要个体之间进行复杂的交流、学习、观察、模仿和合作，这些行为会改变祖先的用脑方式，促使他们的大脑向更“智能”的方向发生进化。2015年，来自美国埃默里大学和苏格兰圣安德鲁斯大学的两个团队分别研究证明，在学习如何把石头加工成石器的过程中，个体脑部连接与组织都会发生变化，并且这些变化与学习时间和制作工具的实际表现密切相关。

埃默里大学的人类学家依琳·赫克特等人研究发现，当被试在学习如何制作“奥杜韦石器”[①]时，他们大脑后部的视觉皮层会产生不同的活动模式，而较为复杂的工具制作活动还会对大脑的顶叶缘上回和右侧额下回产生影响，这些大脑区域与行动规划、逻辑推理以及语言交流等高级认知功能有关，正是我们人类有别于其他灵长类动物大脑的地方(Hecht et al., 2015)。圣安德鲁斯大学心理学家康韦·劳埃德·摩根等人则发现，在实验中娴熟的石器制作者顶叶缘上回脑部活动增加更显著，另外，那些只是观看石器制作过程的被试，他们相同的大脑区域也会有活动增加的信号(Morgan et al., 2015)。这表明，工具制作以及对工具制作的观察、模仿和交流，都可以引起并扩大大脑特定脑区的活动，从而

① 一类早期直立人使用并制造的石器样式，由于在奥杜韦遗址被发现，被命名为奥杜韦石器。

为脑进化带来新的活力。

制作工具为大脑的进化方向施加了压力,自然选择的结果又是怎么样的呢?目前,科学家还已经发现了人类脑容量增大的部分生理基础。例如,NOTCH基因家族是生物体极为重要的一类基因,它负责调控细胞的增殖、分化和凋亡,几乎涉及所有组织和器官。加州大学圣克鲁兹分校生物信息学家戴维·豪斯带领的研究团队发现,NOTCH基因在人类和其他灵长类动物的大脑发育中起到的作用有所不同(Fiddes et al.,2018)。这可能是因为,在人类身上还存在着一种独特的NOTCH2NL基因,NOTCH2NL会增强NOTCH基因的功能,让更多细胞分裂增生,产生更多神经元,从而增加脑组织中潜在神经细胞的数量,改变脑发育途径。

豪斯的研究团队利用人类、黑猩猩和大猩猩的基因组数据,重构了NOTCH2NL基因在灵长类中的进化历程,他们认为,在大约1400万年前,类人猿祖先的一个NOTCH基因被错误地复制了,成为基因组中一个不完整、无功能的新基因,这个新基因就是NOTCH2NL基因的前身。新基因在大猩猩和黑猩猩中继续存在,但在三四百万年前,人类祖先身上携带的这一基因意外获得了充分表达,因而具有了功能,这一事件标志着NOTCH2NL基因的诞生,再之后就发生了人类脑体积的膨胀。

与此相对应,德国神经生物学家维兰德·胡特纳将人类的NOTCH2NL植入到胚胎期小鼠的脑组织中,结果显示,更多的干细胞得以发育,神经细胞数量增多了。比利时布鲁塞尔自由大学的神经发育学家皮埃尔·范德哈根在体外培养的人类干细胞上也验证了同样的结论。范德哈根还描述了NOTCH2NL如何促进神经元形成的细节:NOTCH2NL蛋白阻断了导致干细胞分化的信号通路,从而促使干细胞持续存在,并最终产生大量神经元(Suzuki et al.,2018)。

除了NOTCH2NL基因外,还有许多基因也参与调控了人类大脑的发育进化。例如,ARHGAP11B是人类身上特有的基因,这一基因出现在人类祖先与黑猩猩祖先分化之后。2015年，马克斯·普朗克分子细胞生物学和遗传学研究所的科学家研究发现，将ARHGAP11B基因注入小鼠胚胎后小鼠大脑皮层干细胞数量增加了一倍，甚至有接近50%的小鼠大脑皮层发育出了人类特有的新皮层褶皱(Florio et al.,2015)。GADD45G基因会限制大脑细胞分化，但在人类进化史上，这一基因丧失了表达性，功能受到了抑制(McLean et al.,2011)，这反而强化了人类大脑的功能(这也表明，从进化的角度来说，基因失去原来的功能与获取新功能具有同样重要的意义)。此外，ASPM、FOXP2、MCPH1与SLC2A1等基因也在人类脑容量的增加与大脑皮层的扩展过程中起到了相应的作用，这些基因共同谱写了人脑的进化历史。

好脑袋与好营养

基因差异是我们人类脑容量有别于其他灵长类动物的最基本的原因，但并不是说这些基因的出现一定会让我们人类脑进化成如今的样子。好脑袋需要好营养，饮食质量的优化为更大的脑容量提供了物质基础。与以植物为食的南方古猿不同，能人与直立人会食用大量肉食。也就是说，当我们的祖先开始直立行走后，他们逐渐掌握了利用双手狩猎的技巧，肉食开始出现在他们的菜单上。

相比于植物性食物，肉类中含有动物性脂肪和蛋白质等高质量的营养元素，这些营养物质对大脑发育极为关键。在相近体重条件下，食肉动物的大脑往往比食草动物更具明显优势。大多数生物学家都认为，食物结构的改变为早期人类大脑体积的增加创造了前提。美国总统约翰·肯尼迪在1961年的就职演说中曾说过："不要问你的国家能为你做些什么，而要问一下你能为你的国家做些什么。"同样，我们有足够的底气说，"不要问大脑为狩猎做了什么，而要问一下狩猎为大脑做了什么"。

人类对肉类的消耗量要远远大于其他灵长类动物，黑猩猩食用的肉类数量只占它们食物总量的不到5%,而在人类中这一比例可以达到30%左右。许多证据都表明,人类食用肉类的饮食结构由来已久。人体不能从素食中获取维生素A和维生素B_{12},也无法自行合成,但可以在肉类中吸收这两种生存所必需的营养物质,这种生理特征至少已经历了数千代的进化。另外,考古学家在100多万年前的动物骨骼化石中就能找到屠宰切割的痕迹。这些线索都为我们直立人祖先食用肉类的历史提供了重要佐证(Leakey & Lewin,1992)。

肉一旦成为人类主要的蛋白质来源,就会促进我们其他社会行为的变化。捕猎在很大程度上依赖于运气,在当今世界尚存的狩猎采集社会中,每位猎手平均每天有近一半的概率会空手而归。在还没有冷藏技术的时候,猎手一旦幸运地获得了丰厚猎物,保存肉类价值的最好方式就是与他人分享,并在适当时机再索以回报,朋友的肚子才是最安全的银行。因此,肉可以充当互惠利他的中介,促成原始社会互惠与同盟的形成。卡拉哈里沙漠布希曼人与巴拉圭阿奇人狩猎部落的行事风格都在暗示这种逻辑关系:部落成员在获得蔬菜、水果、粮食等容易稳定获得的食物后,往往会将这些食物囤积起来,但在获得肉类这种不稳定因素较强的食物后,则会在整个部落进行分享。

另外,烹煮肉食也需要来自多人的参与,这同样有利于增加群体成员间的合作互助。而进食过程还可以激发大脑分泌安多芬,让我们感到满足和放松,一起吃饭的伙伴会感觉彼此更加亲切友好。可能正是由于聚餐具有情感黏合的作用,所以各个文化中的人对于社交性聚餐总是乐此不疲。从时间分配角度看,一起做饭进餐还可以为大型群体提供更多的社交机会。因此,至少对于早期人类来说,烹煮食物可以让群体内的人际关系变得更加紧密与融洽。而群体规模一旦得以扩展,又会带来更多的社交信息及认知挑战,从而为脑容量的扩展施加新的进化压力(群体规模与脑容量的关系,本书第三章“协同进化”中已进行了具体解释)。

普罗米修斯之火

总之,吃肉确实带来了不少出乎意料的额外好处,但如何吃得有效率也很重要。幸运的是,直立人的一个重要成就恰恰是学会了用火。南非的斯沃特克兰斯与黑海北部的博加特里曾出土过100多万年前的焦骨,这些骨头有被切割的痕迹,因此它们显然不是偶然掉入了火堆,而是被人有意地用高温烧烤过。在以色列的盖谢尔贝诺特雅各布,考古学家发现了大约70万年前烧焦的木头和种子,而在差不多同时期的南非旺德沃克遗址中,人们也找到了很多烧过的骨头以及植物灰烬。可惜,这些都只是零星的用火痕迹。

然而,在距今50万年前,我们祖先使用火的情况发生了巨大变化,考古学家在以色列、英国、德国、西班牙、法国、南非以及赞比亚等多地都发现了火塘遗址,火塘旁还有被烤过的长矛、石斧或骨头,40万年前晚期直立人用火的证据遍布各地(Dunbar,2014)。这一时间点可能正是直立人使用火的标志性分界线,在那之前更早的时期,直立人只会随机利用一下由雷击、陨石或火山爆发引起的天然火,但是他们没有能力长期保持火种。而在40万年前,晚期直立人终于掌握了用火技巧,他们可以在任何时候任何地方点火,并能长久地保持火苗不灭。在古希腊神话中,火是人类步入文明世界所需的最后一样道具,泰坦之子普罗米修斯从宙斯那里盗火后偷偷把它带给人类,使人成为真正的万物之灵——这种渲染并不夸张,从直立人到第二次工业革命,火几乎是我们人类能创造出的唯一可靠光源与热源。

在人类踏上食物链顶端的路上,学会使用火可以说是迈出的重要的一大步,它大大扩展了我们的食物来源。对于某些自然形态的食物,人类是无法直接食用的,如土豆、小麦、豆类等,而高温加工可以让这些物质发生化学变化,变成可以直接被我们消化的食物。灵长类动物并不擅长消化生的哺乳动物肉类,如果吃太多的生肉,甚至可能导致肠道中的微生物将蛋白质分解为氨类毒素,引发蛋白质中毒。另外，生肉中还含有大量的寄生虫，当这些寄生虫进入我们体内后，会在人的肠胃中抢夺营养，而烧熟后的肉则完全没有这些问题了。通过高温烹饪，我们祖先对碳水类食物的吸收率可以提高40%，而对蛋白质食物的吸收率则能提高70%（Wrangham & Carmody，2010）。

从这一角度看，火的使用为人类智力演化也创造了重要的条件。灵长类动物的脑是一个能量消耗十分巨大的器官，脑神经细胞的电生理活动与脑内"排污"程序对血氧与葡萄糖的需求量极高，黑猩猩脑重只占身体总重量的不到1%，它们的智能活动很少，但是大脑能量消耗却占到了身体总能量消耗的8%，而我们现代人大脑耗能则占到了身体总耗能的整整四分之一，换言之，大脑耗能效率是同重量身体其他器官的十余倍（Aiello & Wheeler，1995）。除了大脑外，肠道同样是一个高耗能器官，因为肠道与大脑一样，分布着密集的神经元。对于早期人类来说，大脑和消化系统都需要消耗大量的能量，很难兼而有之。

通过将食物进行加温烹饪，人类祖先咀嚼和消化食物所需的时间会大幅度缩短，对蛋白质的吸收效率则大幅提高，随之肠道逐渐简化[①]，最终消化食物所需的能量大大减少，这就创造了大量的剩余能量，而这些能量正可以为大脑活动提供支持，因此肠道缩短对冲了大脑变大所需要的能量。食物生与熟的界限也是大脑进化的界限，实际上，40万年前人类祖先掌握用火技术的时间

① 食肉动物的肠胃往往本身就较小，因为不需要像草食动物那样在肠胃中储存大量食物进行反刍，现代人类的消化道比同体型灵长类动物的消化道要短60%。

点正与另一个脑容量急速扩增期相吻合。

总之，人脑容量的增加是各种复杂事件涓滴成河、海纳百川的结果。我们祖先就这样拿着石块吃着肉、携带着变异基因、以直立的姿势游走在进化边缘。其中，直立行走是变化的根源，营养改善为大脑演化提供了物质基础，群居、狩猎、协作、战争、制作工具、模仿学习以及其他复杂的生活方式向大脑进化施加了压力，基因突变则提供了契机，所有的因素组合在一起，像一套配合完美的组合拳，而我们祖先的脑正是在这些因素的作用下一次次突破了极限。实际上，当我们了解了脑进化的所有条件后，可能大多数人都会意识到，人类的高级智慧并不是进化的必然选择，而是一件概率小到不能再小的意外事件。美国生物学家古尔德曾评论过，假如地球历史允许倒带重放的话，哪怕只是从南方古猿开始重新经历一次生命进化，地球上也几乎不可能再次出现像现代人一样的智慧生物。总之，大自然是理性且残酷的，但人脑进化之路却像是一首理想主义的赞歌。

王者之争:智人与尼安德特人的恩恩怨怨

银河系每一个主要文明的历史都会经历三个可以清晰辨识的阶段,即生存、质疑和诡辩,或者也被称为如何、为何以及向何处去三阶段。比如,第一个阶段的特征是这样的问题:我们如何才能吃到东西?第二个阶段则是:我们为何要吃东西?第三个阶段就变成了:我们到何处去吃午餐呢?

——道格拉斯·亚当斯《银河系漫游指南》

在大约50万年前,人科动物的发展历程又迎来了一次重要分界:海德堡人登上了进化的舞台。海德堡人并不属于独立的人种,而是晚期直立人的一支。他们的遗骨最早是于1907年在德国海德堡附近一处河床中发现的,后来法国的阿拉戈、希腊的佩特拉罗纳以及英国的博克斯格罗夫等地区也陆续发现了相同的遗骸。这些遗骸的年代大约距今40万—50万年,这说明当时海德堡人已经迁徙到了欧洲,并在多地开枝散叶建立家园。

海德堡人的脑容量已经很大了,可以达到1000—1300立方厘米。留在非洲的海德堡人身型同直立人差不多,而欧洲的海德堡人则更为强壮,他们能长到180厘米，这已经与如今欧洲男性的平均身高基本一致了。另外，考古学家还在海德堡人的遗址附近发现了鹿、象、犀牛以及马的骨头，这些骨头上都有被捕杀的痕迹，看来海德堡人已经是捕猎的高手了。

在距今40万年前，由于冰期导致的地域阻隔，非洲海德堡人与欧洲海德堡人走上了不同的演化道路，留守在非洲的海德堡人最终成为智人，也就是我们现代人最直接的祖先，而流浪在欧洲的海德堡人则演化出了另外一种杰出的人科动物——尼安德特人，人类演化的最后一幕大戏终于要开场了。从来没有哪个物种的故事能像尼安德特人那样受到世人的关注，激发着人们的想象力与好奇心。科学家之所以对尼安德特人情有独钟，是因为他们和现代人有许多相似之处，但最后却走向了灭亡，通过与尼安德特人的比较，我们会对人类独特的“人性”有更为清晰的认识。

尼安德特人的光辉时代

尼安德特人生存与没落的历史基本都发生在欧洲。古人类研究史上有一个颇为值得玩味的事实：不同古人类化石出土的顺序与它们所处地质年代恰好相反。最早进入科学家视野的是尼安德特人，半个世纪后人们又发现了直立人，再之后才是南方古猿。设想一下，如果最初被发现的就是最古老的化石，那么科学界对人类进化的历史是不是有可能做出不同的解释？而我们对人性的理解是否有可能比如今更加深刻？这些问题实在容易让人浮想联翩，不过眼下，我们还是先回到尼安德特人的话题上。

关于尼安德特人与现代人类的关系，科学界曾众说纷纭，一些人类学家曾相信尼安德特人是欧洲人的祖先，确实，尼安德特人复原的某些体貌特征与现代欧洲人有一定的相似之处，他们都有深邃的五官和硕大的头颅。不过20世纪90年代，德国生物学家马蒂亚斯·克林斯通过线粒体基因测序技术证明，尼安德特人与现代人类并没有直接基因传承关系，他们只是人类进化史中的一个旁支(Krings et al.,1997)。

尽管尼安德特人并不是我们的直系祖先,但从某些角度来看,他们与现代人却非常相似。尼安德特人有异乎寻常大的脑袋,脑容量可达1400—1600立方厘米(与现代人脑容量相当,甚至略大于现代人),假如今天一个尼安德特人身穿体面的服装站在街头,除了身高略矮外,他的外貌恐怕是不会让我们感到诧异的。

尼安德特人虽然个头不高却极为强壮,他们胸腔宽阔四肢粗短。科学家推测尼安德特人的男性身高约为160—165厘米,体重为75—80千克,看起来很像《魔戒》中的矮人族战士。这种体型特征是由环境决定的,尼安德特人经历了冰河纪寒冷的气候,矮壮而结实的身躯有助于他们最大限度地减少热量流失,这一点和因纽特人很像。考古学家后来在尼安德特人的骨骸附近还找到了一些大型动物的骨骼化石,如犀牛、猛犸象和洞熊,而且种种证据显示有些尼安德特人居住的洞穴原来是熊窝,他们显然是抢夺了洞熊的地盘,可见尼安德特人绝对是骁勇尚武的战斗民族。仅从个体来看,他们可能是史上最彪悍的狩猎者。

尼安德特人虽然制作的石器比直立人有所进步,但创新性却很少。在长达几万年的时间里,他们所用的工具和技术并无本质改善,依然非常粗糙刻板。尼安德特人也会绘制一些壁画,但形状很古怪,让人很难分清他们到底画了什么,这说明他们并不能准确抽取事物的特征并复现出来。另外,尼安德特人的喉头发育情况与智人完全一样,他们具备了发出各种精细声音的条件,不过,目前尚不能断定尼安德特人的语言水平。从他们制作的工具、手工艺品及社会组织来看,尼安德特人还不具备符号化的想象力及抽象思维能力,而正如我们在第四章所分析的,这两种能力恰恰对应了(现代)人类语言的重要特征。因此,尼安德特人可能掌握了某些原始语言,但他们在大概率上是不具备完整语法系统和复杂交流能力的。

在伊朗和法国发掘出的尼安德特人遗址中,许多化石都留有骨折痊愈后落下的疤痕,还有一些骨骼则有严重损伤,它们的所有人在生前因为残疾早就失去了生存能力,但并没有遭到遗弃。因此尼安德特人能够照顾群体中的老弱病残者,他们会遵守社会规范,无私为群体服务。化石证据还显示,尼安德特人与同时期的智人在颅脑受伤率方面并无差异,这说明尼安德特人并不是特别冲动暴力,他们已经具备了一定的社会规则,可以和同类和谐相处(Beier, Anthes, Wahl, & Harvati, 2018),这些都是我们现代人类群体生活的典型特征。

尼安德特人会为死者挖掘墓穴,以免死者的骸骨遭受自然元素腐化或动物啃噬。他们与智人在大致同一时期发展出了保护骸骨的行为,这代表他们已经具有了关于死亡的强烈意识(Smirnov, 1989)。对死亡的恐惧始终是人类行为的强大推动力,一般情况下,当具有了这种意识后,为了安抚"有限生命"所引起的焦虑,灵魂、轮回、永生、神性等概念就会应运而生,这正是原始宗教的萌芽,而宗教则是重要的社会组织形式。可想而知,如果尼安德特人能够一直延续下来,他们可能很快也会发展出复杂的社会结构。

实际上,作为一个物种,尼安德特人确实取得了不俗的成就。他们以欧洲为出发点开枝散叶,很快就移居到近东和小亚细亚的广大地区,如果没有智人存在的话,尼安德特人很可能后来建立尼安德特帝国,成为地球的主宰者。但

动画电影《疯狂原始人》中的尼安德特人形象

在3万—2.5万年前，他们突然消失得无影无踪。关于尼安德特人灭绝的原因，虽然目前科学界未发现任何有关的直接证据，但大多数科学家都相信，我们的祖先——智人——很可能是导致尼安德特人灭绝的真正原因。动画电影《疯狂原始人》中住在洞穴的克鲁德一家就是尼安德特人，而疯癫又有趣的男主角盖则是智人。如果我们了解了智人和尼安德特人的故事后再去看那部电影，一定会觉得意味深长。

智人崛起

我们所有现代人类在生物学上都归为人科人属智人种，智人正是我们最直接的祖先，他们是由东非的海德堡人演化而来的。1997年，埃塞俄比亚东部中阿瓦什地区一个山谷里出土了两副较为完整的头骨化石，美国加州大学伯克利分校的科学家对此进行了分析鉴定。他们发现，这些头骨具有非常多的现代人特征，因此它们一定属于智人。放射性同位素测定显示，上述智人生活在约16万—15.4万年前。不过，真正意义上的现代人类出现的具体时间和地点至今依然是个谜。正如生物学家伊恩·塔特萨尔所指出的，“在人类的进化史上，离我们最近的大事件就是现代人的出现，但恰恰是这个事件，可能是最扑朔迷离的”。

虽然目前还没有公认的所谓的最早的现代人，但有一点可以十分肯定，化石证据显示，智人很快取代了生活在非洲的其他晚期直立人，在距今10万年的时候，非洲大陆已经没有其他人科动物的踪迹了，至于他们到底是如何消失的，如今也还没有定论。

在智人崛起的晚更新世(距今大约13万—1.2万年前)，地球正处于气候寒冷且多变的冰川时代，动植物群体被迫频繁转移阵地。古人类也要为了生存不停寻找合适的狩猎区域。大约10万年前，一小波智人就曾在欧洲抢滩登陆。当然他们并没有明确的目的，只是由于自然因素的影响而随处迁徙，今日翻山明日越水，年复一年代复一代，就这样离老家越来越远，最终“溜达”到了欧洲。

此时，欧洲大陆还是尼安德特人的天下，我们智人祖先就这样冒冒失失地闯进了别人的地盘。尼安德特人与智人完成了历史上第一次不期而遇，不过种种迹象表明，那并不是一次友好的会晤，可能双方都认为，对方是与自己截然不同的动物。

无论具体过程怎样，最后的结果是智人被轰出了欧洲。虽然我们毫不谦逊地将自己的祖先命名为“智”人，但当时智人与尼安德特人的智力差异并不大，而且尼安德特人要强壮一些，智人的小身板儿是斗不过他们的。看似憨厚老实的尼安德特人动起手来可毫不含糊，在尼安德特人面前，智人就像是小鸡一样任人宰割。再加上尼安德特人早已熟悉了欧洲的自然气候和微生物群，他们占尽了天时、地利、人和，而智人却可能遭遇因初来乍到而适应不良的问题。总之，我们的祖先第一次走入欧洲就这样以失败而告终了[①]。就这样，在很长一段时间内，尼安德特人牢牢地控制着西到伊比利亚、东到中亚、北到波罗的海、南到中东的广大区域，而智人则只得老老实实蹲在非洲。

就在暂时蜗居蛰伏的那几万年，智人完成了一次认知飞跃。在许多偶然因素的共同作用下，他们获得了更复杂的语言程序和沟通技能，或许完全成熟的语言系统也形成于这一时期。这种能力大大加强了个体间的社会联系，更加密切、协调、精细的社会合作应运而生。另外，智人还产生了一种全新的思考方式，他们开始拥有想象思维和象征符号意识(Tattersall，2017)，想象的重点

① 不过，差不多在同一时期，还有一小波智人向东迁徙，经过了5万年的旅程后，他们的后代顺利占据了东南亚、东亚、南亚和澳大利亚，还有一种观点认为智人离开非洲扩散到阿拉伯半岛的时间要更早，发生在大约13万年前。

不在于虚拟故事,而在于虚拟出神话、图腾、宗教、部落和秩序等人们共同相信的故事,集体虚构是大规模人类合作的根基。大批互不相识的智人,只要崇拜同一种力量、认同同一种社会秩序或相信同一套对世界的解释方式,就能实现共同合作。

在认知革命以前,智人只能靠着社会本能维持着一个个小团体,一旦群体成员过多,内部出现分裂,社交秩序就会崩坏,团体也会分崩离析。但复杂的交流与共同的想象可以让大批人集结在一起进行灵活合作,从而打破了智人团体的人数限制。此外,由于智人掌握了成熟的语言系统,正如我们在第四章所谈到的,语言可以实现知识与经验的高保真传递,从而大大提高技术革新的效率。这次认知升级过后智人拥有了睥睨天下的恢宏气度,他们虽然依旧体格弱小、不够敏捷、咬合力差、免疫力弱甚至肠胃也比较娇嫩,但却拥有着地球上独一无二的智慧。智人祖先蓄势待发,将目光投向了直布罗陀海峡北岸。

至于为什么这一次智人会散播到非洲之外,科学界依然众说纷纭,资源、气候以及人口变化都是可能的外部原因。不过,或许我们不应该纠结具体的理由,人类是充满好奇心的动物,我们之所以会潜入几千米的深海、会登上月球、会发射"旅行者1"号,不是因为我们要面对食物短缺的压力,而是因为我们有探索世界的冲动。况且,智人作为食肉动物,他们的饮食很少依赖当地的植物,不受一年四季的制约,有肉就有家,走到哪里吃到哪里,既然如此,他们为什么不能想走就走,去无人涉足的远方一探究竟?

大约6万—5万年前,一群智人在历经数代迁徙之后,再次踏上欧洲大陆,他们必然会在欧洲遇到自己族群的宿敌——尼安德特人,而这次相遇的结果完全不一样了。尼安德特人还是当年的尼安德特人,智人则完全换了一副头脑,成了真正的"智"人。虽然单个儿的尼安德特人战斗力爆表,但智人可没兴趣玩单挑,他们更善于利用人多势众的优势。在群狼战术面前,依然习惯小群体生活的尼安德特人毫无还手之力。况且智人还发明了弓箭、飞镖等新的武器,而尼安德特人的手中只有几十万年都没变过的木质长矛，创新的火把照亮了智人的胜利之路，尼安德特人的大溃败几乎成为定局。

关于尼安德特人的消亡其实还有很多解释。例如，一种观点认为，随着冰河纪的到来，气候变化导致食物越来越紧张，由于发明了远程射击武器和防寒衣物，智人不再依靠强健的肌肉与猎物近距离搏杀，也不再需要厚厚的皮下脂肪来御寒，因此他们身型更轻盈，而身体沉重的尼安德特人需要摄入更多热量来维持生存，在相同环境下，资源需求量大的一方自然会被淘汰。

还有一种观点认为，智人走出非洲时携带了一些细菌，由于长期共处，这些细菌对智人全然无害，但它们却会对尼安德特人形成致命威胁。自然界确实存在很多类似情况，例如白尾鹿身上有一种脑炎蠕虫，这种蠕虫不会伤害白尾鹿，但会导致北美驯鹿大面积死亡。在大航海时代，欧洲白人登陆北美时携带了大量病菌，他们此前经历了多次流行疾病的洗礼，已经形成了对这些病菌的抵抗力，但这些病菌却成了印第安人的超级杀手，北美印第安人遭受了毁灭性打击，在几个世纪里，原住民数量下降超过90%。很难想象如果没有天花的“协助”，科尔特斯和皮萨罗等殖民者怎么能仅仅依靠几百人的军队就征服了人口数达百万人的阿兹特克帝国与印加帝国。5万年前，在智人与尼安德特人之间也可能发生了同样的故事。

总之，尼安德特人命运的终结与智人进入欧洲的时间刚好吻合，在此之前，他们在欧洲和西亚已经生存了20多万年，而智人出现在欧洲后尼安德特人不到1万年就彻底消失了，因此，我们很难不将这两件事情联想到一起，对于尼安德特人的灭绝，智人难辞其咎。

大脑结构的差异

不过，既然尼安德特人拥有与智人大致相同的脑容量，那他们为什么没有像智人一样也经历一次认知升级呢？实际上，脑容量并不代表一切，人类与其他灵长类动物的大脑差异不仅体现在容量方面，也体现在结构方面。猴和猩猩的脑的两半球形状只是略微不对称，而人脑则非常不对称。同其他灵长类动物相比，我们嗅觉的神经皮层非常小，视觉和运动皮层区在进化过程中也发生了皱缩，但是我们听觉皮层却很发达（这当然与我们理解语言有关）。

我们人脑并不像电脑芯片一样是一个完整的“整体”，人脑每一寸脑组织所能胜任的任务是不同的，不同的脑区对应不同的功能。哺乳动物大脑主要由三部分组成：最内层的原始大脑其实就是脑干，这部分脑区也叫“本能脑”，它在爬行动物时代就已经形成了，主要负责我们身体各种应激反应；外层的中脑也叫皮层下区域或“情绪脑”，这层大脑是哺乳动物时代发展出来的，它主要负责感觉、运动以及情绪，大部分“高等”动物都具有这一脑皮层，所以它们也会有愤怒、悲伤、恐惧、欢乐等基本情绪，海豚会在同伴遇难后哀鸣，宠物狗长期见不到主人会闷闷不乐，这些都是哺乳动物情感能力的体现；而最外层的新皮层也叫“认知脑”，它主要负责思维、想象、逻辑等认知功能，只有一部分哺乳动物具有该皮层，而人类与其他灵长类动物在脑皮层上的差异也主要体现在新皮层（Evans et al.，2005）。大脑的新皮层尤其是额叶部分，才是决定灵长类动物认知能力的关键。

尼安德特人虽然脑袋很大，但是他们的大脑结构同现代人是不一样的，从形状来看，尼安德特人额头低矮、后脑勺凸起，他们的额叶及颞叶较小，但后脑区却有一个明显的大鼓包。在人类已获得的关于大脑的知识中，后脑主要的功能就是处理视觉影像信息，这种别具一格的头型意味着他们拥有千里眼一样异乎寻常的视觉系统吗？答案很可能正是如此。

与生活在非洲的先人相比，尼安德特人分布在欧洲的高纬度地区，那里不仅光线较弱，冬季白昼还非常短暂。为了应对昏暗环境下遇到的生存困境，尼安德特人在视力的进化上下足了功夫。为了尽可能聚焦更多光线，他们发育出了更大的视网膜。尼安德特人的眼眶比如今欧洲人眼眶平均大20%，他们人人都有一双夜猴一样水灵灵的大眼。为了处理更多的视觉信息,他们大脑视觉系统必须也相应扩展。大脑容量不能无限制地提高(我们在下文会具体分析原因),可能正是由于他们大脑中用于视觉的部分超过了应有的比例,因而限制了其他脑皮层的发展,其中就包括与社交和认知能力密切相关的额叶,尼安德特人在进化之路上下错了赌注。后来到达欧洲的智人由于整体智力的提高,他们有许多应对昏暗环境的策略,因而他们的大脑非常幸运地没有变成与尼安德特人一样的结构(Pearce et al.,2013)。

日本的一个跨学科研究团队曾利用一种新计算技术重建了尼安德特人的大脑结构和形状,结果表明,虽然尼安德特人的大脑总体大小和现代人没有多大区别,但在特定区域的尺寸上可能存在显著差异,尼安德特人的小脑要小于现代人的小脑。研究小组通过对1185个现代人的脑部进行扫描,确认小脑容量与认知灵活性、注意力、语言处理和记忆力等能力有关(Kochiyama et al.,2018)。这份研究报告的作者也提出,尼安德特人为了适应欧洲较低的光照水平而发展出了较发达的枕叶皮层,但这可能会阻碍他们扩大小脑。而登陆欧洲的智人由于具有更强的语言理解力、创新能力、社交能力以及认知灵活性,因而更能适应环境的变化,为他们的生存来带了巨大优势,最终导致智人代替尼安德特人接管了欧洲。

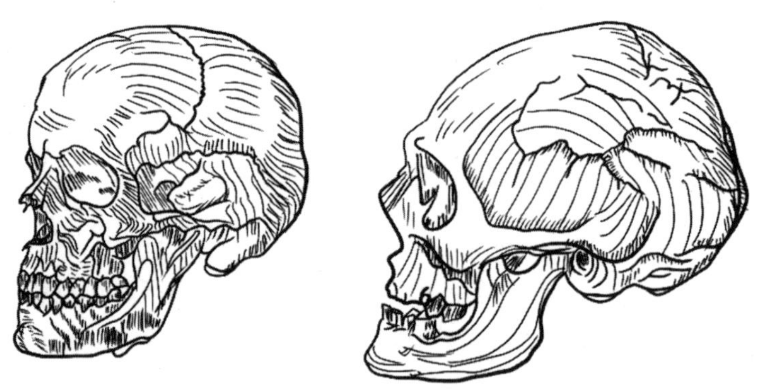

智人(左)与尼安德特人的颅骨(右)对比

尼安德特人的退场谢幕

从时间轴来看,尼安德特人是在与智人杂处的过程中逐渐走向末路的。在这期间,智人依然不断进步,考古学显示这一时期智人的发明创造产生了一次“伟大跃进”,他们唤醒了用艺术表达思想的冲动,现存最早的雕塑与绘画就产生于这一时期。人类祖先上百万年来一直过着单调乏味的生活,但在5万—4万年前,形势突然发生了变化,他们开始在洞穴中描绘鲜活的生命,将石头制成半人半兽的雕像,用珠串和动物的牙齿装饰自己的身体,艺术灵感从此奔流不止。

伴随着这次“艺术大爆发”,智人的武器和工具质量与之前相比也发生了巨大变化,一些部落甚至已开始制造帐篷、灯具和复杂实用的服饰。而工具创新的背后是社会组织的革新,这些工具的诞生有赖于精细分工与密切合作。在冰川期最严酷的时候,欧洲大陆气温常常低于零下40摄氏度,暴风雪是家常便饭。智人的这些发明可以帮助他们抵御冰河纪越来越恶劣的气候条件。同时,由于智人具有更加紧密团结的社会网络,他们在遭遇生存危机时也可以寻求他人的帮助。在经历了500多万年风风雨雨的进化之路后,我们祖先体内的“猿性”逐渐消解,“人性”终于完全占据了主导。

相比之下,尼安德特人则每况愈下,他们的栖息地慢慢向南萎缩,最后只有很少残存的种群还在伊比利亚半岛活动。当这些仅剩的尼安德特人在直布罗陀与非洲隔海相望时,他们恐怕不会知道自己的祖先正是从那里而来,他们也不会意识到自己就是整个族群里最后的成员。生态学研究发现,当一个物种被逼迫到封闭隔绝的环境中时,它们的数量会急剧减少,一旦物种开始没落,灭绝的趋势就很难逆转了,只要死亡率大于出生率1%,它们就会在几十代内消失无踪。随着最后一批尼安德特人的去世,一代王者的故事终于落下了帷幕。

2001年时,西班牙阿斯图里亚斯的一处地下洞穴出土了8副4万年前的尼安德特人骸骨化石，其中4副是年轻人，2副是青少年，1副是儿童，1副是婴儿。这些骸骨化石中能显示出肉被撕扯下来的痕迹，还能看出许多长骨被人为地断开了，这大概是为了吸食里面的骨髓。可见当时尼安德特人的生存状况确实非常糟糕，他们已经混到了同类相食的悲惨地步。

有意思的是，虽然尼安德特人在智人的压迫和排挤下成了灭绝物种，但是他们生命的一部分却以其他形式流传了下来，而继承人正是智人。关于智人与尼安德特人之间是否发生过交配这件事，曾引发耗时数十年的学术争论，当代的基因检测技术为这一问题给出了答案。尼安德特人是第一个被完成了基因测定的古人类物种，2010年，德国马克斯·普朗克研究所的人类学研究团队公布了完整的尼安德特人基因图谱，科学家用在尼安德特人化石中提取的基因与现代人的基因进行对比，发现非洲以外的人类都带有1%—4%的尼安德特人基因[①]（Green et al.，2010）。

更有意思的是，2017年，科学家在男性尼安德特人的牙齿化石上找到了口腔甲烷短杆菌，这是智人口腔中的一种典型细菌，该研究项目的领导者古微生物学家劳拉·韦里奇解释道："如果物种之间会互换唾液，说明他们彼此之间有过亲吻行为……这就暗示了他们互动的亲密程度，远远超出我们所有人的想象"（Weyrich et al.，2017）。

从理论上说，智人和尼安德特人是两个不同物种，

① 现代智人与已灭绝的古人类曾发生过多次基因交流，例如除了尼安德特人之外，现代人身体中也携带丹尼索瓦人的基因，而丹尼索瓦人与尼安德特人也发生过"杂交"。

存在生殖隔离,但他们分离的时间其实仅仅只有几十万年,二者之间的差异并不足以让他们无法繁育后代。当年智人第二次走出非洲后,曾与尼安德特人在欧洲长期混居,在如此长的时间尺度内,发生什么事情都不稀奇。虽然尼安德特人和智人在外貌体型上有一定差异,但他们总有看对眼的时候,一旦情到浓时,双方有很大概率发生性接触并导致基因交流。

基因检测分析显示,尼安德特人与智人间的基因交流发生在约4.5万年前(Fu et al.,2015)。不过这一过程可能并不美好,在人类历史上,战争的胜利者经常会夺走失败者的女性,比起跨越种族的爱,还是杀夫夺妻的戏码更为常见。许多科学家推测,最早发生混种交配的是男性智人与女性尼安德特人。

不过有趣的是,基因检测显示,现代人体内尼安德特人的X染色体比其他染色体出现的频率更低,男性只有一半概率传下X染色体,因为他们还有Y染色体,这表明反而是男性尼安德特人与女性智人发生了更多结合。我们不知道这种交配模式产生的具体原因,但我们要想到,尼安德特人与智人在欧洲大陆至少共存了六七千年,这已经超过了有文字记载的人类历史长度。想想过去几千年历史之复杂,我们就知道,试图重现欧洲智人与尼安德特人共处的历史是一件多么困难的工作。

更让人感到惊愕的是,尼安德特人的基因很可能是我们人类很多病患的根源所在。美国范德堡大学的生物学家安·吉本斯对2.8万人的医疗健康记录以及他们身体携带的尼安德特人基因特征进行了比对分析,结果发现,尼安德特人的基因编码和12种疾病存在很高的正相关,包括抑郁症、过敏、皮肤损伤、血栓、帕金森症、尼古丁成瘾、营养失衡、尿失禁、膀胱疼痛与尿道功能失常等(Gibbons,2016)。另外,美国哈佛医学院的史利安·桑卡拉拉曼等人也曾研究指出,很可能正是尼安德特人的基因导致人类产生了2型糖尿病、克罗恩病、狼疮、胆汁性肝硬化以及其他一些自身免疫疾病(Sriram et al.,2014)。这两项研究成果分别发表于美国《科学》和《自然》杂志。

当然，并不是尼安德特人本身的基因存在重大缺陷，尼安德特人在欧洲生活了几十万年，身体早已适应了当地的环境。智人进入欧洲与他们通婚后，经过自然选择的淘汰，留在身体中的尼安德特人基因正是能提高自身生存优势的有益基因。在智人向全球进军时，部分来自其他古老人类的基因或许会帮助智人更快适应各种独特的生存条件，基因融合一度是智人成功繁衍扩散的关键因素。只是随着人类文明的变迁，这些基因失去了发挥其功能的环境，于是才逐渐落伍乃至于成为威胁我们健康的致病基因。因此，虽然当年智人与尼安德特人间发生的风流韵事确实为现代人留下了一个遗传病大礼包，但我们真的不应对此有所抱怨。

例如，我们祖先狩猎时身体时常会被野兽抓得皮开肉绽，在没有医疗条件的石器时代，强大的凝血能力有利于伤口快速愈合避免感染，但在现代社会，这种基因则会导致血栓，成为我们心血管一大隐患。再比如，尼安德特人有一组能增强对病毒、细菌以及寄生虫敏感性的基因，这组基因在荒野生活中可以帮助免疫系统有效对抗病原体，但在卫生条件良好且物种交流频繁的现代社会，这种基因则会招致过敏、炎症以及其他自身免疫疾病。

从这一点来看，那些一进入春天就皮肤瘙痒、鼻涕横飞的花粉过敏者，不如暂时忘记痛苦，把自己的过敏症状当作纪念尼安德特人的一种方式。尼安德特人未能经受住时代的洗礼，但却像幽灵一样，在人类身体上永远留下了他们曾在地球闪耀过的印记。人类的产生既源自分化，也源自杂交，不同血统古人类的融合，造就了今天我们这种更具适应性和可变性的人种。

智人逆袭:人类纪的到来

DNA组合所允许的人类之数,远远超过曾活过的所有人数。你和我,尽管如此平凡,但仍从这概率低得令人眩晕的命运利齿下逃脱,来到世间。

——史蒂芬·平克《风格感觉》

四海一家

《圣经》中说,亚当和夏娃被驱逐出伊甸园是人类散居的开始,但它并没有明确说他们去了哪里,我们如今已可以比较明确地描述出智人的迁徙路线。在经历了与尼安德特人的"王者之战"后,迎来命运大逆袭的智人更加春风得意,他们长途跋涉,很快就踏遍了整个欧洲大陆,在大约4.5万年前,一批智人经印度扩散到东南亚,另一批智人则经过蒙古与俄罗斯南部进入东亚,这些智人中,还有一些选择北上,在3.2万年前,人类已经进入了亚欧大陆的北极圈深处。东北亚与美洲阿拉斯加隔白令海峡相望,这里海水很浅,只有不到50米,在末次冰期时全球的海平面比现在低100多米,白令海峡也变成了一片干燥的陆地,于是1.6万年前西伯利亚地区的智人又沿着白令海峡到达了美洲,到1.45万年前时，他们的足迹已经遍布从阿拉斯加到智利南部的美洲大片疆土。

DNA检测显示，世界各地的人基因序列差异很小，这意味着，各个地区的人虽然长相不一样，肤色有深浅，但都同属于智人。另外，非洲人群比其他地方的人群具有更大的遗传多样性，离非洲越远的人群，基因多样性越小。例如，两个中国人之间的基因相似性平均来说要高于两个非洲人之间的基因相似性。这种规律在遗传学中被称为“连续奠基者效应”，它指的是，在人类全球迁徙扩散的过程中，每到一个新的定居点，人群中只有一部分继续前行，随着种群的不断开枝散叶，遗传多样性就逐渐削弱了。这就像我们在一片旷野上放一堆粮食种子，然后任由风将种子吹向旷野各处，若干年后，一定是越靠近原来种子堆的地方粮食种类越多，越远离种子堆的地方粮食种类越少。物种在“原产地”通常有更多的基因变种，玉米在南美洲可是有500多个品种，而稻谷在东亚也种类繁多。同样，非洲人在当地生存的历史最悠久，因此他们积累的基因多样性也最大。当年生活在非洲的智人，正是我们所有现代人的共同祖先。

在20世纪80年代后期，DNA分析技术日趋成熟，美国加州大学伯克利分校的阿兰·威尔逊遗传小组研究了世界不同种族及不同地区居民的线粒体DNA。线粒体是细胞的“呼吸器官”，为细胞活动提供能量。在受精时，精子中的线粒体DNA不会进入受精卵，因此，虽然下一代的细胞核基因一半来自精子，一半来自卵子，但线粒体DNA则全部来自卵子。正因为线粒体DNA只属于母系遗传，按照不同个体间线粒体的相似性就可以绘制出他们的亲属关系，进而重构出基因族谱。

阿兰·威尔逊的研究小组发现，如今生活在地球上各个大洲上的居民似乎都源自同一个紧密联系的家族，他们按照基因自然突变率估算出，所有人类携带的线粒体基因都可以追溯到一位生活在20万年前的女性(Cann, Stoneking, & Wilson, 1994)，这位女性因此被称为“线粒体夏娃”[①]。我们可以想象，如果是中国科学家做出这一发现，他很可能将之命名为“线粒体女娲”。

线粒体夏娃的发现为人类的非洲起源说提供了最强有力的支持。尽管对于基因关系的重构方法和线粒体夏娃具体生活时期存在争议，但其他后续研究也表明，现存所有人类的祖先可以追溯到非洲一小群生活在同一时期的女性，她们的总人数不会超过5000人（Krause et al.，2010）。当然，当时的人类数量绝不止这个数目，只是她们的后代存活了下来，经过世代繁衍变成了今天的人类。

另外，美国斯坦福大学的彼得·昂德希尔等人在21世纪初时对全球21个地方1000多名男性的Y染色体进行了检测分析，他们绘制了人类男性Y染色体系统树（Underhill et al.，2000）。通过统计Y染色体基因突变速率，研究者得出结论，欧洲和亚洲等地的现代人群都起源于非洲，美洲与大洋洲的现代人群又起源于亚洲，而所有人类的祖先都可以追溯到一位生活在距今约9万—6万年前的非洲男性，这正是与“线粒体夏娃”相印证的“Y染色体亚当”。这些研究不但从基因层面证明了人类起源于非洲，同时也为描绘我们祖先从非洲扩散到世界各地的迁徙轨迹提供了更多参考。

除了直接的基因分析外，我们自身存在的许多特征其实都可以为人类起源与扩散提供证据。例如，我们在第四章曾强调，成熟的语言系统是智人的专属特权，世界所有的语言都具有同源性。大量比较语言学研究表明，语言演化过程与生物进化过程类似，后出现的语言是从“祖先”语言中分离出来的。因此，许多科学家都认

① 这个结论听起来很神奇，但仔细想想，因为线粒体基因组只能由女性后代继承，所以，如果一位女性在某一代的后人只有男性，那么她的线粒体基因组会就此消失。如果一个部族有1000名女性，在几百代之后，该部族所有的后代都会只指向这1000人中的几人而已。

为,可以以语言的分化为参照来追踪智人在全球的扩散及发展过程。不过,这并不是一项简单的工作,字词改变的速度要比生物变异快得多,而早期人类并不像我们今天这样存在不同地区的频繁交流,只要过了5000—10 000年,人们就几乎无法再从词汇或词根中看出两种语言之间的联系。

新西兰认知心理学家昆汀·阿特金森提出了一个有效的研究途径。阿特金森认为,在探求语言起源的时候,我们最好将考察的关注点从词汇转移到音素,因为音素的变异要比词汇的变异小得多。在研究了世界各地不同语言的音素分布状况后,阿特金森发现了一个非常明显的规律:距离非洲越远的语言,用来生成词汇的音素数量越少。在非洲,一些民族至今还在使用包含许多咂舌音的古老语言,这种语言的音素多达100多个。作为对比,在距离非洲相对较近的欧洲,英语的音素是48个(包括20个元音音素,28个辅音音素),德语的音素是41个,法语的音素是37个。在稍远一些的亚洲,汉语的音素是32个,朝鲜语的音素也是32个。而在地球上最迟被智人占据的大洲——美洲,格陵兰岛因纽特语的音素只有22个,南美印第安人皮拉哈语的音素则只有11个(Atkinson,2011)。除此之外,非洲大陆还具有全世界最多的语种(1000多种),仅仅尼日利亚就有250多种全然不同的语言。因此,语言具有和基因一样明显的连续奠基者效应,而且它们的原点都是在非洲。在智人接管地球的过程中,语言和生物因素一起经历了扩散。

环境塑造外貌

如今生活在地球各个角落的人在体貌上确实存在一定差异,但这主要是我们祖先迁徙定居后适应环境的结果。以最显著的肤色为例,为了解决长途奔跑捕猎时的散热问题,直立人在120万年前褪去了毛发,但没有了毛发的保护,皮肤会受到紫外线的直接照射,强烈的紫外线会伤害到皮肤细胞里的遗传物质,进而会引发皮肤癌。紫外线还会分解人体内的叶酸,叶酸对于孕妇至关重要,如果孕妇体内叶酸达不到正常的需求水平,胎儿存在先天缺陷的可能性会大大提高。另外,紫外线照射还同维生素D的合成有关,维生素D是人体必需的营养元素,它们对骨骼的形成至关重要,缺乏维生素D会让我们骨头脆弱,最常见的表现就是佝偻病。富含维生素D的食物并不太多(主要集中于各种海洋鱼类),但我们只要每天晒几十分钟的太阳,就可以自身转化出足够的维生素D。不过,一旦合成的维生素D超过了机体的需求,就不得不通过肾脏处理后排出体外,这会对肾脏造成负担。因此,过量紫外线照射还会导致肾衰竭的致命后果。

幸好,人体还有另外一种有效的紫外线防护机制,那就是分泌黑色素。高浓度的黑色素就像遮阳伞一样,可以抵御阳光中99%的紫外线辐射,而剩下1%的份额则恰好用来帮助合成人体所必需的维生素D。因此,从褪去毛发起我们祖先的皮肤就变成了黑色,而且是远比如今非洲人颜色还要浓烈的炭黑色。如果包拯是一位生活在5万年前的非洲智人,称他一声"包黑炭"并不算夸张。

但当后来智人散布到世界各地后,许多定居点的光照强度要比非洲小得多,居住在那里的人就算黑色素下降也不会再面临皮肤癌或叶酸缺乏的威胁。而深色皮肤在阳光较弱的生存环境下还会阻碍维生素D的合成。所以,渐渐地不同地区的人肤色出现了分化,越是在靠近赤道的地方人们的肤色越深,而越是在远离赤道的地方人们的肤色越浅。在阳光暗淡的北欧,当地人甚至连头发也变成了灰色或银白色[①]。在一幅3000多年前

① 需要强调的是,导致亚洲人肤色改变的遗传基因与导致欧洲人肤色改变的遗传基因是不同的,这体现了"趋同进化"这一生物进化现象,也就是说,不同群体的相似特征可能具有不一样的生物和遗传基础。

的埃及古墓壁画中，埃及人已经用不同颜料标明不同地域的人：其中埃及人自己被涂成了红色，亚洲人被涂成黄色，非洲人被涂成黑色，欧洲人被涂成白色，这是关于人类肤色差异最早的记载。

另外，世界不同地区的人类在体型上也有较为明显的差异，在人们通常的印象中，北欧人体型比较高大，东南亚人体型比较瘦小，非洲人四肢更加修长，而俄罗斯人则更为粗壮。这种差异主要是由世界各地不同的温度条件决定的，如我们之前所说，动物的体积决定了它们能产生的热量，而体表面积决定了散热效率，身体表面积相对于体积的比例越大，散热功能就越好，而身体表面积相对于体积的比例越小，保温功能就越好。因此，生活在热带的动物，为了散热往往有更大的体表面积，而生活在高纬度地区的动物，为了保暖则有更小的体表面积。例如，非洲的长尾猴尾巴长度通常会超过身高，而生活在较冷地区的日本猕猴尾巴长度不到身高五分之一；墨西哥羚羊兔耳朵长度是头部的两倍，而北极野兔耳朵长度则短于头部——热带地区动物细长的附属器官（尾巴、耳朵）都与散热功能有关。

总之，对于生活在气候温暖地区的哺乳动物，它们最好保持瘦长体型，而生活在气候寒冷地区的动物，它们体型粗壮一些才最好。我们人类是哺乳动物，也遵循同样的体型与温度相关规律。研究发现，北极圈附近的人比赤道附近的人体重平均重20%左右，这种体重的差异是因为身材粗壮程度导致的，赤道地区的人平均每厘米身高会承担3千克的重量，而北极地区的人每厘米身高则会承担4千克的重量。靠近赤道的人类不仅仅身体更轻更瘦，为了散热，他们的四肢也会更加修长，赤道居民的腿长度大概是其坐高的95%，相较之下，北极居民的腿长是其坐高的85%，这可能也能解释非洲人运动优势——他们有更长的腿来驱动他们更为轻便的身材。

不过我们需要特别强调，虽然世界各地的人外貌有所差异，但实际上不同人之间基因差异极小，阿兰·威尔逊遗传小组发现全人类的线粒体 DNA 基本相同,平均差异率仅为 0.32%。而在这不到0.5%的基因变异中,与外貌相关的基因又只占7%左右。因此,区别不同种族最常用的特征,比如皮肤、毛发、眼睛的颜色和体型等,只是由很少数基因控制的。也正因如此,如今几乎所有的人类学家都承认,以肤色划分人种种族只是源于传统社会人们的粗浅认知,这种做法在科学上并不比按星座将人进行区分高明多少,种族概念其实不具有生物学意义。

我们的脑袋都一样

不同种族或地区的人虽然外貌特征有所不同,但没有任何证据表明,他们在创造力、记忆、逻辑、情感或者性格等精神特质方面也存在差异。实际上,在智人遍布全球的迁徙之旅开始前,我们祖先的大脑在硬件上就已经趋于稳定了,后续几万年人类在世界各地陆续定居,但基本没再发生过脑容量扩张、脑皮层分化或神经联结重构这种明显的大脑变化,这也是如今全人类基因差异很小的原因。

我们的大脑之所以会停止进化,很可能是因为大脑继续升级的边际效益已经不存在了。边际效益在经济学上指的是,每增加一单位投资可以获得的收益,一般来说,边际效益会随着投资逐渐增多而出现递减的现象。例如,对于一个饥肠辘辘的人来说,一碗热腾腾的牛肉面可以带来很高的收益,但是如果再吃一碗牛肉面,就会比第一碗面带来的幸福感少很多,而当必须要吃掉很多碗面的时候,牛肉面带来的收益甚至可能为负。

在几万年前,大脑继续升级所能带来的生存繁衍收益很有可能已经逼近为零了,保持现状才是使优势最大化的选择。另外,随着大脑体积增大,连接脑细胞的轴突也必须变得更粗更长,这会导致神经电传导的能耗大大增加,进而反应速度减慢,最终得不偿失。

人类大脑发育和身体发育呈此消彼长的关系。在大脑发育最快的婴幼儿期，大脑葡萄糖代谢量能占到全身葡萄糖代谢量的40%，此时个体的大脑成长速度很快，而身体成长速度则很慢。进入青春期后，大脑葡萄糖代谢水平逐渐变低，而身体则开始快速增长（Holly，Anna，Terrence，Peter，& Herman，2012）。人体的能量系统总是优先满足大脑的需求，从某种程度来说，我们可以认为人脑抢占了身体其他部位的资源，这种“自私”的行径虽然造就了聪明的大脑，但是也让我们身体孱弱不堪。

要知道，人类的肌肉强度在所有灵长类动物中是最低的，而体脂率则是最高的，我们身体储存脂肪的部分原因是要在缺乏食物时为大脑提供能源（O'Neill，Umberger，Holowka，Larson，& Reiser，2017）。其他灵长类动物可以轻松地依靠双臂在林间摇荡，而上一个可以做出同样动作的人类可能是“蜘蛛侠”。在20世纪20年代中叶，美国东海岸一个马戏团在巡回表演时曾发起过一项挑战项目，挑战内容是看有没有观众能将一只体重不到40千克的幼年黑猩猩按倒在地上超过5秒钟，为了防止挑战者被咬伤或抓伤，黑猩猩还要带上厚厚的面罩和手套。尽管看起来黑猩猩似乎处于绝对劣势，但在长达十几年的时间里，没有一个参赛者能成功达成挑战目标。最终政府终止了这项挑战，但理由不是虐待动物，而是担心挑战者会被黑猩猩打伤。这种担心不无道理，成年黑猩猩的力量比成年人类强3—5倍，它们可以轻松上演“手撕人类”的好戏。总之，在几万年前的智人时代，人类大脑对身体的掠夺已经到达了临界点，再多一点点都会让身体不堪负荷。因此，我们大脑停下了增长的步伐。

遍布全球

在哺乳动物世界中，从来没有哪一个动物能像智人一样，在地球上分布范围如此之广阔。从蜗居非洲到遍布全球，我们祖先只花了3万多年的时间。这项奇迹与社会组织形式的进步密不可分。在距今3万—2万年前，人类的墓葬中开始出现大量精致的殉葬品。例如，莫斯科伏尔加河上游的松希尔地区曾出土过一座距今2.2万年的墓穴遗址，墓穴中安葬着两个儿童，其中，每个小孩的尸骨上都覆盖了大约5000颗钻了孔的珠子，这些珠子原本可能是被缝制成了一件上衣，而制作一件这样的衣服至少需要几万小时的工作量。另外，他们腰间还围着由上百颗北极狐牙齿串在一起做成的腰带。尸身旁还有品种繁多的珠宝、鹿角以及象牙饰品。此外，西伯利亚的玛尔塔遗址、意大利的格里马迪遗址、法国的克罗马农洞穴中也出土过大量的墓葬品，主要包括珠宝、项链、手链、雕像、发冠等。这些陪葬品绝对不是一个家族凭借个人能力就能做出的东西。它们可以充分说明，在2万年前智人不但已经形成了大规模社会群体，同时还出现了阶层划分，在群体中已形成了享有绝对权威的领导核心，这可能也是智人能在短时间内迅速遍布全球的原因。

在我们祖先的迁徙过程中，每到达一个新的栖息地，他们都要面临新的生态环境和全新的生存问题。例如，生活在北极要明白如何在严寒中掌握可靠的热源，生活在沿海或岛屿则要掌握制造皮艇或木舟的知识，沙漠居民要学会如何找到水源，丛林狩猎者则要储备丰富的植物与动物知识以及高超的追踪技艺。为了解决种种生存问题，人类祖先使用了令人眼花缭乱的多样性行为和社会系统，我们从来不会把鸡蛋都放到一个篮子里。正如我们在本书第四章曾指出的，人类之所以能够在如此广泛的环境中生存，是因为与基因的继承性相比，文化容许人们更快速地获得应对新适应性问题的生存策略。

智人在种群扩散方面交出了一份优异的答卷，但世界各地的大型动物却开始迎来生存危机。我们的祖先不仅是货真价实的“同族毁灭者”，也是当之无愧的“巨兽杀手”。非洲和欧亚大陆的大多数哺乳动物之所以能活到现代，是因为我们的祖先与它们经历了几十万年的共同进化，它们见证了我们祖先狩猎技巧逐步精湛的过程，并有充裕的时间进化出对人类的恐惧。而当智人在四万多年前涉足澳洲时，生活在这里的动物从没有见识过人类的可怕，它们在毫无“心理准备”的情况下突然遭遇了入侵，短短几千年内，澳洲所有的大型动物几乎全部消失殆尽，这其中包括咬合力比狮子还要强劲的袋狮、体型可比肩野牛的巨型袋鼠以及身长超过6米的巨蜥。类似地，智人于1.6万年前登陆美洲，之后短短几千年内包括猛犸象、剑齿虎、巨獭在内的上百种大型动物陆续迎来了种群的末日。智人迁徙时刻表与当地大型动物灭绝的时间总是不谋而合。澳洲与美洲的动物灭绝使得当地原住民再也没有机会驯化大型家畜，这导致后来他们农业文明发展远远滞后于欧亚大陆，从而对人类历史产生了深远影响。

选择定居生活

在距今1.2万多年前的最后一个冰河纪末期，智人逐渐停下流浪的脚步，开始了定居生活。定居的证据来自多方面，例如，许多洞穴壁画创作于距离很远的不同年代，就像肖维岩洞壁画是3万年前和3.5万年前两个时期的原始人绘制的，而法国的科斯奎洞穴壁画则可追溯到1.9万年前的梭鲁特文化和2.7万年前的格拉维特文化。这说明，这些洞穴曾被不同的迁徙者反复利用，但这种情况在1.5万年前就几乎不存在了。

在如今地中海东岸、美索不达米亚平原以西的黎凡特地区，考古学家发现了1万多年前的村庄遗址。定居生活导致智人群体规模急剧增长，到公元前8000年时，西亚已开始出现人口超过5000人的小型城镇。然而，城镇的存续并不是一件简单的事，一个充满矛盾与对抗的集体必然会走向分裂，要想维持大规模群居生活，群体成员必须要更愿意遵守团体规则，更甘心在规则的约束下克制种种自私自利的不和谐行为。因此，社群规范的权威性对人类演化施加了新的挑战，不过这一次，我们祖先解决问题的方式已经不是依靠生理特征突变了。当人类可以通过语言创造出虚拟的文化后，我们就走上了文化演化的快车道，文化可以从根本上改变人类的进化途径。只要改变文化内容，我们就可以改变社会组织方式。

在1万年前的新石器时代初期，人类文化领域最关键的成果体现在宗教变迁方面。20万年前,我们的祖先已开始制造雕像与骨刻这类可能具有宗教意义的物品,3万年前的壁画可以被视为是原始宗教的直接证据。宗教对人类社会生活的意义不言而喻,在最近1000多年,宗教信仰始终是人类历史的核心部分。

当今世界存在的宗教至少有1000种以上,宗教学家将这些大大小小的宗教分为萨满宗教和教义宗教两种基本类型。其中,萨满宗教是体验式的原始宗教,它的基本特点是没有宗派、没有具体教义、没有教祖、没有固定的组织机构和宗教场所,以跳神祭祀作为最主要的活动。而教义宗教则具有固定活动场所(如寺庙、神庙和教堂等)、专业神职人员(如牧师、祭师、神父、阿訇、道长等)、宗教层级组织、宗教仪式以及明确的教义。从萨满宗教到教义宗教的转变正是发生在1万年前的这段时期。相比于萨满宗教,教义宗教的仪式活动更加频繁、对精神世界的定义更加清晰、阐释的世界观以及虚拟故事也更具吸引力,因此教义宗教更容易成为集体性的精神信仰,从而为大型社群提供必要的凝聚力源泉。

这种推测并非空穴来风。1994年,一位库尔德族牧羊人在土耳其东北部发现了令世人震惊的哥贝克力遗址,遗址中心是一个石阵,整个石阵用大约200根雕刻精美的石柱围成20个圈儿,其中有些石柱超过5米高,重达20吨,上面还刻有奇特的浅浮图案。碳14定年法测定显示,这处遗迹有1.2万—1.3万年的

哥贝克力遗址目前已成为土耳其最重要的文化景点之一

历史，这甚至要早于人类城镇出现的时间。考古人员在遗址间发现了酿造啤酒的痕迹，这暗示此处曾举行过类似于酒神节狂欢的仪式活动，因此，哥贝克力石阵可能是举行仪式庆典的中心场所。

主持相关挖掘工作的德国考古学家克劳思·施密特认为，这处遗迹是史前人类的聚会所，也是人类最早的“寺庙”群。很可能是一些狩猎部落先建立了神殿，之后才有越来越多的人因拜神而聚集在这里，并进而将这里发展成了固定居所（Schmidt，2011）。受共同信仰的感染，这些定居者可以以相对融洽的关系生活在一起。从这一角度看，正是发生在文化领域的宗教革命，引领了新石器时代的文明爆发。正如阿瑟·克拉克在《遥远的地球之歌》中所写的，没有超自然信仰的约束，人类的合作可能永远超不出部落的范畴。

早期人类生活模式的变迁还离不开环境变异的影响，第4纪冰期的第7个小冰期是从1.8万年前开始的，最冷时整个北半球五分之一的面积都被冰雪覆盖了，之后经历了一次长达数千年的气温反复，在距今1.28万年的时候全球气温又突然急转直下，10年内平均气温下降了8摄氏度。这种极端气候维持了1300年，地质学家将这一时期称为“新仙女木事件”。许多大型动物都在新仙女木事件中灭绝了，比如美洲的猛犸象、大树懒、剑齿虎、巨型袋鼠等[①]，大熊猫曾在中国北方广泛分布，但它们也在寒冷的气候中被冻死了。

在1.2万多年前，除智人外人属动物至少还存在3个

① 许多科学家相信，智人的猎杀与气候剧变共同导致了这些大型动物的灭绝。

物种,包括云南的马鹿洞人、印尼的佛罗勒斯人和美洲的克劳维斯人,但是他们也在新仙女木事件爆发后全部灭绝了。自然选择为人属动物的进化做出了最终裁决。原始人类的舞台上曾经挤满了演员,他们在自己的地盘上安居乐业,各领风骚,不过最终这场表演成了智人的独角戏。而智人虽然得以苟延残喘,不过同样难逃人口锐减的噩运,经历了气候大灾变之后,只有为数不多的一小群人生存了下来。

新仙女木事件导致智人能狩猎采集的食物大量减少,在天寒地冻的环境中,我们可怜的祖先为了填饱肚子,只能尝试收集一些植物种子自己种植。今天很多学者推测,正是在新仙女木事件带来的巨大压力下,智人才被逼无奈走上了农业的道路,极端的寒冷气候为农业文明的开端打下了基础。而在后来的全新世时期,地球气候变得温暖、湿润且稳定,大气中二氧化碳浓度升高,这些条件为农业的出现搭建了舞台,不久之后主演便纷纷登场。大约9600年前,中东与南欧地区的人开始种植小麦;9000年前,墨西哥的古印第安人开始种植玉米;在差不多同一时间,中国人开始种植小米和大米。人们一旦开始种植粮食,就会对它们形成极强的依赖性,定居生活成为必然选择。

文明大爆发

定居生活同样是人类历史进程中的重要里程碑事件。典型的狩猎采集群体会迅速消耗掉暂居地所有能够轻易得到的资源,因此他们必须不断迁移,以便从其他地方获取更多的食物,虽然狩猎采集者也会到远离居住地的地方搜寻食物,但距离一旦超过某个上限,迁移营地会比长途往返采集更容易。不断的迁移会严重限制技术工具的规模和复杂程度。狩猎采集群体不能拥有太多装备,因为每隔一段时间他们就要将所有物品从一个地方搬运到另一个地方,因此无论多么了不起的新发明或新设备,如果不便于运输,就没什么价值。

另外,频繁的迁徙导致女性只能养育很少的子女,因为她们无法抱着好几个孩子长途行走。如今非洲卡拉哈里沙漠中某些原始采集部落的家庭依然会保留每隔几年生育一个孩子的习俗,目的正是为了保证顺利迁徙,但这对人口规模会造成很大制约,而人口规模又决定了文化革新的效率。人口规模越大,个体与其他人相伴的时间越多,有效社会学习的机会就越多。在小型社会中,人们很少有机会将不同的文化元素融合到更复杂的新发明中,因而导致文化积累的速度非常缓慢。当澳洲的塔斯马尼亚人在18世纪第一次与欧洲探险家发生接触时,他们竟然还维持着几万年前的工具制作水平和生活方式,塔斯马尼亚岛周围有丰富的鱼类资源,但当地的狩猎采集者却根本不会捕鱼。在人类历史上,像塔斯马尼亚这样孤悬大陆之外的海岛,往往会陷入长期的发展停滞甚至技术倒退。

定居则打破了这些限制,稳定的生活可以缩短人口生育周期,加速人口增长,而大规模群体则可以激发出更多的创意与文化积累。我们可以想象这样一种情况,假设任何一个人只依靠自己的努力、幸运或聪明才智,平均10 000次生命中才有一次机会能想出给锄头装上长把手的点子,如果一个小部落有25人,那么他们每代人做出这一创新的概率就是0.25%,这个部落在400代人后才能实现锄头的革新,而在一个5000人的小城镇,他们每代人做出这一创新的概率就是50%,这个城镇在两代人内就可以实现锄头的革新。在发明创新方面,集体智慧往往能比个人才智发挥更重要的作用。

法国蒙彼利埃大学的科学家曾用一个实验检验了人口规模对技术升级的影响,研究者将被试分为人数不等的小组,每个被试都要在电脑上制作虚拟的鱼钩并用自己的鱼钩玩"钓鱼"游戏,一轮钓鱼结束后,被试可以参考小组中其他成员的钓鱼数量及鱼钩制作方法,之后对自己的鱼钩进行改造,再进行下一轮。结果显示,十几轮过后,相比规模最小小组(2人),规模最大小组(16人)中平均每人每轮能多捕获50%的鱼,相互学习让他们很快变成了经验丰富的老渔民。另外,在制作渔网的实验中,人数较多的小组可以始终维持实验刚开始时学到的复杂编渔网技术,而人数较小的小组则会陷入编网技术不断退化的局面。十几轮过后,二者制作的渔网质量差异能达到3倍之多(Derex,Beugin,Godelle,& Raymond,2013)。可见,更大的群体也有利于克服知识传播中的信息损耗。

总之,人口越多,潜在的创新者就越多,更多的创新使人们能够发明新的工具技术,通过动植物驯化、灌溉、育种以及施肥等途径,更高效地探索和利用已有资源,以进一步增强环境承载能力。相比狩猎采集,同样面积的土地用于发展农业时,至少可以多生产几十倍的卡路里。这不仅加快了文化革新,同时对人口增长又形成了正向反馈。

在农业和定居生活尚未出现的1.5万年前,世界人口约为100万—300万人,到公元前5000年,世界人口已增长至3000万人。罗马帝国时代,地球上已经有2.5亿农民,而继续过着狩猎采集生活的原始部族最多只剩几百万人。不管功能多么强大的变异,只有在能得到传播的情况下,才有机会真正转化为群体兴旺推波助澜的进化优势。随着人口基数增长,有利变异(无论是基因变异还是文化变异)在人类群体中的传播速度会发生指数级增长,更多人口使得有利变异更容易保存与扩散。

定居与农业为人类合作行为的进化施加了新的压力。一旦结束居无定所的日子,食物储藏便成为可能,人类开始财富积累,阶级分化的趋势不可逆转,最终的结果是出现不需要直接从事生产的统治精英。在农业社会中,大规模合作会创造巨大红利,设计并修建出灌溉系统的村落会比其他村落更容易发展;拥有职业分工的城邦在成就上会远超那些没有职业分工的城邦;配备专业化军队的社群在战争冲突中可以完全碾压没有专业化军队的社群。因此,合作行为以及有利于维系合作行为的规范和制度可以通过群体选择进行扩散,进而进化出更复杂的社会体系。不过,在农业社会中,物质财富是紧紧依附于土地之上的,而土地既不能带走也不能放弃,因此,由资源竞争导致的群体冲突会变得更加剧烈,这会激发大规模暴力行为,最终形成策略性的竞争与新的社会关系。

考古学研究发现,当人类从传统的狩猎采集社会过渡到农业社会后,暴力伤害事件发生的频率有显著提升(Fuentes,2017)。

总之,我们祖先驯化植物的那一刻就像是打开了自来水开关,沟渠、仓库、镰刀、铁匠、公路、桥梁、犁具、轱辘、市场、奴隶、战争、军队、户籍……无数新事物和新角色会自动涌现出来。一旦一个群体能够通过关键性的考验,利用新技术摆脱不断迁徙的生活方式(也就是农业生产),之后便会顺理成章地取得许多成果。人口、定居、文化与农业经历了互相积极影响的演变过程。

文化演变的成功依靠的是集体智慧而不是个人智慧,一旦文化活跃起来便会形成积聚效应,每一项发明都会激发无数创新,各个领域的知识可以相互借鉴,从而导致知识创新呈现几何级数增长。人类会越发依赖后天学习的知识应对生存挑战,而对知识的依赖则会进一步促进文化变革。我们祖先用了500多万年的时间才从南非古猿进化成智人,但在最近50年,我们却发明了脑成像技术、摇滚乐、基因工程、3D电影、磁悬浮列车、试管婴儿、互联网、VR游戏,并成功将人类送上了月球。这一切成就都是我们文化飞速进化的结果。通过文化进化,我们不但改变了自身的生活方式,也彻底改变了地球的样貌,以至于许多科学家认为地球正处于一个全新的地质纪元——人类纪。

人类进化大事件表

时间	事件
800万—600万年前	人类祖先与黑猩猩的祖先在进化树上分家,走上不同的进化之路。
600万—500万年前	人属动物最早的祖先——南方古猿,开始登上历史舞台。
440万年前	南方古猿"阿尔迪"生活的时代,阿尔迪可以直立行走,但还没有足弓,该时期是人类祖先从四足行走到双足行走的过渡期。
350万年前	出现了最早切割动物的痕迹。

（续表）

时间	事件
340万年前	南方古猿“露西”生活的时代，露西身材瘦小，脑容量只有380立方厘米，但骨骼结构表明这时期的人类祖先已更适应直立行走。
330万年前	出现了已知最早的石器工具。
250万年前	身材更高、脑容量更大的“能人”出现在非洲，能人开始食用肉食，在之后的几十万年，他们逐渐过渡到了“直立人”。
200万年前	一部分直立人从非洲扩张到亚洲，先后占领东亚、北亚、南亚和东南亚，到150万年前，亚洲大陆已遍布直立人。
160万年前	直立人“图尔卡纳男孩”生活的时代，这时期直立人的脑容量已经达到900立方厘米。
120万年前	人类身上出现了可以调节肤色的MC1R基因，意味着已经变成了“裸猿”，褪去毛发后的人类祖先散热能力加强，可以利用长跑有效捕猎。
100万年前	直立人学会了利用天然火。
50万年前	晚期直立人之一的海德堡人出现在非洲与欧洲大陆，脑容量已达到1000—1300立方厘米。
50万—40万年前	晚期直立人掌握了用火技巧，学会了利用火烹饪食物，大大提高了食物利用效率，降低了肠道能量消耗，为大脑继续扩展提供了能量支持。
40万年前	地域阻隔使欧非大陆的海德堡人走上了不同的进化道路，欧洲的海德堡人最终演化为尼安德特人，而非洲的海德堡人则最终演化为智人。
20万年前	现代人类（智人）开始出现在非洲大陆。
10万年前	非洲大陆除智人外的所有人属动物全部灭绝。
7万—6万年前	智人获得了更复杂的语言程序、抽象符号思维和想象思维，大大加强了个体间的社会联系，产生了更加密切、协调、精细的大规模社会合作。
6万—5万年前	智人离开非洲，踏上欧洲大陆。
4.5万年前	智人经印度扩散到亚洲。
4万年前	尼安德特人灭绝。

（续表）

时间	事件
4万—3万年前	人类发生了一次“艺术大爆发”，开始大规模雕刻塑像、制作首饰、绘制壁画。同一时期，原始宗教产生，世界多处人类聚居地出现了“神话文化”。
3万—2万年前	墓葬中开始出现大量精致的殉葬品，意味着已形成不同的社会阶层和领导权威。
1.6万年	智人沿着白令海峡到达了美洲。
1.2万年前	出现了人类最早的神殿——哥贝克力石阵，此后宗教信仰的主要形式由萨满宗教逐渐发展为具有固定活动场所、明确教义、专业神职人员以及规范宗教仪式的教义宗教。
1.1万年前	经历新仙女木事件后，智人成为全世界仅存的人属动物。此后智人开始培育植物及驯化动物。
1万年前	美索不达米亚平原以西的黎凡特地区出现了最早的村庄。
9000年前	中东、南欧、中南美洲、印度和中国等地区开始种植粮食作物。

未竟之路:人类还在进化吗

生存本来就是一种幸运,过去的地球上是如此,现在这个冷酷的宇宙中也到处如此,但不知从什么时候起,人类有了一种幻觉,认为生存成了唾手可得的东西,这就是你们失败的根本原因。

——刘慈欣《死神永生》

在《达尔文的危险观念》一书中,丹尼尔·丹尼特认为,达尔文提出的进化观念是一种知识层面的"宇宙酸":"它把几乎所有的传统观念都销蚀掉,在其身后留下一个革命化的世界观,大多数旧有的景观仍然依稀可辨,但也经历了彻底的改造。"确实,达尔文的洞见就像是一枚投放到人类知识界的炸弹,它粉碎了一切旧的见解,也为新的世界观扫清障碍,打开了通道。

人类思想史上有著名的哲学三问:"我是谁?""我从哪儿来?""我到哪里去?"在进入现代文明后,科学接手了这三个问题,达尔文的进化论对前两个问题已经给出了答案,至于第三个问题,进化科学又能为我们提供怎样的启示?

其实,对人类未来进行遐想正是科幻电影和小说最热衷的题材之一,许多创作者将进化思想与人工智能、人机一体以及机器觉醒等概念联系在了一起,在他们笔下，自然选择的铁律永远主宰着所有物种的命运，假如以超级智能机器人为代表的硅基生命可以比以人类为代表的碳基生命获得更好的生存优势，那么人类在物种竞争中完全有可能被这些新的生命形式击败，从碳基生命到硅基生命可能正是整个宇宙的基本进化规律。作为一名科幻发烧友，我当然对《真名实姓》《神经浪游者》《银翼杀手》《攻壳特工队》《海伯利安》与《黑客帝国》这类秉持一定进化观的作品极为痴迷，但本书毕竟是一本严肃的科学读物，因此我们还是把幻想放到一边，回归到基本的科学事实上来。

在大约5万年前，我们的智人祖先从非洲经由欧洲扩散到世界各地之时，现代人类作为一个独立物种已完全成形。但是基因的进化就这样停止了吗？美国古生物学家史蒂芬·杰伊·古尔德曾说过，"自然选择已经与人类生理进化不再相关了"，因为文化变迁所引发的适应性成果要远超基因变化。他还断言，"人类已经四五万年没有生物学意义上的改变了，我们用不变的身体和头脑建立起了所有的文化与文明"。古尔德的想法在某些方面显然是有问题的，就像我们在这一章所讲述的，智人几万年前迁徙到世界各地后才出现了容貌体态的分化，地理环境的拓展为智人带来了新的生存压力，因此，我们显然不是"四五万年没有生物学意义上的改变"。

不过，古尔德观点的某些方面却不乏为人所认同，很多人类学家和生物学家都相信，现代农业、医学卫生和其他技术使得自然选择已无法对人类身体施加进化压力了，为了应对寒冷的气候我们选择制作衣服，在战争杀戮中我们不断改良武器，面对瘟疫的威胁我们可以开发药物。我们将全部的适应性问题交给了文化创新去处理，而基因进化由于失去了动力，因此早已停滞不前。然而，事实真的如此吗？

基因—文化协同进化

如果一个物种长时间置身于稳定环境中，它们就会逐渐接近对环境的最适应水平。在这种情况下,这个物种在基因层面已经达到了最适应状态,正常范围内的基因变异(也就是物种自发的基因变异)不会再显著提高个体对环境的适应性,因此,物种的生物进化会降至极为缓慢的速率。当然,并不是说一个基因变异相对稳定的物种在各方面都完美无缺,例如“飞行”看起来比“步行”更有用,但是对于企鹅来说,它们的移动方式、身体结构与生存环境之间已经匹配得比较完美,因此它们未必需要飞行技能(实际上,由于生活在寒冷的南极,企鹅生物史的进化方向是体重增加与翅膀退化,飞行反而会打破企鹅与环境间的适应平衡,成为它们生存的累赘)。而一些已经极端适应环境的物种,如海蜇、剑吻鲨、蟑螂、岩鼠,它们的生物性状甚至几千万年都几乎没有变化。难道我们人类也像这些生物一样,已经达到了对环境的最优适应状态?

其实,即使在现代社会,人类进化的证据也十分广泛。在20世纪90年代,由美国、英国、法国、德国、日本和我国科学家参与的“人类基因组计划”正式启动,这项工程的宗旨在于测定组成人体DNA序列的30亿个碱基对,从而绘制人类基因组图谱。基因组计划为探索人类生物进化提供了重要数据,目前,多支科学团队已对成千上万来自世界各地的人类进行了基因测序,研究结果与古尔德的理论恰恰相反。基因测序显示,人类遗传进化在过去5万年间急剧加速,基因变化速率曲线在2万年前越来越陡峭,而在全新世(近1.2万年前)达到了高潮。人类基因组中已经有几百甚至几千个区域,被确定曾受到近期变异的影响。

由于适应环境才是进化终极目标,因此环境变化往往构成进化的直接动力。地球从诞生起经历过四次大冰期以及无数次小冰期,严寒酷暑总是不断交替变化。地球气候最温暖时南极也曾森林广布,而最寒冷时地表三分之一的面积都被冰雪覆盖。伴随着气候变化,植物与生态环境也必然产生巨大改变,从而对动物的生存和形态演变产生深刻影响。许多深海生物(如海星、剑吻鲨与章鱼等)数亿年来几乎没有什么变化,正是因为深海环境较少受地球温度变化的浸染,这些动物在几亿年前就到达了合适的优化状态。深海为进化停滞提供了一个相对稳定静止的环境。这也是许多"怪兽"题材电影会将史前生物设定来自深海的原因。例如,巨齿鲨在马里亚纳海沟活动(出自《巨齿鲨》)、哥斯拉沉眠于太平洋深处(出自《哥斯拉》)、章鱼怪"奥特瓦"则栖息于海底5000米的海域(出自《极度深寒》)。

与其他动物不同,人类祖先不仅适应了生存环境,还创造了他们的生存环境。我们人类总是不断构建新的进化景观,将自身暴露在新气候、新寄生物、新食物选择、新社会关系以及新社会结构的进化压力下。这些新的进化压力又会反过来对我们的身体和心灵产生新的适应需求,如此循环往复。例如,原始语言一旦产生,它就对人类的大脑结构和其他生理特征施加了选择,导致那些有利于语言学习的大脑或基因更容易保留下来。许多科学家相信,人类与环境间独有的反馈机制造成了我们这一物种与其他动物的分裂,人类毫无疑问是生命演化树上的一分子,但我们进化的动力却与其他动物不同,在很大程度上,我们人类是自己创造的生物。

在最近1万年,人类对世界的改造达到了顶峰,因而导致遗传变异也愈发频繁。在生物学中,这种观点被称为"基因—文化协同进化"理论,也就是说,由于人类的文明活动重塑了生态与社会背景,对自身施加了选择压力,导致我们生物进化速度变得更快。基因演化和文化演化像二重唱一样紧密联系在一起,当文化突然改变了旋律后,基因也会做出相应调整。

近年来的研究发现,在某些情况下,只需要经历25代人就可以观测到进化变异的发生,这比早期进化心理学家预想的要快得多。人类大规模改造环境始于大约1万年前农业诞生的时期,1万年可以经历500多代人,这其实并不是一段特别短的时期。许多科学家认为,由于人类对环境的影响已远远超出了环境自然变异,因此,基因—文化协同进化可能也已成为进化的主要形式。

未完结的进化

要理解协同进化的思想，我们可以先了解一个著名的动物驯养实验。1959年，苏联遗传学家德米特里·贝尔耶夫将130只银狐带到了自己位于西伯利亚的实验基地，实验员每天和这些银狐频繁接触，让这些银狐与人建立信任关系。之后，他们将表现更加亲人、更加温顺的那些银狐挑选出来，再让它们繁育下一代，之后循环这个过程。仅仅几代过后，银狐的攻击性就降低许多。而在30多代之后，银狐的后代已经完全没有狐狸的野性特征了，它们遇到实验室的工作人员会高兴地摇尾巴，还会主动地舔人的脸进行示好，具有了明显的"萌"属性，这样的行为特征与那些最温顺的宠物狗没什么区别。更重要的是，这些驯化的银狐竟然像宠物狗一样，已然能够看懂人类的手势与眼神，变成了"善解人意"的狐狸。到此为止，实验周期还不到50年（Kukekova et al.，2018）。

进入21世纪后，德国马克斯·普朗克进化人类学研究所的一个小组利用繁殖力更强大、成熟速度更快的大鼠做了类似的研究（Albert et al.，2009）。经过几年培育后，实验大鼠都变成了乖巧可爱的"精灵鼠小弟"（虽然研究者还没有确定导致这一结果的"温顺基因"）。这些狐狸和老鼠的性状之所以能够改变如此迅速，是因为它们经历了密集的人工选择。而我们人类由于文化变异为自身创造的生存环境也是一种类似的人工选择，这就导致了协同进化的出现。

受生育周期限制，人类在几十年内产生系统变异是非常困难的，但在几百年的时间尺度上这种变化是可能会发生的。巴瑶族人的例子就可以说明这一点，巴瑶族人是生活在东南亚海域的一个海洋游牧民族，他们长期生活在海上，以潜海捕鱼为生，因此常被称为"海上吉卜赛人"。巴瑶族没有专业的潜水设备，捕鱼的成功率取决于深潜于水下的时长，因此巴瑶族人可能是世界上平均潜水水平最高的一群人。不过，他们高超的潜水技能并不仅仅是后天训练的结果。发表于《细胞》杂志的一篇研究报告指出，巴瑶族人还具有一些能帮助他们进行潜水活动的遗传特性，他们是不折不扣的“海王”。

来自哥本哈根大学、加州大学伯克利分校以及丹麦科技大学等多国学者组成的科研团队对巴瑶族人进行了研究，他们通过对其身体扫描发现，巴瑶族人的脾脏明显大于常人，而且即使那些不潜水的巴瑶族人照样如此，这显然是一种遗传特征（Ilardo et al.，2018）。脾脏就像是用来储存携氧红细胞的储存器，有天赋的潜水员往往有着大号脾脏。另外，DNA检测显示，常见于巴瑶族人体内的PDE10A基因与更高水平的甲状腺激素T4有关，这些激素会引起代谢率的增加，从而有助于身体对抗低氧水平状况，这可能正是巴瑶族人拥有大脾脏的原因。要知道，虽然巴瑶族人的具体起源如今仍不明确，但他们在海上生活的时间并没有达到上千年。在这“短暂”的时间内，进化已经悄无声息地发生在了巴瑶族人身上，从而使他们能够更好地适应自己不同寻常的生活方式。

人类乳糖耐受性的提高也是协同进化的典型案例。按照自然法则，大多数哺乳动物一旦度过婴幼儿期就会失去代谢乳糖的能力，这样它们才不会抢占自己弟弟妹妹的“口粮”。但人类的乳糖酶活性却能持续到成年，乳糖酶可以将乳糖分解为葡萄糖和半乳糖，假设一个人不能分泌乳糖酶，奶制品中的乳糖进入他身体后，不是直接被小肠消化吸收，而是会被大肠中的肠道细菌分解发酵，产生气和水，导致胀气、腹泻、腹部痉挛和呕吐等症状。因此，乳糖耐受突变带来的好处是让我们可以更好地消化牛奶，以充分利用牛奶中的钙、维生素、脂肪以及蛋白质等营养元素。不过，乳糖耐受基因其实非常“年轻”，在大约1.2万年前，人类才学会了驯养牛、马、羊和骆驼等能提供奶源的动物，家畜的奶最初只是被用来喂养缺乏母乳的婴幼儿，但这种行为模式形成了新的选择压力：能将乳糖分解能力延长到成年期的人，会获得更多的生存优势。

与乳糖耐受相关的基因突变最早出现在大约1万年前的土耳其，之后在畜牧业发达的欧洲迅速传播（Itan，Jones，Ingram，Swallow，& Thomas，2010）。长期饮用奶制品的生活习惯选择了这一基因突变，在距今6000年前的新石器时代，奶类已成为欧洲人生活中常见的食品来源,许多那时保留下来的陶器中都可以探测到乳脂成分,5000年前欧洲人已学会制作奶酪,如今,90%以上的欧洲人都具有乳糖耐受性[①]。因此,可以认为是人类牲畜养殖以及饮用乳品的生活方式促成了乳糖耐受基因的传播,而这一基因在人群中从低频扩散到高频的时间仅用了不到9000年(Oh et al.,2017)。

另外,淀粉酶基因同样为协同进化提供了令人信服的证据。淀粉是一种可靠的能量来源,但如果人类唾液中淀粉酶分泌不足的话,我们将无法很好地利用这种高热量碳水化合物。食用淀粉是农业社会典型的饮食特征,而大多数狩猎采集者以及牧民消耗的淀粉量却很少。饮食习惯会改变人类唾液淀粉酶基因的表达。美国亚利桑那州立大学人类学家乔治·派瑞的研究小组分别从欧亚非各大洲采集了不同人群的唾液样本,测量了这些人唾液中的淀粉酶含量。分析结果显示,那些食物中淀粉含量高的族群往往拥有较多的淀粉酶基因副本,多余副本可以制造更多的淀粉酶,促进淀粉食物的分解和消化。例如,以小麦为主食的南欧人和以水稻为主食的东亚人平均有接近7份淀粉酶基因副本;而非洲刚果的原始部落由于并不经常采集高淀粉类食物,因此他们的淀粉酶基因副本只有5份。不过,黑猩猩与尼安德特人的淀粉酶基因副本更少——只有2份,这说明即便对淀粉类食物依赖最低的那些人,他们也会比黑猩猩和尼安德特人更擅长消化淀粉(Perry et al.,2007)。

① 但在亚洲和非洲,仍有大量人群对乳糖不耐受,这是因为这些地区在农业时代以种植业作为主要产业,很少养殖奶牛,没有形成食用奶制品的生活习惯。

大量摄入淀粉食物会影响有机体血糖代谢机能，而人类身体似乎已对此有所回应。冰岛生物学家艾格纳·黑尔加松领衔的一项研究曾发现了一个可以调节血糖水平的基因变体，具备这一基因后人类可以更好防范糖尿病，这种基因变体在不同人群身上存在的时间大致和他们从事农业生产的历史成正比，因此，它是人类适应碳水化合物食物的结果（Helgason et al.，2007）。那些没有过农耕史或农耕史很短的群体（如澳洲或美洲原住民），会有更高的糖尿病发病风险。例如，美洲纳瓦霍人糖尿病患病率是白人的3倍，澳大利亚原住民糖尿病患病率是澳洲白人的4倍。由于原住民在历史上一直保持着狩猎采集的生活习惯，他们很少摄入淀粉类食物，因此，调节血糖水平的基因变体尚未在他们族群中扩散。

总之，人类会通过文化实践制造出各种各样新的食物，这些实践活动一直以来都是人类基因变异的重要驱动力，除乳糖与淀粉外，几个与蛋白质、磷酸盐、酒精、胆固醇和脂肪酸代谢相关的基因都显示出了近期变异的特征，我们有充足的证据相信，人类饮食变化会引发连锁的基因反应。

既然遗传进化能够在短短数千年的时间里，随着饮食和气候的变化对我们身体外观、皮肤颜色以及消化食物的能力做出调整，那么与人类心智相关的基因是否也会随着我们社会环境遭遇的转变而产生突变？实际上，在近期选择的基因中，有许多正是在人脑和神经系统中表达的，这些基因增加了我们包括学习、合作和语言在内的许多认知特征。因此，在过去几万年，人类的生物变异不但没有停滞，反而以上百倍的速度加快了进化。我们并不是顶着一颗几万年没变过的头脑生活在现代社会。而且我们有充分的理由相信，时至今日人类的身体依然在进化，虽然文化进化占据了主导地位，但它并不阻碍甚至会促进生物进化的发生。

当然，由于人类分布广泛且很容易相互融合，我们在未来不太可能再分化成不同的物种，因此，与传统的进化模式相比，人类更像是处于一种“微进化”模式中。如果问题只是“人类是否还在不断进化”,那么答案是非常明确的,进化是变异和时间叠加的效果,我们无法控制变异,也不能改变时间,我们仍处于进化的“未竟之路”。至于人类可能的进化方向,这一问题很难回答。由于人类自身活动,世界早已改变,而我们可能还不知道很多变化的后果。

文明的延续

生物圈的进化充满偶然性,火山爆发、气候异常、板块运动、陨石撞击、瘟疫……每一个因素都可能改变进化方向。假如不是6500万年前一颗小行星将地球环境砸了个稀巴烂,也许地球如今的主宰者还是恐龙。在人类进化史上,弱小的早期人类要一直不断与变幻莫测的环境相抗争,他们不得不经常大举迁徙,甚至被就地消灭。1万多年前的新仙女木事件曾导致我们的祖先数量急剧减少,陷入濒临灭绝的深渊,人类差一点就从地球全部蒸发。而一旦这种不幸真的发生,我们也只不过是为地球上已经灭绝物种的清单再增加一类而已,整个世界不会因为人类的消逝而发生什么大变化,自然选择仍然是生物进化的规律,地球上其他的生物也依然会在进化的道路上继续前进。

无论人类多么自命不凡,我们仍需要仰赖环境以及环境中的某些生命群落才能生存,人类历史上最早的艺术品不是关于自身,而是关于他们所处的环境或食用的动物(就像最早的壁画是动物壁画)。与其他动物相比,我们发展出了道德意识、抽象思维、独特的语言以及大规模社会合作等更复杂的心理及行为模式,但正如本书所阐述的,所有这些“人性的特征”都是在特定环境下生存适应的结果。今天人类对自然界的需求在本质上与几百万年前并没有什么不同,我们与所有的生物一样,都必须与环境进行物质能量的交换。地球的氧气与水循环要通过植物完成,稳定的气候环境是农业不可或缺的条件,自然生态永远是制约人类生存的最关键因素。然而,进入工业化时代以来,我们对生物多样性以及自然栖息地的破坏不断加剧,由于人类的活动,地球上的其他物种正以前所未有的速度走向灭亡。

生物在漫长的进化过程中，稳定期与剧变期总是在相互交替，地球共发生过六次大规模生物灭绝事件，前五次生物灭绝事件都是由陨星撞击、宇宙射线变强、火山喷发、大气成分变化以及地磁变化等环境因素所导致的，而正在发生的第六次物种大灭绝则是由人类活动所引发的结果，具体包括植被破坏、外来物种入侵、自然资源过度使用和环境污染等。受人类干扰，目前地球生物灭绝速度比自然条件下的灭绝速度快了1000倍，平均每小时就有一个物种灭绝。《自然》杂志于2014年发表的一份分析报告指出，地球上高达41%的两栖动物正濒临灭绝，同时26%的哺乳动物和13%的鸟类也同样受到威胁。

在生态系统里，每个物种都有它的特殊功能，每灭绝一个物种，就有几个、几十个物种的生存受到影响，进而形成恶性循环。莎士比亚在《罗密欧与朱丽叶》中写道："在命运之书里，我们同在一行字之间。"在人类历史上，生态灾难已导致许多文明的覆灭，包括复活节岛、玛雅文明、美苏尔文明、克洛维斯文明、奥尔梅克文明以及普韦布洛文明等。实际上，稳定的自然生态是几十亿年进化过程塑造的结果，在这种时间力量面前，人类其实是非常渺小的，相比于自然界的复杂，我们的认知能力其实极为有限。随便一只昆虫所展现的复杂性都可能超过如今最先进的太空飞船。真相比自以为是的错觉更能让人类实现长远的幸福，只有学会与自然和谐相处，阻断灭绝的洪流，才是我们延续文明的唯一途径。

600万年前，人类的祖先与黑猩猩的祖先分道扬镳，走上了各自独立的进化之路。当时我们的祖先身形矮瘦，在体型上并不具备对其他动物的竞争优势，他们不但会时不时体验到饿肚子的感觉，还常常会成为捕食者追杀的对象。后来，在各种偶然和巧合因素的作用下，我们祖先凭借双腿、石头和大脑克服了种种生存困境，完成了一系列"不可能完成的任务"，站上了食物链的顶端。尤其在最近5万年，人类所取得的成就不断以加速度积累，我们再也不会食不果腹，任由其他野兽欺凌,我们住进了更舒适的居所,用起了更便捷的工具,生出了更多的孩子,更重要的是,我们还发展出了丰富且极具美感的思想,它们涵盖科学、道德、艺术、文化以及社会制度等各个领域。这一过程千回百转,让人感慨,但它其实并不是一个励志故事,如我在本书中多次强调的,人类的进化就是由无数的偶然性、无数的幸运和无数的巧合搭建而成的。

正所谓"一沙一世界,一花一天堂",我们每一个思维片段都凝结了地球30亿年变幻莫测的生命征程,我们张嘴说出的任何只言片语都是这个星球上最不可思议的奇迹。当我们对自身了解越来越多之后,我们理应更加珍视我们所拥有的智慧,对生命更加充满敬畏。这正是科学研究的另一种价值,知识不应该让人类变得狂妄,而是让我们懂得谦逊和敬畏。今天,人类科技进步的趋势没有丝毫减慢的迹象,我们似乎还远没有触及文明的天花板。人类进化的"未竟之路"至少可以为我们提供一点启示:如果我们能珍视这些宝贵的遗产,珍惜我们赖以生存的家园,或许,我们还能将人性的光辉再绽放600万年!

后记

感谢您读到最后一页，希望本书能够给您带来不错的阅读体验，更希望您也能体味到书中科学知识曾带给我的惊奇与快乐。

2017年6月，我开始在个人公众号上发表一些关于进化论的科普文章，原本的构想是用四五万字的篇幅介绍进化论的发展以及进化论对心理学的影响，不料自己乐享其中，收不住笔。一个月后，我决定干脆写一本以进化心理学为主题的科普读物。确定了这一计划后，我基本暂停了所有的论文写作与科研活动，直到2019年年初全书完稿。

我非常清楚，自己并不是一个有天赋的作者，但每当我查阅资料组织内容时，都会感到难以名状的兴奋与满足，达尔文、赫胥黎、汉密尔顿、道金斯、邓巴、平克……这些有趣又伟大的“灵魂”从未与我距离如此之近。本书的写作过程，让我充分认识到了自己这个奇怪的嗨点。

读高中时我订阅了三份杂志：《商界》《科幻世界》与《看电影》。如今看来，我与经商暴富已经彻底无缘（呃……或许也可以期待一下），不过喜欢科幻与爱看电影的这两个爱好却一直保留了下来。写作本书让我体验到了“夹带私货”的快乐，我任性又自私地将自己对科幻与电影的兴趣一股脑地塞入本书，这种感受实在是太美妙了！或许，相比科研，科普写作才是我最好的归宿。实际上，在本书即将出版之际，我已迫不及待地利用闲暇时间开始了我第二本科普书的创作。

本书最初的定位是“严谨与通俗，兼具科学性与趣味性”。为了保证科学性，我查阅了大量一手资料，尤其是搜集了最近几年的相关研究进展。不过我必须强调，本书着眼于科普而不是科研，由于书中某些主题正是我的研究方向，我深知书中涉及的不少问题在科研领域尚存在诸多分歧，但科普读物很难做到像学术论文那样对所有争议进行翔实论述，希望态度“较真”的读者予以宽容。知识不会凭空进步，它是人类好奇心的产物，倘若本书能够引发读者对某一科学问题的关注，那么这将是本书最大的价值体现！另外，如果您对本书有任何意见，如结论有误、表述不准确或还有内容可以补充，都可以发送到 yorkns@sina.cn，我很乐意接受指正。

受阿西莫夫、萨根、平克与道金斯等科普前辈的影响，我有意使用了一种自我定义为“娓娓而谈”的叙述风格（原谅我厚脸皮地用了这个褒义词），比如，书中很少特意强调某些概念或理论，也基本不会出现“第一……第二……第三……”这种条条框框式的解释说明，而主要靠语言逻辑串联上下文。在我看来，这是科普读物应该追求的语境，当然，这也许只是我的一厢情愿，是否真的达到这一标准，只能由读者评判了。

在完稿之际，我想就书中内容再唠叨几句，在书中，我着重从进化与适应的角度解释人类心理特征的由来，但这是否意味着我们必然要服从先天生理设定的命令？道金斯在《自私的基因》一书中曾指出，“人类都是生存机器，是盲目的机器人载体……是基因复制自身的工具，基因是人类行为的主要政策制定者”。不过，这并不意味着我们的人生就是一个无可奈何、读起来毛骨悚然的剧本。道金斯也承认，“人类是地球上最复杂的载体，人类能反抗自私复制子的独裁统治”，我们拥有灵活的智能，而这种智能允许我们逃脱基因的要求。

在《机器人叛乱》一书中，加拿大科学家基思·斯坦诺维奇形象地使用了“机器人叛乱”这种说法。斯坦诺维奇认为，人类很可能就是“机器人”，是一种为了复制子（基因）繁殖而设计出来的载体。不过，人类是一种特殊的机器人。这种机器人发现自己拥有的利益可能独立于复制子的利益，我们就像科幻小说中那种失控的机器人一样，可以为了自身的利益发动叛乱，反抗复制子（基因）的命令。

进化是人类行为模式的远因，但个体通常都是为了当下的感受而去行动的，我们吃饭的动力是饥饿感和对美食的渴望，而不是为了获得卡路里；我们恋爱是因为享受激情和甜蜜时光，而不是要找到生殖合作者；我们照顾子女是因为自己甘愿全身心为他们付出，而不是意图将自己的基因发扬光大；我们对深陷困境的人伸出援手是为了避免内疚和负罪感，而不是想借助这种行为让自己成为互惠市场上的“抢手货”。

达尔文彻底翻新了许多基本概念，诸如灵魂、道德、爱情、意志、责任等，但他的科学理论不会导致这些概念土崩瓦解，不会让这些事物从地球上消失，它只是丰富和深化了我们对这些事物的理解。道德直觉概念能够说明伦理规则和法律戒律的由来，性选择理论可以帮助我们认识两性情感与婚配制度的形成过程，进化博弈论让我们看清人类互惠合作行为的本质，而频率制约选择可以加深我们对个体差异的认识，这一切都是进化科学发展所带来的成就，认知和反思才是我们自由意志的体现，是人性的王冠！

本书能够顺利出版，受惠于许多人的相助。感谢授业恩师叶浩生教授带我走进了心理学研究领域，系统的科研训练正是我在科学严谨性方面的底气。广州大学杨文登教授、河北师范大学阎书昌教授以及首都师范大学曲方炳教授多次给予我鼓励与肯定，并在本书刚刚起稿时就积极宣传。复旦大学徐英瑾教授、北京林业大学吴宝沛教授、清华大学刘红晋博士、科普作家魏知超博士以及历史学者刘三解先生不辞辛劳阅读了初稿并为本书撰写推荐语，几位老师都是我非常敬重的师长，我从他们的作品中获益匪浅。本书部分内容曾连载于华东师范大学主办的科普杂志《大众心理学》，感谢绍兴大学陈巍教授从中牵线搭桥。上海科技教育出版社王洋老师为本书提出了许多重要意见，大大提升了内容质量。至交好友郑凯文先生也一直帮我热心推广，本书封面用图及正文的部分插图正是出自他的丹青妙笔。当然，还有一直支持我的父母、妻子、其他亲友以及学生们，抱歉无法一一列出大家的名字。另外，特别需要感谢我的女儿，一个可爱的小天使，正是在她的成长过程中，我目睹了人类心智的神奇！

参考文献

Adachi, T. (2011). *The Articulate Mammal: An Introduction to Psycholinguistics.* London: Routledge.

Adolphs, R., Tranel, D., Hamann, S., Young, A. W., Calder, A. J., Phelps, E. A., ..., Damasio, A. R. (1999). Recognition of Facial Emotion in Nine Individuals with Bilateral Amygdala Damage. *Neuropsychologia*, 37 (10): 1111-1117.

Aharon, I., Etcoff, N., Dan, A., Chabris, C. F., O' Connor, E., Breiter, H. C. (2001). Beautiful Faces Have Variable Reward Value : fMRI and Behavioral Evidence. *Neuron*, 32 (3): 537-551.

Aiello, L. C., Wheeler, P. (1995). The Expensive-Tissue Hypothesis: The Brain and the Digestive System in Human and Primate Evolution. *Current Anthropology*, 36 (2): 199-221.

Aiello, L. C., Wheeler, P. (2015). The Expensive- Tissue Hypothesis: The Brain and the Digestive System in Human and Primate Evolution. *Current Anthropology*, 36 (2): 199-221.

Aks, D. J., Sprott, J. C. (1996). Quantifying Aesthetic Ppreference for Chaotic Patterns. *Empirical Studies of the Arts*, 14: 1-19.

Albert, F. W., Orjan, C., Irina, P., Francois, B., Daniela, H., Susann, L. G., ..., Henning, R. (2009). Genetic Architecture of Tameness in a Rat Model of Animal Domestication. *Genetics*, 182(2): 541-554.

Andrea, C. C., Paolo, C., Giovanni, Z. (2008). Sexually Antagonistic Selection in Human Male Homosexuality. *Plos One*, 3(6): e2282.

Apicella, C. L., Marlowe, F. W. (2004). Perceived Mate Fidelity and Paternal Resemblance Predict Men's Investment in Children. *Evolution & Human Behavior*, 25 (6): 371-378.

Archer, J. (2006). Testosterone and Human Aggression: An Evaluation of the Challenge Hypothesis. *Neuroscience & Biobehavioral Reviews*, 30(3): 319-345.

Asendorpf, J. B., Penke, L., Back, M. D. (2011). From Dating to Mating and Relating: Predictors of Initial and Long-term Outcomes of Speed-Dating in a Community Sample. *European Journal of Personality*, 25(1): 16-30.

Ashby, F. G., Isen, A. M., Turken, A. U. (1999). A Neuropsychological Theory of Positive Affect and Its Influence on Cognition. *Psychological Review*, 106(3): 529-550.

Atkinson, E. G., Audesse, A. J., Palacios, J. A., Bobo, D. M., Webb, A. E., Ramachandran, S., Henn, B. M. (2018). No Evidence for Recent Selection at FOXP2 among Diverse Human Populations. *Cell*, 174(6): 1424–1435.

Atkinson, Q. D. (2011). Phonemic Diversity Supports a Serial Founder Effect Model of Language Expansion from Africa. *Science*, 332(6027): 346–349.

Aubert, M., Lebe, R., Oktaviana, A. A., Tang, M., & Brumm, A.. (2019). Earliest hunting scene in prehistoric art. *Nature*, 576(7787): 1–4.

Aunger, R. (2004). Evidence that Disgust Evolved to Protect from Risk of Disease. *Proceeding of the Royal Society of London*, 271 *Suppl 4*(Suppl_4): S131–S133.

Bailey, D. H., Geary, D. C. (2009). Hominid Brain Evolution. *Human Nature*, 20(1): 67–79.

Bailey, J. M., Pillard, R. C., Neale, M. C., Agyei, Y. (1993). Heritable Factors Influence Sexual Orientation in Women. *Archives of General Psychiatry*, 50(3): 217.

Barclay, P. (2006). Reputational Benefts for Altruistic Behavior. *Evolution and Human Behavior*, 27: 325–344.

Baron - Cohen, S. (2005). The Empathizing System: A Revision of the 1994 Model of the Mindreading System. In B. Ellis & D. Bjorklund (Eds.), *Origins of the Social Mind*. New York Guilford Publications.

Baron-Cohen, S. (2011). The Science of Evil: On Empathy and the Origins of Cruelty. New York: Basic Books.

Bavel, J. J. V., Packer, D. J., Cunningham, W. A. (2008). The Neural Substrates of In - Group Bias: A Functional Magnetic Resonance Imaging Investigation. *Psychological Science*, 19(11): 1131–1139.

Beckerman, S., Erickson, P. I., Yost, J., Regalado, J., Jaramillo, L., Sparks, C., ..., Long, K. (2009). Life histories, blood revenge, and reproductive success among the Waorani of Ecuador. *Proceedings of the National Academy of Sciences of the United States of America*, 106(20): 8134–8139.

Beier, J., Anthes, N., Wahl, J., Harvati, K. (2018). Similar Cranial Trauma Prevalence Among Neanderthals and Upper Palaeolithic Modern Humans. *Nature*, 563(7733): 686–690.

Belluck, P. (1997). A Woman's Killer is Likely to Be Her Partner, a Study Finds. *New York Times*.

Bereczkei, T., Birkas, B., Kerekes, Z. (2007). Public Charity Offer as a Proximate Factor of Evolved Reputation - Building Strategy: An Experimental Analysis of a Real-Life Situation. *Evolution & Human Behavior*, 28(4): 277–284.

Berger, L. R., Hawks, J., Dirks, P. H., Elliott, M., Roberts, E. M. (2017). Homo Naledi and Pleistocene Hominin Evolution in Subequatorial Africa. *eLife*.

Bertamini, M., Bennett, K. M. (2009). The Effect of Leg Length on Perceived Attractiveness of Simplified Stimuli. *Journal of Social*, 3(3): 233–250.

Betzig, L. (1993). *Sex, Succession, and Stratification in the First Six Civilizations: How Powerful Men Reproduced, Passed Power on to Their Sons, and Used Power to Defend Their Wealth, Women, and Children*. Westport, CT:Praeger Publishers.

Bickerton, D. (2014). *More than Nature Needs: Language, Mind, and Evolution*. Boston: Harvard University Press.

Boehm, C. (2008). Purposive Social Selection and the Evolution of Human Altruism. *Cross-Cultural Research: The Journal of Comparative Social Science*, 42(4): 319–352.

Boehm, C. (2012). *Moral Origins: The Evolution of Virtue, Altruism, and Shame.* New York: Basic Books.

Bohn, M., Kachel, G., Tomasello, M. (2019). Young Children Spontaneously Recreate Core Properties of Language in a New Modality. *Proceedings of the National Academy of Sciences*, 116(51): 2602–2607.

Brown, D. (1991). *Human Universals.* New York: McGraw Hill.

Brown, P., Sutikna, T., Morwood, M. J., Soejono, R. P., Saptomo, E. W., Due, R. A. (2004). A New Small-bodied Hominin from the Late Pleistocene of Flores, Indonesia. *Nature*, 431(7012): 1055–1061.

Bryan, J. H., Walbek, N. H. (1970). Preaching and Practicing Generosity: Children's Actions and Reactions. *Child Development*, 41 (2): 329–353.

Burkett, J. P., Andari, E., Johnson, Z. V., Curry, D. C., de Waal, F. B., Young, L. J. (2016). Oxytocin-Dependent Consolation Behavior in Rodents. *Science*, 351 (6271): 375–378.

Buss, D. M. (1989). Sex Differences in Human Mate Preferences: Evolutionary Hypotheses Tested in 37 Cultures. *Behavioral & Brain Sciences*, 12(1): 1–14.

Buss, D. M., Larsen, R. J., Westen, D., Semmelroth, J. (1992). Sex Differences in Jealousy: Evolution, Physiology, and Psychology. *Psychological Science*, 3(4): 251–255.

Buss, D. M., Shackelford, T. K. (1997). From Vigilance to Violence: Mate Retention Tactics in Married Couples. *Journal of Personality & Social Psychology*, 72(2): 346–361.

Buss, D. M., Kenrick, D. (1998). Evolutionary Social Psychology. In D. Gilbert, S. Fiske, G. Lindzey (Eds.), *Handbook of Social Psychology*. New York: Random House.

Buss, D. M., Schmitt, D. P. (1993). Sexual Strategies Theory: An Evolutionary Perspective on Human Mating. *Psychological Review*, 100(2): 204–232.

Buss, D. M., Shackelford, T. K., Kirkpatrick, L. A., Choe, J. C., Bennett, K. (1999). Jealousy and the Nature of Beliefs about Infidelity: Tests of Competing Hypotheses about Sex Differences in the United States, Korea, and Japan. *Personal Relationships*, 6 (1): 125–150.

Buttelmann, D., Schieler, A., Wetzel, N., Widmann, A. (2017). Infants' and Adults' Looking Behavior Does Not Indicate Perceptual Distraction for Constrained Modelled Actions-an Eye-Tracking Study. *Infant Behavior & Development*, 47: 103–111.

Byers, E. S., Lewis, K. (1988). Dating Couples' Disagreements over the Desired Level of Sexual Intimacy. *Journal of Sex Research*, 24 (1): 15–29.

Byrne, R. B., Whiten, A. (1988). *Machiavellian Intelligence.* Oxford: Clarendon Press.

Cann, R. L., Stoneking, M., Wilson, A. C. (1994). Mitochondrial DNA and Human Evolution. *Journal of Bioenergetics & Biomembranes*, 26(3): 251.

Carbonell, E., Ca'ceres, I., Lozano, M., Saladie', P., Rosell, J., Lorenzo, C., ..., Castro, J. M. a. B. d. d. (2010). Cultural Cannibalism as a Paleoeconomic System in the European Lower Pleistocene: The Case of Level TD6 of Gran Dolina (Sierra de Atapuerca, Burgos, Spain). *Current Anthropology*, 51 (4): 539–549.

Cela-Conde, C. J., Gisèle, M., Fernando, M., Tomás, O., Enric, M., Alberto, F., ..., Felipe, Q. (2004). Activation of the Prefrontal Cortex in the Human Visual Aesthetic Perception. *Proceedings of the National Academy of Sciences of the United States of America*, 101 (16): 6321–6325.

Chagnon, N. A. (1988). Life Histories, Blood Revenge, and Warfare in a Tribal Population. *Science*, 239(4843): 985–992.

Chen, J., Zou, Y., Sun, Y.-H., ten Cate, C. (2019). Problem-Solving Males Become More Attractive to Female Budgerigars. *Science*, 363(6423): 166–167.

Cheney, D. L., Seyfarth, R. M. (2007). *Baboon Metaphysics*. Chicago: University of Chicago Press.

Chiang, Y. S. (2010). Self-Interested Partner Selection Can Lead to the Emergence of Fairness. *Evolution & Human Behavior*, 31 (4): 265–270.

Chomsky, N. (2002). *On Nature and Language*. Cambridge, England: Cambridge University Press.

Chudek, M., Heller, S., Birch, S., Henrich, J. (2012). Prestige-Biased Cultural Learning: Bystander's Differential Attention to Potential Models Influences Children's Learning. *Evolution & Human Behavior*, 33 (1): 46–56.

Church, R. M. (1959). Emotional Reactions of Rats to the Pain of Others. *Journal of Comparative and Physiologcal Psychology*, 52: 132–134.

Coensel, B. D., Botteldooren, D., Muer, T. D. (2003). 1/F Noise in Rural and Urban Soundscapes. *Acta Acustica United with Acustica*, 89(2): 287–295.

Coontz, S. (2006). *Marriage, a History: How Love Conquered Marriage*. USA: Penguin Books.

Cosmides, L., Tooby, J. (2004). Social Exchange: The Evolutionary Design of a Neurocognitive System. In M. S. Gazzaniga (Ed.), *Cognitive Neurosciences* (Vol. 3, pp. 1295–1308). Cambridge, MA: MIT Press.

Cummins, D. D. (1998). Social Norms and Other Minds: The Evolutionary Roots of Higher Cognition. In D. D. Cummins & C. Allen (Eds.), *The Evolution of Mind*. New York: Oxford University Press.

Cunningham, M. R., Roberts, A. R., Wu, C.-H., Barbee, A. P., Druen, P. B. (1995). "Their Ideas of Beauty Are, on the Whole, the Same as Ours": Consistency and Variability in the Cross-Cultural Perception of Female Physical Attractiveness. *Journal of Personality and Social Psychology*, 68 (2): 261–279.

Curtis, V., Biran, A. (2001). Dirt, Disgust, and Disease: Is hygiene in our genes? *Perspectives in Biology & Medicine*, 44(1): 17.

Cushman, F., Gray, K., Gaffey, A., Mendes, W. B. (2012). Simulating Murder: The Aversion to Harmful Action. *Emotion*, 12(1): 2–7.

Daly, M., Wilson, M. (1985). Child Abuse and Other Risks of Not Living With Both Parents. *Ethology & Sociobiology*, 6(4): 197–210.

Daly, M., Wilson, M. (1988). *Homicide*. Hawthorne, NY: Alide.

de Waal, F. (1989). *Biological Anthropology: Peacemaking among Primates*. Harvard University Press, Cambridge.

Dean, L. G., Vale, G. L., Lal, K. N., Emma, F., Kendal, R. L. (2014). Human Cumulative Culture: A Comparative Perspective. *Biological Reviews*, 89(2): 284–301.

Derex, M., Beugin, M.-P., Godelle, B., Raymond, M. (2013). Experimental Evidence for the Influence of Group Size on Cultural Complexity. *Nature*, 503: 389–391.

Dissanayake, E. (1988). *What Is Art For?* Seattle: University of Washington Press.

Dobson, S. D. (2009). Socioecological correlates of facial mobilty in nonbuman anthropoids. *American Journal of Physical Anthropology*, 139(3): 413–420.

Dondi, M., Simion, F., Caltran, G. (1999). Can Newborns Discriminate Between Their Own Cry and The Cry of Another Newborn Infant? *Developmental Psychology*, 35(2): 418.

Dunbar, R. (1998). Groups, Gossip, and the Evolution of Language. J*ournal of the History of the Behavioral Sciences*, 34(4): 398–399.

Dunbar, R. (2014). H*uman Evolution: A Pelican Introduction: Penguin.*

Dunbar, R., Marriott, A., Duncan, N. D. C. (1997). Human Conversational Behavior. *Human Nature*, 8(3): 231.

Dunbar, R. (2016). Do Online Social Media Cut Through the Constraints that Limit the Size of Offline Social Networks? *Royal Society Open Science*, 3(1): 150292.

Dunbar, R. (1998). The Social Brain Hypothesis. *Evolutionary Anthropology Issues News & Reviews*, 6(5): 178–190.

Dunbar, R. (2017). Group Size, Vocal Grooming and the Origins of Language. *Psychological Bulletin Review, Group size, Vocal Grooming and the Origins of language*, (24): 209–212.

Easton, J. A., Shackelford, T. K. (2009). Morbid Jealousy and Sex Differences in Partner-Directed Violence. *Human Nature*, 20 (3): 342–350.

Eckert, P., McConnell - Ginet, S. (2013). Language and gender. Cambridge: Cambridge University Press.

Egan, V., Angus, S. (2004). Is Social Dominance a Sex - specific Strategy for Infidelity? *Personality & Individual Differences*, 36(3): 575–586.

Elias, N. (2009). The Uses of Violence: An Examination of Some Cross - Cutting Issues. *International Journal of Conflict and Violence*, 3: 40–59.

Enard, W. (2011). FOXP2 and the Role of Cortico-Basal Ganglia Circuits in Speech and Language Evolution. *Current Opinion in Neurobiology*, 21(3): 415–424.

Epstein, R., Mckinney, P., Fox, S., Garcia, C. (2012). Support for a Fluid-Continuum Model of Sexual Orientation: A Large-Scale Internet Study. *J Homosex*, 59(10): 1356–1381.

Eric, S., Joshua, R. (2010). Do Ethicists and Political Philosophers Vote More Often Than Other Professors? *Review of Philosophy & Psychology*, 1(2): 189–199.

Evans, P. D., Gilbert, S.L., Mekel - Bobrov, N., Ballender, E.J., Anderson, J.R., BaezAzizi, L. M., Tishkoff, S.A., Hudson, R.R., Lahn, B.T. (2005). Microcephalin, a Gene Regulating Brain Size, Continues to Evolve Adaptively in Humans. *Science*, 309: 1717–1720.

Fehr, E., Gächter, S. (2002). Altruistic Punishment in Humans. *Nature*, 415(6868): 137–140.

Feinberg, M., Willer, R., Schultz, M. (2014). Gossip and Ostracism Promote Cooperation in Groups. *Psychological Science*, 25 (3): 656–664.

Fiddes, I. T., Lodewijk, G. A., Mooring, M., Bosworth, C. M., Ewing, A. D., Mantalas, G. L., ... Haussler, D. (2018). Human-Specific NOTC H2NL Genes Affect Notch Signaling and Cortical Neurogenesis. *Cell*, 173(6): 1356–1369.

Fink, B., Neave, N., Manning, J. T., Grammer, K. (2006). Facial Symmetry and Judgements of Attractiveness, Health and Personality.

Personality & Individual Differences, 41(3): 491–499.

Fisek, M. H., Ofshe, R. (1970). The Process of Status Evolution. *Sociometry*, 33 (3): 327–346.

Fitch, W. T. (2010). *The Evolution of Language.* Cambridge, UK: Cambridge University Press.

Fitch, W. T., Neubauer, J., Herzel, H. (2002). Calls Out of Chaos: The Adaptive Significance of Nonlinear Phenomena in Mammalian Vocal Production. *Animal Behaviour*, 63 (3): 407–418.

Florio, M., Albert, M., Taverna, E., Namba, T., Brandl, H., Lewitus, E., ..., Huttner, W. B. (2015). Human-Specific Gene ARHGAP11B Promotes Basal Progenitor Amplification and Neocortex Expansion. *Science*, 347 (6229): 1465–1470.

Fouts, R., Mills, S. T. (1998). *Next of Kin: My Conversations with Chimpanzees.* New York: William Morrow.

Fraley, R. C., Brumbaugh, C. C., Marks, M. J. (2005). The Evolution and Function of Adult Attachment: A Comparative and Phylogenetic Analysis. *Journal of Personality & Social Psychology*, 89(5): 731–746.

Freedman, J. (2003). Media Violence and Its Effect on Aggression. *Canadian Psychology*, 44(2): 179–180.

French, C. A., Fisher, S. E. (2014). What Can Mice Tell Us about Foxp2 Function? *Current Opinion in Neurobiology*, 28(28): 72–79.

Fruteau, C., Voelkl, B., Van, D. E., Noë, R. (2009). Supply and Demand Determine the Market Value of Food Providers in Wild Vervet Monkeys. *Proceedings of the National Academy of Sciences of the United States of America*, 106(29): 12007–12012.

Fry, D. (2007). *Beyond War: The Human Potential for Peace.* Oxford, USA: Oxford University Press.

Fu, Q., Hajdinjak, M., Moldovan, O. T., Constantin, S., Mallick, S., Skoglund, P., ..., Pääbo, S. (2015). An Early Modern Human from Romania with a Recent Neanderthal Ancestor. *Nature*, 524: 216.

Fuentes, A. (2017). *The Creative Spark: How Imagination Made Humans Exceptional.* USA: Dutton.

Gagneux, P., Woodruff, D. S., Boesch, C. (1997). Furtive Mating in Female Chimpanzees. *Nature*, 387(6631): 358.

Ganna, A., Verweij, K. J. H., Nivard, M. G., Maier, R., Wedow, R., Busch, A. S., ..., Zietsch, B. P. (2019). Large-Scale GWAS Reveals Insights into the Genetic Architecture of Same-Sex Sexual Behavior. *Science*, 365(6456).

Garcia, J. (2002). *Sign With Your Baby: How to Communicate With Infants Before They Can Speak.* USA: Northlight Communications.

Gardner, R. A., Gardner, B. T. (1969). Teaching Sign Language to a Chimpanzee. *Science*, 165(894): 664–672.

Gardner, R. A., Gardner, B. T. (1980). Comparative Psychology and Language Acquisition. In T. A. Sebeok & J. Umiker-Sebeok (Eds.), *Speaking of Apes: A Critical Anthology of Two-Way Communication with Man* (pp. 287–330). Boston, MA: Springer US.

Gazzaniga, M. S. (2008). Human : the science behind what makes us unique.

Geary, D. C. (2002). Principles of Evolutionary Educational Psychology. *Learning & Individual Differences*, 12(4): 317–345.

Gibbons, A. (2016). Neandertal Genes Linked to Modern Diseases. *Science*, 351 (6274): 648–649.

Gil-Burmann, C., Peláez, F., Sánchez, S. (2002). Mate Choice Differences According to Sex and Age. *Human Nature*, 13(4): 493-508.

Goodall, J. (1986). *The Chimpanzees of Gombe: Patterns of Behavior*. USA: Belknap Press of Harvard University Press.

Gould, S. J. (1991). Exaptation: A Crucial Tool for an Evolutionary Psychology. *Journal of Social Issues*, 47(3): 43-65.

Grafenhain, M., Behne, T., Carpenter, M., Tomasello, M. (2009). Young Children's Understanding of Joint Commitments. *Dev Psychol*, 45(5): 1430-1443.

Grammer, K. (1992). Variations on a Theme: Age Dependent Mate Selection in Humans. *Behavioral & Brain Sciences*, 15 (1): 100-102.

Green, R. E., Krause, J., Briggs, A. W., Maricic, T., Stenzel, U., Kircher, M., ..., Pääbo, S. (2010). A Draft Sequence of the Neandertal Genome. *Science*, 328(5979): 710-722.

Greene, J. D., Sommerville, R. B., Nystrom, L. E., Darley, J. M., Cohen, J. D. (2001). An fMRI Investigation of Emotional Engagement in Moral Judgment. *Science*, 293 (5537): 2105-2108.

Gregory, S. W., Webster, S. (1996). A Nonverbal Signal in Voices of Interview Partners Effectively Predicts Communication Accommodation and Social Status Perceptions. *Journal of Personality & Social Psychology*, 70 (6): 1231-1240.

Gustavsson, L., Johnsson, J. I., Uller, T. (2008). Mixed Support for Sexual Selection Theories of Mate Preferences in the Swedish Population. *Evolutionary Psychology*, 6 (4): 575-585.

Gustison, M. L., Aliza, L. R., & Bergman, T. J. (2012). Derived vocalizations of geladas (Theropithecus gelada) and the evolution of vocal complexity in primates. *Philosophical Transactions of the Royal Society of London*, 367: 1847-1859.

Haidt, J., Joseph, C. (2004). Intuitive Ethics: How Innately Prepared Intuitions Generate Culturally Variable Virtues. *Daedalus*, 133 (4): 55-66.

Hamlin, J. K. (2013). Moral Judgment and Action in Preverbal Infants and Toddlers Evidence for an Innate Moral Core. *Current Directions in Psychological Science*, 22 (3): 186-193.

Hamlin, J. K., Mahajan, N., Liberman, Z., Wynn, K. (2013). Not Like Me = Bad. *Psychological Science*, 24: 589-594.

Hamlin, J. K., Wynn, K. (2011). Young infants prefer prosocial to antisocial others. *Cognitive Development*, 26(1): 30-39.

Hamlin, J. K., Wynn, K., Bloom, P. (2007). Social Evaluation by Preverbal Infants. *Nature*, 450(7169): 557-559.

Hare, B. (2001). Can Competitive Paradigms Increase the Validity of Experiments on Primate Social Cognition? *Animal Cognition*, 4(3-4): 269-280.

Hare, B., Call, J., Tomasello, M. (2006). Chimpanzees Deceive a Human Competitor by Hiding. *Cognition*, 101(3): 495-514.

Harmand, S., Lewis, J. E., Feibel, C. S., Lepre, C. J., Prat, S., Lenoble, A., ..., Arroyo, A. (2015). 3.3-Million-Year-Old Stone Tools from Lomekwi 3, West Turkana, Kenya. *Nature*, 521(7552): 310.

Hart, D., Sussman, R. W. (2011). *Man the Hunted: Primates, Predators, and Human Evolution*. USA: Westview Press.

Haselton, M. G., Buss, D. M., Oubaid, V., Angleitner, A. (2005). Sex, Lies, and Strategic Interference: The Psychology of Deception Between the Sexes. *Personality & Social Psychology Bulletin*, 31(1): 3–23.

Hecht, E. E., Gutman, D. A., Khreisheh, N., Taylor, S. V., Kilner, J., Faisal, A. A., ..., Stout, D. (2015). Acquisition of Paleolithic Toolmaking Abilities Involves Structural Remodeling to Inferior Frontoparietal Regions. *Brain Structure & Function*, 220(4): 2315–2331.

Hein, G., Silani, G., Preuschoff, K., Batson, C. D., Singer, T. (2010). Neural Responses to Ingroup and Outgroup Members' Suffering Predict Individual Differences in Costly Helping. *Neuron*, 68(1): 149–160.

Helgason, A., Púlsson, S., Thorleifsson, G., Grant, S. F. A., Emilsson, V., Gunnarsdottir, S., ..., Reynisdottir, I. (2007). Refining the Impact of TCF7L2 Gene Variants on Type 2 Diabetes and Adaptive Evolution. *Nature Genetics*, 39(2): 218–225.

Henrich, J. (2015). *The Secret of Our Success: How Culture Is Driving Human Evolution, Domesticating Our Species, and Making Us Smarter.* USA: Princeton University Press.

Herrmann, E., Hernúndezlloreda, M. V., Call, J., Hare, B., Tomasello, M. (2010). The Structure of Individual Differences in the Cognitive Abilities of Children and Chimpanzees. *Psychological Science*, 21(1): 102.

Hilgard, J., Engelhardt, C. R., Rouder, J. N., Segert, I. L., Bartholow, B. D. (2019). Null Effects of Game Violence, Game Difficulty, and 2D:4D Digit Ratio on Aggressive Behavior. *Psychological Science*, 30(4): 606–616.

Hill, K., Hurtado, A. M. (1996). *Ache life History.* New York: Alidine De Gruyter.

Hill, K., Hurtado, A. M., Walker, R. S. (2007). High Adult Mortality Among Hiwi Hunter-Gatherers: Implications for Human Evolution. *Journal of Human Evolution*, 52(4): 443–454.

Hiraiwa-Hasegawa, M. (1994). Homicide by Men in Japan, and Its Relationship to Age, Resources and Risk Taking. *Evolution & Human Behavior*, 26(4): 332–343.

Holly M, D., Anna G, W., Terrence, D., Peter T, E., Herman, P. (2012). Metabolic Hypothesis for Human Altriciality. *Proceedings of the National Academy of Sciences of the United States of America*, 109(38): 15212–15216.

Hu, S., Pattatucci, A. M., Patterson, C., Li, L., Fulker, D. W., Cherny, S. S., ..., Hamer, D. H. (1995). Linkage Between Sexual Orientation and Chromosome Xq28 in Males but not in Females. *Nature Genetics*, 11(3): 248–256.

Huang, J., Li, M., Lin, Q., Li, Y., Shi, L., Su, B., ..., Lu, Y. (2019). Transgenic Rhesus Monkeys Carrying the Human MCPH1 Gene Copies Show Human-Like Neoteny of Brain Development. *National Science Review*, 6(3): 480–493.

Iemmola, F., Camperio, C. A. (2009). New Evidence of Genetic Factors Influencing Sexual Orientation in Men: Female Fecundity Increase in the Maternal Line. *Archives of Sexual Behavior*, 38(3): 393–399.

Ilardo, M. A., Moltke, I., Korneliussen, T. S., Cheng, J., Stern, A. J., Racimo, F., ..., Rasmussen, S. (2018). Physiological and Genetic Adaptations to Diving in Sea Nomads. *Cell*, 173(3): 569–580.

Itan, Y., Jones, B. L., Ingram, C. J., Swallow, D. M., Thomas, M. G. (2010). A Worldwide Correlation of Lactase Persistence Phenotype and Genotypes. *BMC Evolutionary Biology*,

10(1): 36.

Jasieńska, G., Ziomkiewicz, A., Ellison, P. T., Lipson, S. F., Thune, I. (2004). Large Breasts and Narrow Waists Indicate High Reproductive Potential in Women. *Proceedings Biological Sciences*, 271(1545): 1213–1217.

Jerrison, H. J. (1991). *Brain Size and the Evolution of Mind*. New York: Academic Press.

Johanson, D. C. (2004). Lucy, Thirty Years Later: An Expanded View of Australopithecus afarensis. *Journal of Anthropological Research*, 60(4): 465–486.

Jurmain, R., Bartelink, E. J., Leventhal, A., Bellifemine, V., Nechayev, I., Atwood, M., Digiuseppe, D. (2010). Paleoepidemiological Patterns of Interpersonal Aggression in a Prehistoric Central California Population from CA-ALA-329. *American Journal of Physical Anthropology*, 139(4): 462–473.

Kaplan, H., Hill, K., Lancaster, J., Hurtado, A. M. (2000). A Theory of Human Life History Evolution: Diet, Intelligence, and Longevity. *Evolutionary Anthropology Issues News & Reviews*, 9(4): 156–185.

Kegl, J. (2002). Language Emergence in a Language-Ready Brain: Acquisition Issues. In G. Morgan & B. Woll (Eds.), *Language Acquisition in Signed Languages* (pp. 207–254). Cambridge: Cambridge University Press.

Keverne, E. B., Martensz, N. D., Tuite, B. (1989). Beta-Endorphin Concentrations in Cerebrospinal Fluid of Monkeys are Influenced by Grooming Relationships. *Psychoneuroendocrinology*, 14(1): 155–161.

Kim, G., Walden, T. A., & Knieps, L. J. (2010). Impact and Characteristics of Positive and Fearful Emotional Messages during Infant Social Referencing. *Infant Behavior & Development*, 33(2): 189–195.

Kinzler, K. D., Corriveau, K. H., Harris, P. L. (2011). Children's Selective Trust in Native-Accented Speakers. *Developmental Science*, 14(1): 106–111.

Kochiyama, T., Ogihara, N., Tanabe, H. C., Kondo, O., Amano, H., Hasegawa, K., ..., Bastir, M. (2018). Reconstructing the Neanderthal brain using computational anatomy. *Scientific reports*, 8(1): 6296.

Koenigs, M., Young, L., Adolphs, R., Tranel, D., Cushman, F., Hauser, M., Damasio, A. (2007). Damage to the Prefrontal Cortex Increases Utilitarian Moral Judgements. *Nature*, 446(7138): 908.

Krause, J., Fu, Q., Good, J. M., Viola, B., Shunkov, M. V., Derevianko, A. P., Pääbo, S. (2010). The Complete Mitochondrial DNA Genome of an Unknown Hominin from Southern Siberia. *Nature*, 464(7290): 894–897.

Krings, M., Stone, A., Schmitz, R. W., Krainitzki, H., Stoneking, M., Pääbo, S. (1997). Neandertal DNA Sequences and the Origin of Modern Humans. *Cell*, 90(1): 19.

Kruger, D. J., Fisher, M., & Jobling, I. (2003). Proper and Dark Heroes as DADS and CADS. *Human Nature*, 14(3): 305–317.

Kukekova, A. V., Johnson, J. L., Xiang, X., Feng, S., Liu, S., Rando, H. M., ..., Zhang, G. (2018). Red Fox Genome Assembly Identifies Genomic Regions Associated with Tame and Aggressive Behaviours. *Nature Ecology & Evolution*, 2(9): 1479–1491.

Lacruz, R. S., Stringer, C. B., Kimbel, W. H., Wood, B., Harvati, K., O'Higgins, P., ..., Arsuaga, J.-L. (2019). The Evolutionary History of the Human Face. *Nature Ecology & Evolution*, 3(5): 726–736.

Lai, C. S., Fisher, S. E., Hurst, J. A., Vargha-Khadem, F., Monaco, A. P. (2001). A Forkhead - Domain Gene is Mutated in a Severe Speech and Language Disorder. *Nature*, 413 (6855): 519–523.

Laland, K. N. (2017a). *Darwin's Unfinished Symphony: How Culture Made the Human Mind.* New Jersey: Princeton University Press.

Laland, K. N. (2017b). The Origins of Language in Teaching. *Psychonomic Bulletin & Review*, 24: 225–231.

Langlois, J. H., Roggman, L. A. (1990). Attractive Faces Are Only Average. *Psychological Science*, 1(2): 115–121.

Langlois, J. H., Roggman, L. A., Rieserdanner, L. A. (1990). Infants' Differential Social Responses to Attractive and Unattractive Faces. *Developmental Psychology*, 26(1): 153–159.

Latto, R. (2004). Do We Like What We See? In G. Malcolm (Ed.), *Multidisciplinary Approaches to Visual Representations and Interpretations* (pp. 343–356). Amsterdam: Elsevier.

Leakey, R. E. F., Lewin, R. (1992). *Origins Reconsidered: In Search of What Makes Us Human.* New York: Doubleday.

Lee, S. W. S., Schwarz, N. (2010). Dirty Hands and Dirty Mouths: Embodiment of the Moral-Purity Metaphor Is Specific to the Motor Modality Involved in Moral Transgression. *Psychological Science*, 21(10): 1423–1425.

Levitin, D. J., Chordia, P., Menon, V. (2012). Musical Rhythm Spectra from Bach to Joplin Obey a 1/f Power Law. *Proceedings of the National Academy of Sciences of the United States of America*, 109(10): 3716–3720.

Liszkowski, U., Carpenter, M., Tomasello, M. (2008). Twelve - Month - Olds Communicate Helpfully and Appropriately for Knowledgeable and Ignorant Partners. *Cognition*, 108 (3): 732–739.

Lombao, D., Guardiola, M., Mosquera, M. (2017). Teaching to Make Stone Tools: New Experimental Evidence Supporting a Technological Hypothesis for the Origins of Language. *Scientific reports*, 7(1): 14394.

Lüke, C., Grimminger, A., Rohlfing, K. J., Liszkowski, U., Ritterfeld, U. (2017). In Infants' Hands: Identification of Preverbal Infants at Risk for Primary Language Delay. *Child Developmental*, 88: 484–492.

Lydens, L. (1988). *A Longitudinal Study of Cross Cultural Adoption: Identity Development among Asian Adoptees at Adolescent and Early Adulthood* (Ph. D), Northwestern University, Chicago.

Maccoby, E. E. (1990). Gender and Relationships. A Developmental Account. *American Psychologist*, 45(4): 513–520.

MacLarnon, A., Hewitt, G. P. (2004). Increased Breathing Control: Another Factor in the Evolution of Human Language. *Evolutionary Anthropology*, 13: 181–197.

Marlar, R. A., Leonard, B. L., Billman, B. R., Lambert, P. M., Marlar, J. E. (2000). Biochemical Evidence of Cannibalism at a Prehistoric Puebloan Site in Southwestern Colorado. *Nature*, 407: 74.

Mclain, D. K., Setters, D., Moulton, M. P., Pratt, A. E. (2000). Ascription of Resemblance of Newborns by Parents and Nonrelatives. *Evolution & Human Behavior*, 21(1): 11–23.

McLean, C. Y., Reno, P. L., Pollen, A. A., Bassan, A. I., Capellini, T. D., Guenther, C., ..., Kingsley, D. M. (2011). Human - Specific Loss of Regulatory DNA and the Evolution of Human-specific Traits. *Nature*, 471: 216.

Mcpherron, S. P., Alemseged, Z., Marean, C. W., Wynn, J. G., Reed, D., Geraads, D., ..., Béarat, H. A. (2010). Evidence for Stone -

Tool-Assisted Consumption of Animal Tissues Before 3.39 Million Years Ago at Dikika, Ethiopia. *Nature*, 466(7308): 857–860.

Mealey, L. (1995). The Sociobiology of Sociopathy: An Integrated Evolutionary Model. *Behavioral & Brain Sciences*, 18(3): 523–541.

Mehu, M., Grammer, K., Dunbar, R. I. M. (2007). Smiles When Sharing. *Evolution & Human Behavior*, 28(6): 415–422.

Mekelbobrov, N., Gilbert, S. L., Evans, P. D., Vallender, E. J., Anderson, J. R., Hudson, R. R., ..., Lahn, B. T. (2005). Ongoing Adaptive Evolution of ASPM, A Brain Size Determinant in Homo Sapiens. *Science*, 309 (5741): 1720–1722.

Melis, A. P., Hare, B., Tomasello, M. (2006). Engineering Cooperation in Chimpanzees: Tolerance Constraints on Cooperation. *Animal Behaviour*, 72(2): 275–286.

Mendez, M. F., Anderson, E., Shapira, J. S. (2005). An Investigation of Moral Judgement in Frontotemporal Dementia. *Cognitive & Behavioral Neurology*, 18(4): 193–197.

Michel, B., Franck, G., David, P., Hassane Taisso, M., Andossa, L., Djimdoumalbaye, A., ..., Jean-Renaud, B. (2002). A New Hominid from the Upper Miocene of Chad, Central Africa. *Nature*, 418(6894): 145–151.

Michel, B., Franck, G., David, P., Lieberman, D. E., Andossa, L., Mackaye, H. T., ..., Patrick, V. (2005). New Material of the Earliest Hominid from the Upper Miocene of Chad. *Nature*, 434(7034): 752–755.

Milgram, S. (1974). *Obedience to Authority: An Experimental View*. New York: Harper and Row.

Miller, G. (2000). *The Mating Mind*. New York: Doubleday.

Mirazón, L. M., Rivera, F., Power, R. K., Mounier, A., Copsey, B., Crivellaro, F., ..., Lawrence, J. (2016). Inter-Group Violence among Early Holocene Hunter-Gatherers of West Turkana, Kenya. *Nature*, 529 (7586): 394–398.

Morgan, T. J. H., Uomini, N. T., Rendell, L. E., Chouinardthuly, L., Street, S. E., Lewis, H. M., ..., Torre, I. D. L. (2015). Experimental Evidence for the Co-Evolution of Hominin Tool-Making Teaching and Language. *Nature Communications*, 6.

Mumford, K. H., Kita, S. (2016). At 10–12 Months, Pointing Gesture Handedness Predicts the Size of Receptive Vocabularies. *Infancy*, 21: 751–765.

Neumann, R., Strack, F. (2000). "Mood Contagion": The Automatic Transfer of Mood Between Persons. *J Pers Soc Psychol*, 79 (2): 211–223.

Nowak, M. A. (2006). Five Rules for the Evolution of Cooperation. *Science*, 314 (5805): 1560–1563.

O'Neill, M. C., Umberger, B. R., Holowka, N. B., Larson, S. G., Reiser, P. J. (2017). Chimpanzee Super Strength and Human Skeletal Muscle Evolution. *Proceedings of the National Academy of Sciences*, 114 (28): 7343–7348.

Oaten, M., Stevenson, R. J., Case, T. I. (2009). Disgust as a Disease-Avoidance Mechanism. *Psychological Bulletin*, 135(2): 303–321.

Oda, R., Hiraishib, K., Matsumoto-Odac, A. (2006). Does an Altruist-Detection Cognitive Mechanism Function Independently of a Cheater-Detection Cognitive Mechanism? Studies Using Wason Selection Tasks. *Evolution & Human Behavior*, 27(5): 366–380.

Oh, E., Jeremian, R., Oh, G., Groot, D., Susic, M., Lee, K., ..., Labrie, V. (2017). Transcriptional Heterogeneity in the Lactase Gene within Cell-Type Is Linked to the Epigenome. *Scientific Reports*, 7: 41843–41843.

Oliner, S., Oliner, P. M. (1988). *The Altruistic Personality: Rescuers of Jews in Nazi Europe.* New York: Free Press.

Palmer, C. T., Tilley, C. F. (1995). Sexual Access to Females as a Motivation for Joining Gangs: An Evolutionary Approach. *Journal of Sex Research*, 32(3): 213–217.

Park, D., Choi, D., Lee, J., Lim, D. S., Park, C. (2010). Male-Like Sexual Behavior of Female Mouse Lacking Fucose Mutarotase. *Bmc Genetics*, 11(1): 62.

Park, J. H., Faulkner, J., Schaller, M. (2003). Evolved Disease-Avoidance Processes and Contemporary Anti-Social Behavior: Prejudicial Attitudes and Avoidance of People with Physical Disabilities. *Journal of Nonverbal Behavior*, 27(2): 65–87.

Patton, W., Mannison, M. (1995). Sexual Coercion in High School Dating. *Sex Roles*, 33(5–6): 447–457.

Pearce, E., Stringer, C., Dunbar, R. I. M. (2013). New Insights into Differences in Brain Organization Between Neanderthals and Anatomically Modern Humans. *Proceedings of The Royal Society*, 280(1758): 20130168.

Pepperberg, I. M. (2016). Animal Language Studies: What Happened? *Psychonomic Bulletin & Review*, 1–5.

Perel, E. (2017). *The State of Affairs: Rethinking Infidelity.* USA: Harper.

Perilloux, H. K., Webster, G. D., Gaulin, S. J. C. (2010). Signals of Genetic Quality and Maternal Investment Capacity: The Dynamic Effects of Fluctuating Asymmetry and Waist-to-Hip Ratio on Men's Ratings of Women's Attractiveness. *Social Psychological and Personality Science*, 1(1): 34–42.

Perry, G. H., Dominy, N. J., Claw, K. G., Lee, A. S., Fiegler, H., Redon, R., ..., Stone, A. C. (2007). Diet and the Evolution of Human Amylase Gene Copy Number Variation. *Nature Genetics*, 39: 1256.

Piazza, J., Bering, J. M. (2008). Concerns about Reputation via Gossip Promote Generous Allocations in an Economic Game. *Evolution & Human Behavior*, 29(3): 172–178.

Pinker, S. (1997). *How the Mind Works.* New York: W.W. Norton.

Pinker, S. (2007). *The Language Instinct: How the Mind Creates Language.* New York: Harper Perennial Modern Classics.

Provine, R. R. (2017). Laughter as an Approach to Vocal Evolution: The Bipedal Theory. *Psychonomic Bulletin & Review*, 24: 238–244.

Rahman, Q., Hull, M. S. (2005). An Empirical Test of the Kin Selection Hypothesis for Male Homosexuality. *Archives of Sexual Behavior*, 34(4): 461–467.

Richerson, P. J., Boyd, R. (2005). *Not by Genes Alone: How Culture Transformed Human Evolution.* Chicago: University of Chicago Press.

Rizzolatti, G., Craighero, L. (2004). THE MIRROR-NEURON SYSTEM – Annual Review of Neuroscience. *Annual Reviews*, 27 (1): 169.

Robert, A., William, H. (1981). The Evolution of Cooperation. *Science*, 211: 1390–1396.

Rogers, A., Iltis, D., Wooding, S. (2004). Genetic Variation at the MC1R Locus and the Time since Loss of Human Body Hair. *Current Anthropology*, 45(1): 105–108.

Rozin, P. (2010). Towards a Psychology of Food and Eating: From Motivation to Module to Model to Marker, Morality, Meaning, and

Metaphor. *Current Directions in Psychological Science*, 5(1): 18–24.

Rozin, P., Fallon, A. (1988). Body Image, Attitudes to Weight, and Misperceptions of Figure Preferences of the Opposite Sex: A Comparison of Men and Women in Two Generations. *Journal of Abnormal Psychology*, 97 (97): 342–345.

Sallet, J., Mars, R. B., Noonan, M. P., Andersson, J. L., O'Reilly, J. X., Jbabdi, S., ..., Rushworth, M. F. S. (2011). Social Network Size Affects Neural Circuits in Macaques. *Science*, 334(6056): 697–700.

Sanders, A. R., Beecham, G. W., Guo, S., Dawood, K., Rieger, G., Badner, J. A., ..., Duan, J. (2017). Genome-Wide Association Study of Male Sexual Orientation. *Sci Rep*, 7 (1).

Schaefer, K., Fink, B., Grammer, K., Mitteroecker, P., Gunz, P., Bookstein, F. L. (2006). Female Appearance: Facial and Bodily Attractiveness as Shape. *Psychology Sciene*, 48: 105–137.

Schmidt, K. (2011). Göbekli Tepe: A Neolithic Site in Southwestern Anatolia. In S. R. Steadman & G. McMahon (Eds.), *The Oxford Handbook of Ancient.*

Schmidt, M. F. H., Rakoczy, H., Tomasello, M. (2012). Young Children Enforce Social Norms Selectively Depending on the Violator's Group Affiliation. *Cognition*, 124(3): 325–333.

Schmidt, M. F. H., Rakoczy, H., Tomasello, M. (2013). Young Children Understand and Defend the Entitlements of Others. *Journal of Experimental Child Psychology*, 116 (4): 930–944.

Schmitt, D. P., Lidia, A., Jüri, A., Lara, A., Ivars, A., Bennett, K. L., ..., Johan, B. (2003). Universal Sex Differences in the Desire for Sexual Variety: Tests from 52 Nations, 6 Continents, and 13 Islands. *Journal of Personality & Social Psychology*, 85 (1): 85–104.

Schöne, M., Seidenbecher, S., Tozzi, L., Kaufmann, J., Griep, H., Fenker, D., ..., Schiltz, K. (2019). Neurobiological Correlates of Violence Perception in Martial Artists. *Brain and Behavior*, 9(5): e01276.

Senghas, A., Coppola, M. (2001). Children Creating Language: How Nicaraguan Sign Language Acquired a Spatial Grammar. *Psychological Science*, 12(4): 323–328.

Senghas, R. J., Senghas, A., Pyers, J. E. (2005). The Emergence of Nicaraguan Sign Language: Questions of Development, Acquisition and Evolution. In S. T. Parker, J. Langer, C. Milbrath (Eds.), *Biology and Knowledge Revisited: From Neurogenesis to Psychogenesis* (pp. 287–306). Mahwah, NJ: Erlbaum.

Shepher, J. (1983). *Incest: A Biosocial View.* Orlando, FL: Academic Press.

Shergill , S. S., Bays, P. M., Frith, C. D., Wolpert, D. M. (2003). Two Eyes for an Eye: The Neuroscience of Force Escalation. *Science*, 301(5630): 187–187.

Sherif, M., Harvey, O. J., White, B. J., Hood, W., Sherif, C. W. (1961). *Intergroup Conflict and Cooperation: The Robbers Cave Experiment.* Norman, OK: The University Book Exchange.

Siegel, J. Z., Mathys, C., Rutledge, R. B., Crockett, M. J. (2018). Beliefs about Bad People Are Volatile. *Nature Human Behaviour*, 2 (10): 750–756.

Silk, J. B., Brosnan, S. F., Vonk, J., Henrich, J., Povinelli, D. J., Richardson, A. S., ..., Schapiro, S. J. (2005). Chimpanzees Are Indifferent to the Welfare of Unrelated Group Members. *Nature*, 437(7063): 1357–1359.

Singer, T., Seymour, B., O'Doherty, J., Kaube, H., Dolan, R. J., Frith, C. D. (2004). Empathy for Pain Involves the Affective but Not Sensory Components of Pain. *Science*, 303 (5661): 1157–1162.

Singh, D., Randall, P. K. (2007). Beauty Is in the Eye of the Plastic Surgeon: Waist-Hip Ratio (WHR) and Women's Attractiveness. *Personality & Individual Differences*, 43 (2): 329–340.

Smirnov, Y. (1989). Intentional Human Burial: Middle Paleolithic (Last Glaciation) Beginnings. *Journal of World Prehistory*, 3: 199–233.

Smith, D., Schlaepfer, P., Major, K., Dyble, M., Page, A. E., Thompson, J., ..., Astete, L. (2017). Cooperation and the Evolution of Hunter-Gatherer Storytelling. *Nature Communications*, 8: 1853.

Smith, J. M. (1982). *Evolution and the Theory of Games Chicago*, USA: Cambridge University Press.

Sockol, M. D., Raichlen, D. A., Pontzer, H. (2007). Chimpanzee Locomotor Energetics and the Origin of Human Bipedalism. *Proceedings of the National Academy of Sciences of the United States of America*, 104 (30): 12265.

Sousa, A. M. M., Meyer, K. A., Santpere, G., Gulden, F. O., Sestan, N. (2017). Evolution of the Human Nervous System Function, Structure, and Development. *Cell*, 170 (2): 226–247.

Spikins, P. (2015). *How Compassion Made Us Human.* Barnesly, Uk: Pen and Sword Press.

Sriram, S., Swapan, M., Michael, D., Kay, P., Janet, K., Svante, P. b., ..., David, R. (2014). The Genomic Landscape of Neanderthal Ancestry in Present-Day Humans. *Nature*, 507 (7492): 354–357.

Stenberg, G. (2010). Selectivity in Infant Social Referencing. *Infancy*, 14(4): 457–473.

Street, S. E., Navarrete, A. F., Reader, S. M., Laland, K. N. (2017). Coevolution of Cultural Intelligence, Extended Life History, Sociality, and Brain Size in Primates. *Proceedings of the National Academy of Sciences*, 114 (30): 7908–7914.

Surbeck, M., Boesch, C., Crockford, C., Thompson, M. E., Furuichi, T., Fruth, B., ..., Langergraber, K. (2019). Males With a Mother Living in Their Group Have Higher Paternity Success in Bonobos but Not Chimpanzees. *Current Biology*, 29(10): 354–355.

Suzuki, I. K., Gacquer, D., Van, H. R., Kumar, D., Wojno, M., Bilheu, A., ..., Polleux, F. (2018). Human-Specific NOTCH2NL Genes Expand Cortical Neurogenesis through Delta/Notch Regulation. *Cell*, 173(6): 1370.

Tattersall, I. (2017). How Can We Detect When Language Emerged? *Psychonomic Bulletin & Review*, 24: 64–67.

Tegmark, M. (2017). *Life 3.0: being human in the age of artificial intelligence*. UK: Vintage.

Thornhill, R., Gangestad, S. W. (1979). *The Evolution of Human Sexuality.* USA: Oxford University Press.

Thornhill, R., Gangestad, S. W. (2006). Facial Sexual Dimorphism, Developmental Stability, and Susceptibility to Disease in Men and Women. *Evolution & Human Behavior*, 27 (2): 131–144.

Thornhill, R., Moller, A. P. (1997). Developmental Stability, Disease and Medicine. *Biological Reviews*, 72(4): 497–548.

Ting, F., He, Z. J., Baillargeon, R. (2019). Toddlers and Infants Expect Individuals to Refrain from Helping an Ingroup Victim's Aggressor. *Proceedings of the National Academy of Sciences*. 116(13): 6025–6034.

Tomasello, M. (2008). *Origins of Human Communication*. Cambridge, MA: MIT Press.

Tomasello, M. (2014). *A Natural History of Human Thinking*. Boston: Harvard University Press.

Underhill, P. A., Shen, P., Lin, A. A., Jin, L., Passarino, G., Yang, W. H., ..., Francalacci, P. (2000). Y Chromosome Sequence Variation and the History of Human Populations. *Nature Genetics*, 26(3): 358–361.

Vaish, A., Malinda, C., Tomasello, M. (2009). Sympathy Through Affective Perspective Taking and Its Relation to Prosocial Behavior in Toddlers. *Developmental Psychology*, 45(2): 534–543.

Vasey, P. L., Vanderlaan, D. P. (2010). An Adaptive Cognitive Dissociation Between Willingness to Help Kin and Nonkin in Samoan Fa'afafine. *Psychological Science*, 21(2): 292–297.

Voss, R. F., Clarke, J. (1978). 1/f Noise in Music and Speech. *Nature*, 258: 317–318.

Walker, A., Leakey, R. (1993). *The Nariokotome Homo erectus Skeleton*. Netherlands: Springer.

Warneken, F., Chen, F., Tomasello, M. (2006). Cooperative Activities in Young Children and Chimpanzees. *Child Development*, 77(3): 640–663.

Warneken, F., Tomasello, M. (2006). Altruistic Helping in Human Infants and Young Chimpanzees. *Science*, 311(5765): 1301–1303.

Weidenreich, F. (1941). The Brain and Its Rôle in the Phylogenetic Transformation of the Human Skull. *Transactions of the American Philosophical Society*, 31(5): 320–442.

Westermarck, E. (1922). *The History of Human Marriage*. USA: Allerton book.

Weyrich, L. S., Duchene, S., Soubrier, J., Arriola, L., Llamas, B., Breen, J., ..., Cooper, A. (2017). Neanderthal Behaviour, Diet, and Disease Inferred from Ancient DNA in Dental Calculus. *Nature*, 544(7650): 357–361.

White, A. R., Enever, P., Tayebi, M., Mushens, R., Linehan, J., Brandner, S., ..., Hawke, S. (2003). Monoclonal Antibodies Inhibit Prion Replication and Delay the Development of Prion Disease. *Nature*, 422: 80.

White, T. D., Asfaw, B., Beyene, Y., Haile-Selassie, Y., Lovejoy, C. O., Suwa, G., Woldegabriel, G. (2009). Ardipithecus Ramidus and the Paleobiology of Early Hominids [Summary]. *Science*, 326(5949): 75–86.

Wilson, J. R., Kuehn, R. E., Beach, F. A. (1963). Modification in the Sexual Behavior of Male Rats Produced by Changing the Stimulus Female. *J Comp Physiol Psychol*, 56(3): 636–644.

Wilson, M., & Daly, M. (1985). Competitiveness, Risk Taking, and Violence: The Young Male Syndrome. *Ethology & Sociobiology*, 6(1): 59–73.

Wolf, A. P. (1970). Childhood Association and Sexual Attraction: A Further Test of the Westermarck Hypothesis. *American Anthropologist*, 72(3): 503–515.

Wrangham, R., Carmody, R. (2010). Human Adaptation to the Control of Fire. *Evolutionary Anthropology Issues News & Reviews*, 19(5): 187–199.

Young, R. L., Ferkin, M. H., Ockendon-Powell, N. F., Orr, V. N., Phelps, S. M., Pogány, Á., ..., Hofmann, H. A. (2019). Conserved

Transcriptomic Profiles Underpin Monogamy Across Vertebrates. *Proceedings of the National Academy of Sciences*, 116(4): 1331–1336.

Zahavi, A. (1975). Mate selection-a selection for a handicap. *Journal of Theoretical Biology*, 53(1): 205–214.

Zerjal, T., Xue, Y., Bertorelle, G., Wells, R. S., Bao, W., Zhu, S., ..., Li, P. (2003). The genetic legacy of the mongols. *American Journal of Human Genetics*, 72(3): 717–721.

Zhang, M., Yan, S., Pan, W., Jin, L. (2019). Phylogenetic Evidence for Sino-Tibetan Origin in Northern China in the Late Neolithic. *Nature*, 569(7754): 112–115.

Zhong, C. B., Liljenquist, K. A. (2006). Washing Away Your Sins: Threatened Morality and Physical Cleansing. *Science*, 313: 1451–1452.

Zhong, C. B., Strejcek, B., Sivanathan, N. (2010). A Clean Self Can Render Harsh Moral Judgment. *Journal of Experimental Social Psychology*, 46(5): 859–862.

图书在版编目(CIP)数据

从猿性到人性:生命史上最完美的剧本/殷融著.
—上海:上海科技教育出版社,2020.7
ISBN 978-7-5428-7294-4

Ⅰ.①从… Ⅱ.①殷… Ⅲ.①心理进化论—研究
Ⅳ.①B84

中国版本图书馆CIP数据核字(2020)第083639号

责任编辑 王 洋
封面设计 符 劼

从猿性到人性——生命史上最完美的剧本
殷 融 著

出版发行 上海科技教育出版社有限公司
(上海市柳州路218号 邮政编码200235)
网 址 www.sste.com www.ewen.co
经 销 各地新华书店
印 刷 常熟市文化印刷有限公司
开 本 720×1000 1/16
印 张 25.75
版 次 2020年7月第1版
印 次 2020年7月第1次印刷
书 号 ISBN 978-7-5428-7294-4/N·1101
定 价 68.00元